Gerthsen · Pollermann

Einführung in das Physikalische Praktikum

für Mediziner und für das Anfängerpraktikum

6. erweiterte und verbesserte Auflage

Max Pollermann

Springer-Verlag Berlin Heidelberg New York 1971

Dr. Max Pollermann

Kernforschungsanlage Jülich
apl. Professor an der Technischen Hochschule Aachen

Mit 182 Abbildungen

ISBN-13:978-3-540-05510-5   e-ISBN-13:978-3-642-80629-2
DOI: 10.1007/978-3-642-80629-2

Vorwort

Mit den Erweiterungen zur vierten und fünften Auflage hat das Buch einen Umfang erreicht, der für eine Einführung dieser Art nicht mehr wesentlich vergrößert werden sollte. Neben der Einleitung, in der das Wichtigste über Größen und Einheiten, Messen und Meßfehler, Protokollierung und Auswertung gebracht wird, betrafen sie vor allem Grundversuche zur Elektrodynamik, zur Elektronik, zur praktischen Optik und zur Strahlenmeßtechnik. Dabei war der Verfasser stets darauf bedacht (z. B. in der Optik), Grundtypen von Geräten zu beschreiben, in denen das physikalische Prinzip klar durchschaubar ist. Die modernen Industriegeräte lassen sich dann an Hand der Prospekte leicht verstehen.

Die sechste Auflage erhielt im Text lediglich kleine Verbesserungen und Ergänzungen. Der Anhang wurde jedoch umgearbeitet und erweitert. Den Anlaß dazu gab das Bundesgesetz über Einheiten und Meßwesen vom 2. Juli 1969. Es fordert als gesetzliche Einheiten die Basiseinheiten des Internationalen Einheitensystems (SI) und daraus abgeleitete Einheiten.

Nun wurden im vorliegenden Buch in den meisten Fällen von vornherein die modernen MKSA-Einheiten benutzt und den Ableitungen, z. B. auf S. 151 und S. 161, zugrundegelegt. Der Anschaulichkeit halber wurde dann nachträglich auf die gebräuchlichen alten Einheiten (z. B. Röntgen) umgerechnet. Diese Umrechnung kann in Zukunft entfallen. Dagegen wird es häufig notwendig sein, Werte von alten Einheiten auf neue Einheiten umzurechnen. Dafür bringt der Anhang des Buches Umrechnungen (Tabelle IV).

Wesentlich ist die Abschaffung der speziellen Einheit der Wärmemenge, d. h. der Kalorie. Auf den ersten Blick scheint es, als ob damit die Bestimmung des Wärmeäquivalents ihren Sinn verloren hätte. Dem ist aber nicht so. Nach wie vor ist die Wärmeenergie eine besondere Energieform. Ihre alte Einheit, die Kilokalorie, ist von den weiterhin gültigen Einheiten der Masse (hier auf Wasser bezogen) und dem °C abgeleitet und auf die große praktische Bedeutung der Erwärmung des Wassers zugeschnitten. Mit der neuen Einheit, dem Joule, kann man diese Erwärmung nur dann berechnen, wenn man die spezifische Wärme des Wassers in der neuen Einheit bestimmt hat. Die Ermittlung des Wärmeäquivalents läuft also in Zukunft auf eine Bestimmung der spezifischen Wärme des Wassers in neuen Einheiten hinaus. An den Praktikumsversuchen ändert sich dadurch nur das Ziel, nicht das Verfahren.

Insgesamt bewirkt die Einführung der neuen gesetzlichen Einheiten eine Vereinfachung der Berechnungen, da Umrechnungsfaktoren wegfallen. Die Übergangsfrist, die für die meisten heute noch gebräuchlichen Einheiten am 31. Dezember 1977 ablaufen wird, sollte man dazu benutzen, sich die neuen Einheiten und ihre Ableitung aus den Basiseinheiten anzueignen. Dazu bringt der Anhang die Tabellen I und II. Auch die wichtigen Konstanten sind in den neuen Einheiten angegeben (Tabelle III). In Verbindung mit dem Text kann sich der Leser an Hand der Tabellen des Anhangs eine gute Übersicht über Größen und Einheiten und ihre Zusammenhänge verschaffen, sich damit einerseits auf ein Praktikum vorbereiten, andererseits die dort erworbenen Kenntnisse rasch ins Gedächtnis zurückrufen.

Jülich, im August 1971

M. Pollermann

Inhaltsverzeichnis

IV. *Thermometrie und Hygrometrie*

V. *Kalorimetrie*

Wärme S. 45 — *Messung einer Abkühlungskonstanten S. 46 — Bestimmung der spezifischen Wärme einer Substanz mit dem Mischungskalorimeter S. 47 — *Korrektur bei der Bestimmung der spezifischen Wärme S. 48 — Messung der Umwandlungswärme S. 50 — Energieumwandlung S. 51 — *Bestimmung des mechanischen Wärmeäquivalents S. 51 — Messung des elektrischen Wärmeäquivalents S. 53 — Der Energieerhaltungssatz S. 54

VI. *Messung von Strom und Spannung*

VII. *Messung elektrischer Widerstände und magnetischer Größen*

VIII. *Messungen an Wechselströmen und Elektronik*

IX. *Geometrische Optik*

X. *Wellenoptik*

XI. *Photometrie*

XII. *Röntgenstrahlung und Radioaktivität*

Anhang

Einleitung

Größen und Einheiten

Jede physikalische Aussage gibt einen Zusammenhang zwischen physikalischen *Größenwerten*. Solche sind z. B. Werte der Länge, Zeit, Masse, Geschwindigkeit, Beschleunigung, Kraft, Temperatur, Wärme, elektr. Ladung, Spannung und viele andere. Alle Größenwerte derselben Art, z. B. alle Längenwerte, gehören zur gleichen *Größenart*; hier zur Größenart „Länge".

Alle Größenwerte tragen das Merkmal, daß sie meßbar sind. D. h. jeder Größenwert ist ausdrückbar als das x-fache eines beliebig wählbaren Größenwertes der gleichen Art. x heißt der *Zahlenwert*. Der Vergleichsgrößenwert heißt *Einheit*. Man kann also schreiben:

$$\text{Größenwert} = \text{Zahlenwert} \times \text{Einheit}. \tag{1}$$

Unter Messen versteht man die Bestimmung des Zahlenwertes eines bestimmten Größenwerts zu einer bestimmten Einheit.

Die Größenarten lassen sich durch Gleichungen miteinander verbinden und auf einige *Grundgrößenarten* zurückführen. Die Grundgrößenarten lassen sich nicht mehr aus Gleichungen ableiten. Sie werden jede für sich definiert, und ihre Werte werden mit Hilfe eines Grundmeßverfahrens gemessen.

Welche Größenarten man als Grundgrößenarten festlegen soll, ist nur eine Frage der Zweckmäßigkeit. Beschränkt man sich auf die physikalischen Wissensgebiete Mechanik, Elektrodynamik, Thermodynamik und Photometrie, so ist folgende Auswahl zweckmäßig:

3 mechanische,	1 thermische,
1 elektrische,	1 photometrische.

Die *abgeleiteten Größenarten* sind als Potenzprodukte der Grundgrößenarten darstellbar. Z. B. gilt

$$\text{Beschleunigung} = \frac{\text{Länge}}{\text{Zeit im Quadrat}} \equiv [\mathsf{L T^{-2}}].$$

Ein solches Potenzprodukt zeigt die Verknüpfung der abgeleiteten Größenart mit Grundgrößenarten, und zwar unter Fortlassung von Zahlenfaktoren, Richtungsvektoren usw. Man bezeichnet es als die *Dimension* einer Größenart.

Bei jeder Gleichung zwischen verschiedenen Größenarten müssen die Dimensionen auf beiden Seiten der Gleichung einander gleich sein. Dies ist eine notwendige Bedingung für ihre Richtigkeit. Die Prüfung einer Gleichung auf Grund dieser Bedingung bezeichnet man als *Dimensionsanalyse*.

In ähnlicher Weise wie die abgeleiteten Größenarten lassen sich auch die *abgeleiteten Einheiten* von einigen *Grundeinheiten* ableiten; besonders bequem, wenn beide demselben Einheitensystem angehören. Wir betrachten zwei der wichtigsten Einheitensysteme für mechanische und elektrische Einheiten.

a) Das *Zentimeter-Gramm-Sekunden-System* von GAUSS (C-G-S-System).

b) Das *Meter-Kilogramm-Sekunden-Ampere-System* nach MIE und GIORGI (M-K-S-A-System), das sich im wesentlichen mit dem internationalen, praktischen Maßsystem deckt. Tab. 1 zeigt die wichtigsten Größenarten, ihre Dimension und die Einheiten in beiden Systemen. Zu jeder Größenart ist ein Formelzeichen angegeben, das die Größenart in einer mathematischen Formel vertritt. Es wird kursiv gedruckt. Ferner gibt es für jede praktische Einheit einen Eigennamen und eine Abkürzung. Diese Abkürzung wird steil gedruckt. Von den C-G-S-Einheiten haben im wesentlichen nur die mechanischen Einheiten einen Eigennamen. Elektrische und magnetische C-G-S-Einheiten werden nur noch selten benutzt.

Tabelle 1. Größen und Einheiten

Größe	Formelzeichen	Dimension [1]	Praktische Einheit	Abkürzung	C-G-S-Einheiten
Länge	l	L	Meter	m	Zentimeter (cm)
Masse	m	M	Kilogramm	kg	Gramm (g)
Zeit	t	T	Sekunde	s	Sekunde (s)
Stromstärke	I	I	Ampere	A	
Ladung	Q	IT	Coulomb (A $\cdot$ s)	C	1 elektrostatische C-G-S-Einheit $\triangleq$ $0{,}333 \cdot 10^{-9}$ C
Spannung	U	U	Volt (A $\cdot$ Ω)	V	1 elektrostatische C-G-S-Einheit $\triangleq$ 300V
Widerstand	R	UI^{-1}	Ohm (V $\cdot$ A^{-1})	Ω	
Kapazität	C	ITU^{-1}	Farad (A$\cdot$s$\cdot$V^{-1})	F	1 elektrostatische C-G-S-Einheit $=$ $= 1$cm $\triangleq$ $0{,}11 \times 10^{-11}$ F
Induktivität	L	UTI^{-1}	Henry (V$\cdot$s$\cdot$A^{-1})	H	1 elektromagnetische C-G-S-Einheit $= 1$ cm $\triangleq$ 10^{-9} H
Magnet. Fluß	Φ	UT	Weber (V $\cdot$ s)	Wb	1 elektromagnetische C-G-S-Einheit $=$ $= 1$ Maxwell $\triangleq$ 10^{-8} Wb
Energie	W	UIT	Joule (A $\cdot$ V $\cdot$ s)	J	1 erg $= 10^{-7}$ J
Kraft	P	UITL^{-1}	Newton (J$\cdot$m^{-1})	N	1 dyn $= 10^{-5}$ N
Leistung	N	UI	Watt (A $\cdot$ V)	W	

[1] Neben den Dimensionen der Grundgrößenarten wird hier zur Vereinfachung der Potenzprodukte die Dimension U der elektr. Spannung benutzt.

Das Messen

Nach Gl. (1) heißt Messen: die Bestimmung des Zahlenwerts eines bestimmten Größenwerts zu einer bestimmten Einheit. Jede Messung ist also im Prinzip ein Vergleich zweier Größenwerte derselben Größenart: des zu messenden Größenwertes und einer amtlich geeichten Einheit — oder eines Größenwerts, der aus geeichten Vielfachen und Bruchteilen einer Einheit zusammengesetzt ist. Beispiele dafür bieten: eine Zusammenstellung geeichter Parallelendmaße für die Längenmessung, eine Anhäufung von geeichten „Gewichten" für die Wägung, eine Hintereinanderschaltung von geeichten Widerständen für die Widerstandsmessung. Der Vergleich wird natürlich um so einwandfreier, je geringer der Unterschied zwischen den zu vergleichenden Größenwerten ist. Die Messung besteht dann nur noch in der Bestimmung dieser kleinen Differenz, die man durch bestimmte Kunstgriffe praktisch gegen Null führen kann (*Nullmethode*). Für die Bestimmung dieser gegen Null gehenden Differenz braucht man hochempfindliche Instrumente (Nullinstrumente).

In der Praxis benutzt man der Bequemlichkeit halber meist direkt anzeigende Meßgeräte, bei denen innerhalb eines bestimmten Bereiches jedem zu messenden Größenwert m eine bestimmte Einstellung a — oder ein bestimmter Ausschlag a — auf einer Skala entspricht. Beispiele dafür sind die Schieblehre (S. 15) und das Amperemeter (S. 62).

Die folgenden Spezifikationen kennzeichnen ein solches Meßgerät:

1. *Der Meßbereich*, d. h. der Bereich, in dem für jeden Größenwert m eine Anzeige a innerhalb des zulässigen Anzeigefehlers erfolgt.

2. *Die Empfindlichkeit $S = da/dm$*, d. h. das Verhältnis einer Anzeigeänderung da zu der sie bewirkenden Größenwertsänderung dm.

3. *Die Genauigkeit $m/\Delta m$*, d. h. das Verhältnis des gemessenen Größenwerts m zum Anzeigefehler Δm. Häufig gibt man statt der Genauigkeit den Anzeigefehler in Prozenten des maximalen Meßwerts an. Z. B. bedeutet die Genauigkeitsklasse 0,5 bei einem elektr. Meßgerät: der Anzeigefehler beträgt 0,5% vom Endwert des Meßbereichs.

4. *Die Präzision*. Sie ist ein Maß für die Reproduzierbarkeit der Messungen mit einem bestimmten Meßgerät oder Meßverfahren. Sie ist um so höher, je weniger die Meßwerte bei mehreren Messungen desselben Größenwerts streuen.

Meßfehler

Jedes Meßergebnis ist mit einem Fehler behaftet. Es gilt nach
DIN 1319

$$Fehler = Gemessener\ Wert - Wahrer\ Wert. \qquad (1a)$$

Theoretisch sind Fehler und wahrer Wert unbekannt. Die Erfahrung zeigt jedoch, daß man Grenzen angeben kann, innerhalb
derer der wahre Wert mit hoher Wahrscheinlichkeit liegt. Voraussetzung dafür ist, daß keine groben regellosen (erratischen) Fehler vorliegen, z. B. ein fehlerhaftes Meßgerät, heftige Störungen
oder grobe Bedienungs- und Ablesefehler. Davon abgesehen gibt
es zwei Arten von Fehlern: Die *systematischen* (unsymmetrischen)
Fehler und die *zufälligen* (symmetrischen) Fehler.

Die regelmäßigen, unsymmetrischen, systematischen Fehler:
Die systematischen Fehler haben eine bestimmte Ursache und ein
bestimmtes Vorzeichen. Es ergibt sich nach DIN 1319 aus
Gl. (1a).

Wichtige Typen sind:

1. *Der Eichfehler*: Er liegt an einer Skalenstelle vor, wenn bei
jeder Messung der angezeigte Wert größer oder kleiner ist als der
wahre Wert. Er läßt sich mit Hilfe einer Korrektionstabelle korrigieren, die man durch Messung einer Reihe von Standards oder
durch Vergleich mit einem geeichten Gerät aufstellt.

2. *Die Nullpunktsabweichung*: Sie läßt sich bei Drehspulinstrumenten durch eine mechanische Nullpunktskorrektion beheben.
Wenn bei einem Anzeigegerät der Nullpunkt in der Mitte der
Skala liegt, eliminiert man die Nullpunktsabweichung, indem man
nach jeder Messung kommutiert und die halbe Differenz zwischen
positiven und negativen Ausschlägen bildet. Ähnlich kompensiert man Teilungsfehler an Kreisskalen.

Bei der Waage bestimmt man den Nullpunkt aus einer Mitte-
lung über mehrere Schwingungsamplituden (s. S. 11).

Wenn die Nullpunktsabweichung auf zeitlich veränderliche
Ursachen zurückgeht, muß man vor jeder Messung den „Nulleffekt" bestimmen (s. S. 165).

3. *Beeinflussung der Meßgröße durch die Messung*: Bei vielen
Messungen wird die zu messende Größe durch die Messung selbst
beeinflußt. Z. B. erniedrigt ein Voltmeter, besonders dann, wenn
es nicht sehr hochohmig ist, die zu messende Spannung. Durch
Anwendung besonderer Methoden (Nullmethoden) kann man
solche Fehler sehr klein halten.

In der Kalorimetrie muß man stets mit Wärmeverlusten rechnen. Sie lassen sich experimentell reduzieren durch Verbesserung

der Wärmeisolation oder rechnerisch korrigieren durch Anwendung des Abkühlungsgesetzes.

4. *Hysteresefehler*: In manchen Fällen hängt die Anzeige von der Vorgeschichte der Messung ab. Benutzt man z. B. ein träges Anzeigeinstrument, so wird es bei rasch zunehmendem Meßwert immer einen zu niedrigen, bei rasch abnehmendem Meßwert immer einen zu hohen Wert anzeigen. Ähnlich wirkt der tote Gang einer Meßspindel. Die Eichkurve wird bei solchen Geräten zu einer Hysteresisschleife auseinandergezogen. Die Fehler lassen sich reduzieren, wenn man die Mittelwerte aus den Messungen bei zunehmendem und abnehmendem Meßwert nimmt oder die Messung immer bei zu- oder bei abnehmendem Meßwert durchführt.

5. *Drift*: Wenn sich eine Anzeige allmählich von ihrem Sollwert entfernt, spricht man von einer Drift. Sie kann davon herrühren, daß irgendwelche Versuchsparameter, z. B. die Spannung einer Batterie, sich ändern. Sie kann aber auch von allmählichen Temperatur- oder Druckänderungen herrühren.

Die unregelmäßigen, symmetrischen, zufälligen Fehler: Eine große Zahl kleinerer Fehler sind nicht einzeln erfaßbar. Ihre Ursachen können *im Gerät* liegen: Rauhigkeiten, Staubteilchen, Verunreinigungen, Reibung, Änderungen der Oberflächenspannung, Kriechströme. *Aus der Umgebung* können mitwirken: Mechanische Erschütterungen, Luftzug, Temperaturschwankungen, Druckschwankungen, Netzstörungen. *Vom Beobachter* rühren her: Ungenauigkeiten beim Einstellen oder Ablesen. Bei einer Reihe von aufeinanderfolgenden Messungen derselben Art werden diese Fehler bei jeder Messung verschieden groß und bald positiv, bald negativ sein. Die Meßwerte werden also um einen Mittelwert schwanken. Man darf annehmen, daß Meßgerät und Meß-Verfahren um so präziser sind, je geringer bei einer großen Zahl von Messungen die mittlere Schwankung ist, so daß man daraus ein Präzisionsmaß ableiten kann. Voraussetzung dafür ist, daß die Fehler wirklich zufällig sind. Man erkennt dies daran, daß sie eine *Gaußsche Verteilung* haben. Die Fehlerverteilung findet man, indem man die Abweichungen der Meßwerte vom Mittelwert in bestimmte Klassen einteilt und die Häufigkeit, mit der jede Klasse auftritt, als Funktion ihrer mittleren Abweichung für jedes Vorzeichen aufträgt. Bei rein zufälligen Fehlern nähert sich die so gewonnene Verteilung der Form einer Glockenkurve, der GAUSSschen Verteilung. Sie besagt grob gesprochen: Die Fehler sind dann zufällig, wenn sie um so häufiger auftreten, je kleiner sie sind und wenn positive Werte ebenso häufig sind wie negative.

Wenn Schwankungen des Meßwertes vom Meßverfahren herrühren, spricht man von *zufälligen Fehlern*. Dabei nimmt man an, daß der wahre Wert der zu messenden Größe kleineren Schwankungen unterworfen ist als der gemessene Wert oder als Naturkonstante beliebig genau definiert ist.

Bei Größen, die von Natur aus statistischen Schwankungen unterworfen sind, z. B. die Zerfallsrate eines Radionuklides, rühren die Schwankungen des Meßwertes nicht vom Meßverfahren, sondern von der zu messenden Größe her. Hier spricht man von einem *statistischen Fehler*.

In beiden Fällen wird das Meßresultat um so genauer, je größer die Zahl der Messungen bzw. die Zahl der gemessenen Ereignisse ist.

Im allgemeinen wachsen jedoch mit zunehmender Meßdauer die systematischen Fehler, z. B. die Driftabweichung.

Protokollierung und Auswertung

Das Protokoll: Über jedes Experiment soll Protokoll geführt werden. Sämtliche Aufzeichnungen sind unmittelbar in das Protokollbuch einzutragen, also nicht erst ins Konzept oder auf losen Blättern. Eine Ausnahme bilden Zwischenrechnungen, die jederzeit wiederholt werden können. Das Versuchsprotokoll soll enthalten:

1. Überschrift, Aufgabenstellung und Datum.

2. Eine kurze Beschreibung der Versuchsanordnung mit einer schematischen Skizze und einer Darstellung der Methode.

3. Die Aufzeichnung der Versuchsdaten und Meßresultate. Bei Meßreihen wählt man dafür die Form einer Tabelle. Sie soll zugleich die für die Umrechnung der Meßresultate notwendigen Spalten enthalten.

4. Die numerische oder graphische Auswertung der Meßresultate.

5. Das Meßergebnis und die Fehlerabschätzung.

Die numerische Auswertung einer Messung: Bei jeder Messung versucht man so genau als möglich aus dem gemessenen Wert den wahren Wert der zu messenden Größe zu ermitteln. Dazu muß man zunächst einmal feststellen, mit welchen systematischen Fehlern die Messung behaftet ist. Bei einer Wägung ist z. B. der Auftrieb in Luft zu berücksichtigen. Eine Korrektion reduziert solche systematische Fehler auf einen sehr kleinen Betrag.

Wenn man den Meßwert aus einer einzigen Messung bestimmt, muß man den Fehler auf Grund des für das Meßinstrument vom Hersteller angegebenen Anzeigefehlers abschätzen. Z. B. beträgt der zulässige Anzeigefehler eines Strommeßgerätes der Klasse 0,5

nach den Regeln des VDE: $\pm\,0{,}5\%$ vom Meßbereich-Endwert.
Bei einer 100-teiligen Skala wird also ein Ausschlag von 5 Skalenteilen mit einer Genauigkeit von $\pm\,10\%$ gemessen. Ähnlich verhält es sich mit den Ablesefehlern. Z. B. weiß man aus Erfahrung,
daß man mit einer Schieblehre eine Länge auf $\pm\,0{,}1$ mm genau
messen kann.

Wenn man eine große Zahl n von Messungen eines bestimmten
Größenwertes durchführt, kann man feststellen, wie genau sich
die Messung reproduzieren läßt, und man kann auf Grund der
Fehlerrechnung ein Maß für die Präzision der Messung gewinnen.

Aus den Meßwerten $x_1, x_2, x_3 \ldots x_n$ bildet man zunächst als Meßresultat
den

arithmetischen Mittelwert $\qquad \bar{x} = \dfrac{x_1 + x_2 + \cdots x_n}{n}\,.$ $\hfill (2)$

Die Abweichungen der Meßwerte von diesem Mittelwert sind die

scheinbar absoluten Fehler $\qquad$
$$\begin{aligned}
\Delta x_1 &= x_1 - \bar{x}\,,\\
\Delta x_2 &= x_2 - \bar{x}\,,\\
&\cdots\cdots\cdots\\
\Delta x_n &= x_n - \bar{x}\,.
\end{aligned}$$

Nach den Regeln der Wahrscheinlichkeitsrechnung ist der

mittlere Fehler des Resultats $\qquad \varepsilon = \sqrt{\dfrac{\Delta x_1^2 + \Delta x_2^2 + \cdots \Delta x_n^2}{n(n-1)}}\,.$ $\hfill (3)$

Dieser Fehler besagt, daß mit hoher Wahrscheinlichkeit ($> 0{,}6$) der wahre
Wert zwischen $\bar{x} - \varepsilon$ und $\bar{x} + \varepsilon$ liegt. Statt des mittleren Fehlers ε benutzt
man häufig das Verhältnis des mittleren Fehlers ε zum Mittelwert $\bar{x}$, den

relativen Fehler $\qquad\qquad f = \dfrac{\varepsilon}{\bar{x}}\,.$ $\hfill (4)$

Es ist üblich, ihn in Prozenten des Mittelwertes $\bar{x}$ auszudrücken.

Wenn ein zu bestimmender Größenwert nicht direkt meßbar ist, sondern aus den meßbaren Größenwerten $x_a, x_b, \ldots$ mit den maximalen Fehlern $\varepsilon_a, \varepsilon_b, \ldots$ berechnet werden muß, so ergibt sich der

maximale Fehler des Resultates $\Delta y_{\max} = \left|\dfrac{\partial y}{\partial x_a}\right|\varepsilon_a + \left|\dfrac{\partial y}{\partial x_b}\right|\varepsilon_b + \cdots.$ $\hfill (5)$

Diese Gleichung zeigt, daß bei einem Größenwert, der sich als Summe oder
Differenz zweier Meßwerte ergibt, sein absoluter Fehler gleich der Summe
der absoluten Fehler der Einzelwerte ist. Bei einer Differenzmessung kann
es vorkommen, daß auch bei relativ genauen Einzelmessungen der End-
fehler so groß wird wie der zu messende Wert. Eine solche Messung ist un-
brauchbar. Bei einem Größenwert, der als Produkt oder Quotient von
Einzelwerten berechnet wird, ist der relative Fehler gleich der Summe der
relativen Fehler der Einzelwerte.

Bei umfangreichen Meßreihen lohnt es sich, den mittleren Fehler zu
berechnen, um auf diese Weise die Fehlergrenzen enger zu ziehen. Nach
dem Gaussschen Fehlerfortpflanzungsgesetz gilt:

mittlerer Fehler $\qquad \overline{\Delta y} = \sqrt{\left(\dfrac{\partial y}{\partial x_a}\,\varepsilon_a\right)^2 + \left(\dfrac{\partial y}{\partial x_b}\,\varepsilon_b\right)^2 + \cdots}\,.$ $\hfill (5\,\mathrm{a})$

In jedem Fall ist es sinnlos, die Zahlenrechnung genauer durchzuführen, als es mit dem größten Fehler verträglich ist. Häufig ist es zweckmäßig, für die numerische Berechnung Näherungsformeln anzuwenden (s. z. B. S. 13).

Die graphische Auswertung einer Meßfunktion: Wenn die Aufgabe besteht, eine abhängige Größe als Funktion einer unabhängigen Größe zu messen, wertet man die Messung graphisch aus. Im einfachsten Fall (s. z. B. Abb. 11) ist die abhängige Größe eine lineare Funktion der unabhängigen, d. h. die graphische Darstellung ergibt eine Gerade. Die Auswertung geschieht dann, indem man die gemessenen Werte der abhängigen Variablen (Elongation in Abb. 11) als Funktion der unabhängigen Variablen (Gewicht in Abb. 11) aufträgt und nach dem Augenmaß mit dem Lineal eine Gerade so durch die Meßpunkte hindurchzieht, daß die Summe der Abstände der Meßpunkte von dieser Geraden ungefähr ein Minimum darstellt. Einzelne Meßpunkte, die im Vergleich zu den übrigen sehr große Abweichungen zeigen, sogenannte „Ausreißer", bleiben unberücksichtigt, da man annehmen kann, daß sie durch grobe Fehler oder Störungen zustande gekommen sind. Bei einer numerischen Auswertung sind solche Ausreißer schwieriger zu erkennen. Wo die Meßpunkte systematisch von der Geraden abweichen, liegen die Gültigkeitsgrenzen des von der Theorie geforderten Gesetzes oder liegen systematische Abweichungen beim Meßverfahren vor. Die Vorteile dieser Art der graphischen Darstellung sind so groß, daß man, wo es möglich ist, jede von der Theorie gegebene Funktion für die Zwecke der Auswertung in eine lineare Funktion umformt. Wenn man z. B. nach Gl. (24) feststellen will, ob die Steighöhe h umgekehrt proportional zum Halbmesser r einer Kapillaren ist, so trägt man h als Funktion von $1/r$ auf. Ganz allgemein läßt sich jede Funktion

$$y = k\, x^m$$

in eine lineare Funktion umwandeln, indem man umformt in

$$\log y = \log k + m \log x \,. \tag{I}$$

Die Funktion

$$y = k \cdot e^{mx}$$

wandelt man um in

$$\ln y/k = m\, x \,. \tag{II}$$

In Gl. (II) sind y und k stets dimensionsgleich. Falls es keine reinen Zahlen sind, ist es falsch, $\ln y - \ln k$ statt $\ln y/k$ zu schreiben, da man den Logarithmus nur von einer reinen Zahl bilden kann.

Wenn man sich das Nachschlagen der Logarithmen sparen will, stellt man Funktionen nach Gl. (I) auf doppeltlogarithmischem, nach Gl. (II) auf einfachlogarithmischem Papier dar.

Die Einheiten auf Abszissen und Ordinaten wählt man so, daß die Gerade, die die Meßwerte erfaßt, ungefähr unter 45° zur Abszisse verläuft.

Aus der Neigung der Geraden lassen sich die Werte für m in Gl. (I) und (II) besonders genau ermitteln (s. z. B. Abb. 42 u. Abb. 182). Auch der Fehler läßt sich leicht abschätzen.

Darstellung des Meßergebnisses: Das Meßergebnis ist mit so vielen Ziffern anzugeben, daß sich der Fehler in der letzten oder vorletzten Ziffer auswirken kann. Zu jedem Meßergebnis gibt man nach Möglichkeit den Fehler an. Z. B. wird das Ergebnis einer Wägung in der folgenden Form dargestellt:

Die Masse des Körpers beträgt 2,879 $\pm$ 0,001 g.

In allen Fällen, in denen eine abhängige Größe als Funktion einer unabhängigen Größe gemessen wurde, stellt man das Meßergebnis graphisch dar.

I. Wägung und Dichtebestimmung

Die Waage

Die Kraft, mit der ein Körper von der Erde angezogen wird, bezeichnet man als *Gewicht*. Seine Einheit ist das Kilopond[1] (kp)

Dieses Gewicht ist seiner *Masse* proportional. Die Messung von Massen kann daher auf die Messung von Gewichten, d. h. von Kräften, zurückgeführt werden. Die Einheit der Masse ist das Kilogramm (kg). Es ist eine Grundeinheit und durch den Massenwert eines in Paris aufbewahrten Zylinders aus Platin–Iridium definiert.

Unter der Wägung versteht man den Vergleich der zu wägenden Masse mit bekannten Massen eines Gewichtssatzes. Dieser Vergleich erfolgt auf der Waage (Analysenwaage) (Abb. 1). An dem

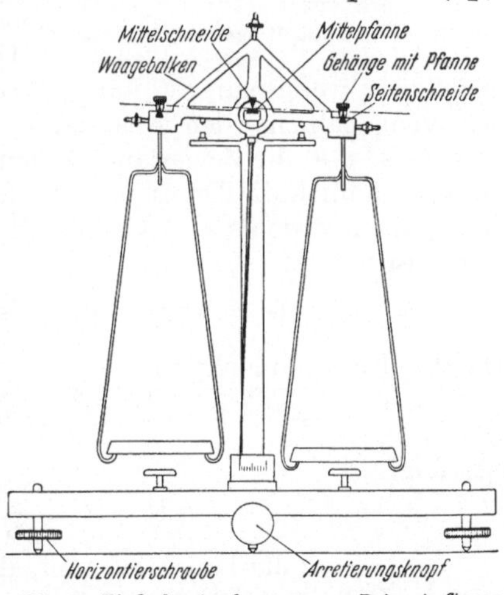

Abb. 1. Einfache Analysenwaage. Beim Auflegen und Abnehmen der Gewichte soll die Waage stets arretiert sein. Durch Drehen des Arretierungsknopfs wird die Arretierung aufgehoben bzw. eingeschaltet.

---

[1] Ein Kilopond ist die Kraft, mit der die Masse 1 Kilogramm von der Erde angezogen wird (1 kp = 9,806 N).

gleicharmigen Hebel der Waage werden die von den Gewichten bewirkten Drehmomente ins Gleichgewicht gesetzt. Als Nullstellung bezeichnet man die Einstellung, bei der der Schwerpunkt
des Waagebalkens unter seinem Drehpunkt liegt. Wenn man den
Waagebalken aus dieser Stellung herausgedreht hat, so schwingt er
mit abnehmender Schwingungsweite um die Nullstellung herum.
Die Zeit für eine Hin- und Herschwingung heißt *Schwingungsdauer*.

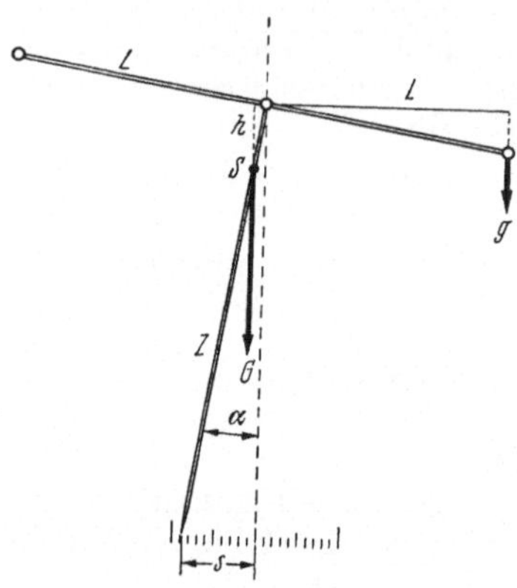

Abb. 2. Zur Empfindlichkeit der Waage.

Bei ungleicher Belastung verschiebt sich die Nullstellung.
Diese Nullstellung kann am Ausschlag des Zeigers auf einer Skala
abgelesen werden. Der Ausschlag
s für ein Übergewicht von einem
Milligramm ist ein Maß für die
Empfindlichkeit E der Waage.
Das größte Gewicht, das mit einer
Waage noch gewogen werden darf,
heißt *Belastbarkeit*. Von einer
guten Waage verlangt man hohe
Empfindlichkeit, kleine Schwingungsdauer und hohe Belastbarkeit.

Die Empfindlichkeit kann man
berechnen, wenn man die Länge $2\,L$ (Abb. 2) und das Gewicht G
des Waagebalkens, den Abstand h des Schwerpunkts S von der
Drehachse und die Zeigerlänge Z kennt. Beim Ausschlagswinkel α
müssen nämlich die Drehmomente des im Schwerpunkt angreifenden Balkengewichts G und des Übergewichts g einander gleich
sein, also:

$$h \cdot \sin \alpha \cdot G = L \cos \alpha \cdot g \qquad \text{oder} \qquad \tan \alpha = \frac{L}{h \cdot G} \cdot g.$$

Da die Empfindlichkeit

$$E = \frac{s}{g} = \frac{Z}{g} \cdot \sin \alpha \approx \frac{Z}{g} \tan \alpha$$

ist, folgt

$$E = Z \cdot \frac{L}{h \cdot G} \tag{6}$$

(alle Längen in mm, alle Massen in g).

Kleines Balkengewicht, kleiner Schwerpunktabstand, große Balkenlänge und große Zeigerlänge ergeben hohe Empfindlichkeit.
Nun bedingt aber eine Vergrößerung der Balkenlänge eine weit
stärkere Vergrößerung des Gewichtes, wenn die notwendige Festig-
keit und damit Belastbarkeit gewahrt bleiben soll. Deshalb wird

eine kleine Balkenlänge bevorzugt. Das hat noch den Vorteil, daß dann auch die Schwingungsdauer klein wird.

Da die Waage ein physikalisches Pendel ist, ist die Schwingungsdauer

$$T = 2\,\pi\,\sqrt{\frac{\text{Trägheitsmoment}}{\text{Direktionskraft}}}\ \text{(s. S. 19)}.$$

Kleine Balkenlänge bedeutet kleines Trägheitsmoment und damit kleine Schwingungsdauer. Kleiner Schwerpunktabstand bedingt ein kleines rücktreibendes Drehmoment, also kleine Direktionskraft und damit Vergrößerung der Schwingungsdauer. Deshalb kann man den Schwerpunktabstand h nicht beliebig klein machen.

Ausführung einer Wägung: Man wartet bei einer Wägung nicht die Einstellung der Waage ab, sondern bestimmt ihren Nullpunkt als Mittel aus einer ungeraden Zahl von Ausschlägen, also etwa von drei nach links und zwei nach rechts (Abb. 3). Liegen dann z. B. die Ausschläge

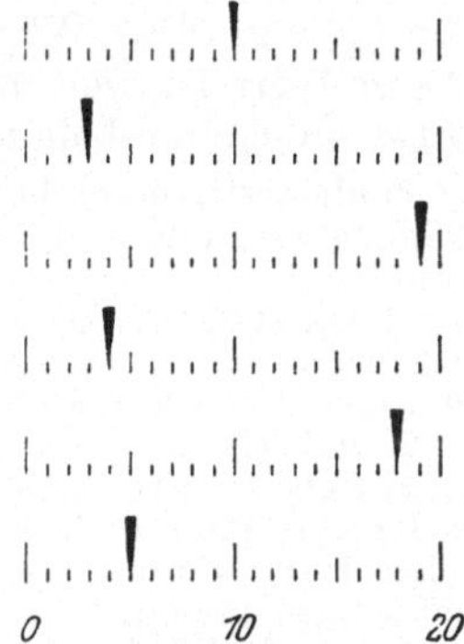

Abb. 3. Beispiel zur Nullpunktsbestimmung.

	nach links bei	nach rechts bei
	3	
	4	19
	5	18
also im Mittel bei	$\dfrac{12}{3} = 4$ und	$\dfrac{37}{2} = 18,5,$

dann liegt der Nullpunkt bei

$$\frac{4 + 18,5}{2} = 11,25.$$

Vor und nach jeder Wägung muß auf diese Weise der Nullpunkt bestimmt werden, da er sich allmählich ändern kann. Auch der Nullpunkt der belasteten Waage wird so bestimmt. Es gibt moderne Waagen, welche eine so starke Dämpfung haben, daß die Waage schon nach einer Schwingung zur Ruhe kommt. Hier kann die Ablesung direkt vorgenommen werden.

Man bestimmt auf diese Weise die Empfindlichkeit der Waage, d. h. den Ausschlag für ein Übergewicht von 1 mg. Bei der Wägung einer Probe gleicht man nur auf 1 mg genau ab und bestimmt den Restbetrag aus der Abweichung der Zeigerstellung vom Nullpunkt der unbelasteten Waage.

Beispiel: Die Empfindlichkeit ergibt sich zu 2,5 Skalenteile/mg. Der Nullpunkt der unbelasteten Waage liegt bei Skalenwert 11,2. Bei der Wägung des Wägeguts wurden Gewichte im Gesamtwert von 2,437 g auf die linke Waagschale aufgelegt. Der Zeiger stellte sich auf 12,7 ein. Das heißt, gegenüber dem Nullpunkt der unbelasteten Waage ergibt sich ein Ausschlag von 1,5 Skalenteilen, entsprechend einem Übergewicht des Wägeguts über die Gewichte von 0,6 mg. Das Wägegut hat also ein Gewicht von 2,4376 g. Dieser Wert ist, wie im folgenden gezeigt wird, mit Fehlern und Ungenauigkeiten behaftet.

Fehlerbestimmung bei der Wägung: Die hohe Meßgenauigkeit einer Wägung wird nur dann ausgenutzt, wenn mehrere Fehler berücksichtigt werden.

a) Die systematischen Fehler: 1. *Eichfehler.* Das sind die Abweichungen, welche die Gewichte des Gewichtsatzes vom Nennwert haben. Sie sind dem amtlichen Eichschein zu entnehmen.

2. *Ablesefehler.* Da die Schwingungen der Waage gedämpft sind, ergibt der Mittelwert aus den Ablesungen zweier aufeinanderfolgender Ausschläge nach rechts und nach links nicht die Nullage. Man vermeidet diesen Fehler, indem man, wie oben gezeigt, das Mittel aus einer ungeraden Zahl von Ablesungen nimmt.

3. *Empfindlichkeitsänderung* infolge der Durchbiegung des belasteten Waagebalkens. Bei der Ableitung von Gl. (6), S. 10 wurde angenommen, daß die drei Schneiden des Waagebalkens exakt auf einer Geraden liegen. Das ist theoretisch nur für eine bestimmte Belastung möglich, da der Waagebalken mit zunehmender Belastung mehr und mehr durchgebogen wird. Dies führt zu einer Verschiebung des Schwerpunkts beim Belasten der Waage, so wie das in Abb. 4 schematisch angedeutet ist. Bezeichnet

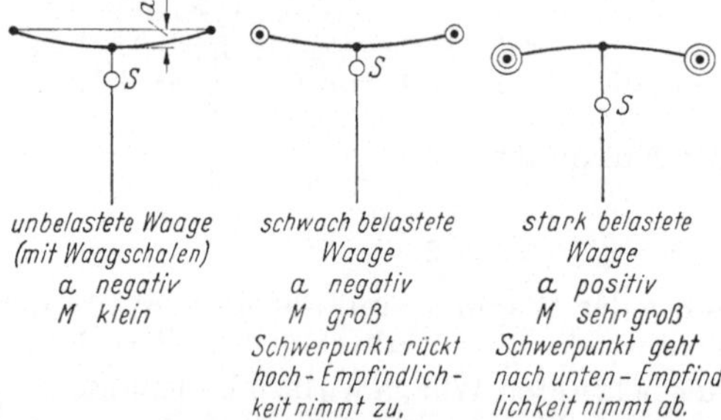

Abb. 4. Wanderung des Schwerpunkts S einer Waage mit steigender Belastung. a Abstand der Verbindungslinie der beiden Außenschneiden von der Mittelschneide, M Belastung der Waage.

man mit a den Abstand der Verbindungslinie der beiden Außenschneiden von der Mittelschneide (negativ, wenn diese oberhalb der Mittelschneide liegen) und mit M die Belastung der Waage einschließlich des Gewichts der Waagschalen, so ergibt sich für die Empfindlichkeit der Waage:

$$E = Z \cdot \frac{L}{h \cdot G + a \cdot M}.$$

Solange a negativ ist, kann mit zunehmender Belastung die Empfindlichkeit E etwas zunehmen. Wird infolge der Durchbiegung a positiv, so nimmt E ab. Die Empfindlichkeit E kann sich also beim Belasten nach Abb. 5 ändern. Für genaue Wägungen muß diese Kurve im ganzen Belastungsbereich bestimmt werden.

4. *Ungleichheit der Waagebalken.* Bei einer genauen Wägung darf man nicht voraussetzen, daß die Länge L_r des rechten Waagebalkens exakt gleich der Länge L_l des linken Waagebalkens ist. Durch Vertauschung von Gewichten und Wägegut kann man jedoch das wahre Gewicht x des Wägeguts und das Balkenverhältnis $\dfrac{L_l}{L_r}$ be-

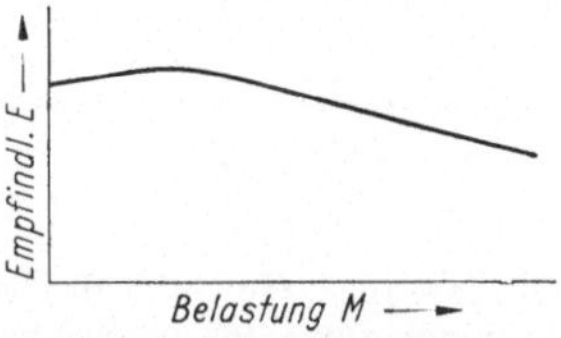

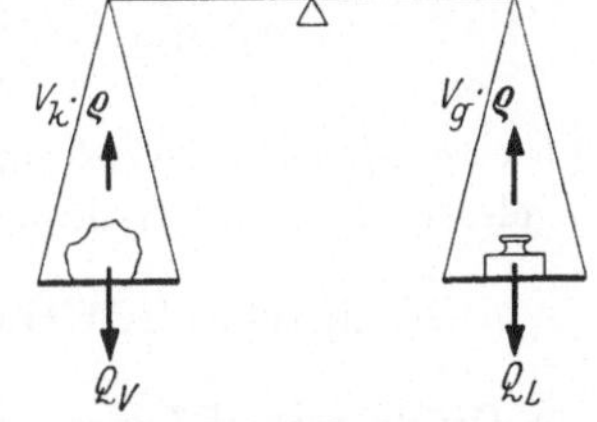

Abb. 5. Änderung der Empfindlichkeit E einer Waage mit steigender Belastung M (Differentialkurve zur Eichkurve einer Waage).

stimmen. Dazu legt man das Wägegut zunächst auf die rechte Waagschale. Zur Herstellung des Gleichgewichts soll dann die Masse der Gewichte auf der linken Waagschale G_l betragen, im anderen Fall, also Wägegut links, Gewichte rechts, G_r. Dann ergibt das Hebelgesetz

$$x \cdot L_r = G_l \cdot L_l \qquad (7)$$
$$x \cdot L_l = G_r \cdot L_r \qquad (8)$$

Gl. (7) und Gl. (8) multipliziert $x^2 = G_l \cdot G_r$,

also ist das wahre Gewicht $\quad x = \sqrt{G_l \cdot G_r} \quad \left(\text{näherungsweise } \dfrac{G_l + G_r}{2}\right).$

Gl. (7) durch Gl. (8) dividiert $\dfrac{L_r}{L_l} = \sqrt{\dfrac{G_l}{G_r}} \left(\text{näherungsweise } 1 + \dfrac{G_l - G_r}{2\,G_r}\right).$ ergibt das Balkenverhältnis

Für gewöhnlich beträgt die Abweichung des Balkenverhältnisses von 1 weniger als 1/10000. Sie kann sich durch einseitige Erwärmung des Waagebalkens ändern. Im Gefolge davon entsteht auch eine Verschiebung des Nullpunktes der unbelasteten Waage (Drift).

5. *Auftrieb in Luft.* Da das spez. Gewicht ϱ_k des Wägeguts sich im allgemeinen vom spez. Gewicht ϱ_g des Materials, aus dem die Gewichte bestehen (für gewöhnlich Messing), unterscheidet, ist das Volumen V_k des Wägeguts verschieden vom Volumen V_g der Gewichte, und demgemäß erleiden beide einen verschieden starken Auftrieb in Luft. Dieser Auftrieb in Luft verursacht einen für eine Wägung relativ großen Fehler. Die

Abb. 6. Zur Korrektion des Auftriebs in Luft.

Korrektion dieses Fehlers ergibt sich aus Abb. 6. Es wirken auf die linke Schneide: Gewicht des Körpers im Vakuum Q_v minus Auftrieb $V_k \cdot \varrho$, wo ϱ das spez. Gewicht der Luft bedeutet;
auf die rechte Schneide: Gewicht der Gewichtstücke, entsprechend dem Gewicht Q_L des Körpers in Luft minus Auftrieb $V_g \cdot \varrho$.
Die Gewichtstücke sind für Vakuum geeicht.

Für Gleichgewicht gilt also:

$$Q_v - V_k \cdot \varrho = Q_L - V_g \cdot \varrho.$$

Wenn die spez. Gewichte ϱ_k und ϱ_g bekannt sind, ergeben sich die Volumina als Quotienten aus Gewicht und spezifischem Gewicht, wobei wir näherungsweise beidemal Q_L als Gewicht einsetzen dürfen.

$$Q_v - \frac{Q_L}{\varrho_k} \cdot \varrho = Q_L - \frac{Q_L}{\varrho_g} \cdot \varrho \,;$$

daraus ergibt sich das Gewicht im Vakuum

$$Q_v = Q_L \left(1 + \frac{\varrho}{\varrho_k} - \frac{\varrho}{\varrho_g}\right).$$

Ist das spez. Gewicht des Wägegutes ≈ 2 Pond $\cdot$ cm^{-3}, so ergibt die Vernachlässigung des Auftriebs einen relativen Fehler von etwa $0{,}3^0/_{00}$.

b) Zufällige Fehler: 1. *Anzeigefehler:* Sie haben ihre Ursache in der ungenauen Einstellung der Waage, die auf der Reibung in der Schneidenlagerung, auf Beschädigungen der Schneide oder auf einer Vielzahl äußerer Störungen, z. B. Erschütterungen, beruhen kann. Sie lassen sich klein halten, wenn die Schneiden geschont werden. Vorbedingung dafür ist, daß die Waage nur in arretiertem Zustand bedient wird und langsam arretiert und entarretiert wird.

2. *Ableseungenauigkeit:* Bei der Ablesung des Zeigerausschlags müssen die Zehntel-Skalenteile geschätzt werden. Diese Schätzung fällt bald zu groß, bald zu klein aus.

Fehler, die von der Anzeige- oder Ableseungenauigkeit herrühren, lassen sich nicht korrigieren, da sie aus einer großen Zahl unbekannter Einflüsse entstehen. Es sind also zufällige Fehler. Bei einer großen Zahl von Wägungen läßt sich jedoch auf diese Fehler die Fehlerrechnung anwenden.

Bestimmung von Dichte oder spezifischem Gewicht

Unter der *Dichte* eines Stoffes versteht man das Verhältnis seiner Masse zu seinem Volumen.

$$\text{Dichte} = \frac{\text{Masse}}{\text{Volumen}} \qquad \left(\text{Einheit } \frac{\text{g}}{\text{cm}^3}\right).$$

Das *spezifische Gewicht* eines Stoffes gibt das Verhältnis seines Gewichtes zu seinem Volumen an.

$$\text{Spezifisches Gewicht} = \frac{\text{Gewicht}}{\text{Volumen}} \qquad \left(\text{Einheit } \frac{\text{Pond}}{\text{cm}^3}\right).$$

Dichte aus Wägung und Volumenberechnung: Die Masse kann auf der Waage bestimmt werden, das Volumen einfach geformter Körper aus gemessenen Längen berechnet werden. Um die Kantenlängen eines Quaders aus Messing zu bestimmen, bringt man ihn zwischen die Backen der *Schieblehre* (Abb. 7). An der Verschiebung des Nullstriches des *Nonius* (Nebenskala) auf der Hauptskala liest man Länge, Breite und Höhe in Millimetern ab. Zur Abschätzung der Zehntelmillimeter sucht man denjenigen Teilstrich des Nonius, der mit einem Teilstrich der Hauptskala zusammenfällt. Ist es der

Vierte, dann hat man zu der Zahl der Millimeter noch vier Zehntelmillimeter hinzuzuzählen usw. Das Volumen in cm³ erhält man als
Produkt von Länge, Höhe und Breite, alle in cm ausgedrückt.

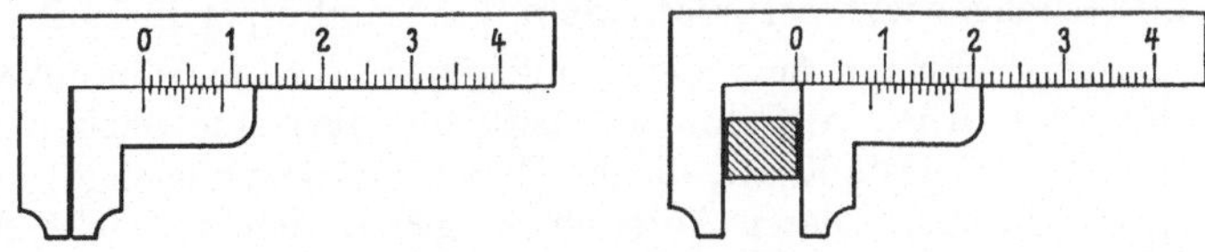

Abb. 7. Schieblehre mit Nonius.

Wenn man die Messung der Kantenlängen auf ein Zehntelmillimeter genau durchführt, so bedeutet das für einen Würfel von
1 cm Kantenlänge, daß sein Volumen auf $^3/_{100}$ cm³, also auf 3%
genau ermittelt ist. Die Genauigkeit, mit der die Wägung durchgeführt werden kann, liegt in diesem Falle bei etwa 0,01%. Diese
Genauigkeit anzustreben, ist nach S. 7 aber zwecklos, denn
die Genauigkeit des Meßresultates kann niemals die der unge-
nauesten Einzelmessung, d. h. hier der des Volumens, übertreffen.

Spez. Gewicht mit der Mohrschen Waage: Viel genauer sind
die Methoden zur Bestimmung des spezifischen Gewichtes aus dem
Auftrieb.

Der Auftrieb irgendeines Körpers in einer Flüssigkeit ist gleich
dem Gewicht der verdrängten Flüssigkeitsmenge, also: Auftrieb in
Pond = Volumenverdrängung in cm³ × spez. Gew. d. Flüssigkeit.
D. h., bei gleicher Volumenverdrängung ist der Auftrieb in verschiedenen Flüssigkeiten dem spezifischen Gewicht der Flüssigkeiten proportional. Darauf beruht die *Mohrsche Waage* (Abb. 8).

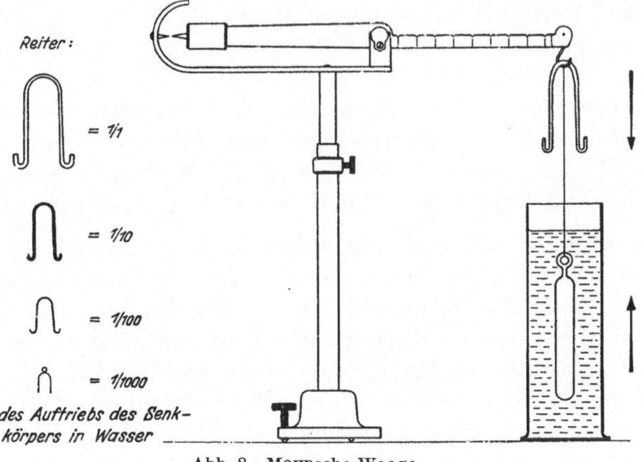

Abb. 8. Mohrsche Waage.

Sie besteht aus einem unsymmetrischen Waagebalken, an dessen langem Arm ein Glaskörper, der sogenannte Senkkörper, hängt. Durch ein Gegengewicht ist die Waage so ausbalanciert, daß sie sich im Gleichgewicht befindet, wenn der Senkkörper in Luft ist.

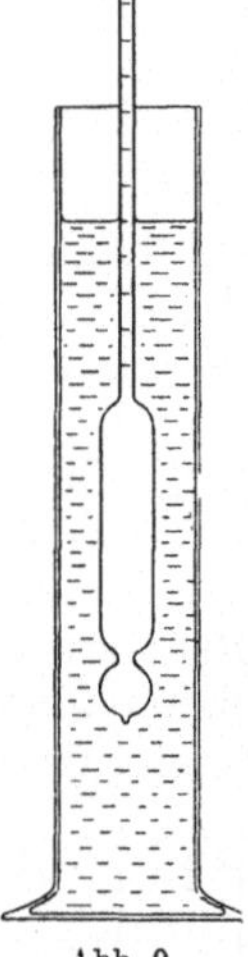

Abb. 9.
Aräometer.

Bringt man den Senkkörper in eine Flüssigkeit, so wirkt auf ihn der Auftrieb, also eine nach oben gerichtete Kraft, die die Waage aus dem Gleichgewicht bringt. Dieser Auftrieb ist gleich dem Gewicht der verdrängten Flüssigkeitsmenge, also gleich dem Volumen des Senkkörpers mal dem spezifischen Gewicht der Flüssigkeit, oder, da das Volumen des Senkkörpers immer dasselbe bleibt, stets proportional dem spezifischen Gewicht der zu messenden Flüssigkeiten.

Man hat nun einen Reiter, dessen Gewicht gleich dem Auftrieb des Senkkörpers in Wasser ist. Über dem Senkkörper aufgehängt, bringt er die Waage gerade ins Gleichgewicht, wenn dieser sich in Wasser (spez. Gewicht $= 1\,\mathrm{p/cm^3}$) befindet. Bei einer Flüssigkeit von höherem spez. Gewicht ist der Auftrieb des Senkkörpers größer, man müßte also zur Herstellung des Gleichgewichtes ein weiteres Gewicht dazuhängen. Um eine beliebige Unterteilung des Gewichtes vornehmen zu können, hat man noch Reiter, die $^1/_{10}$, $^1/_{100}$ bzw. $^1/_{1000}$ des Gewichtes des großen Reiters haben. Außerdem hat man den Hebel, an dem der Senkkörper hängt, in 10 Teile unterteilt, so daß man jeden Reiter mit vollem bzw. mit $^9/_{10}$, $^8/_{10}$, $^7/_{10}$, $^6/_{10}$, $^5/_{10}$ ... seines Gewichtes wirken lassen kann; denn ein Reiter, der an dem halben Hebelarm sitzt, wirkt wie ein halb so schwerer Reiter am ganzen Hebelarm. Bringt man auf diese Weise die Waage ins Gleichgewicht, so verhält sich das Gesamtgewicht der Reiter, bezogen auf den ganzen Hebelarm, zu dem Gewicht des großen Reiters wie der Auftrieb in dieser Flüssigkeit zu dem Auftrieb in Wasser. Dieses Verhältnis ist die Maßzahl des spez. Gewichts der Flüssigkeit. Man findet es auf vier Stellen genau.

Spez. Gewicht mit dem Aräometer und Schwebemethode: Noch einfacher, aber dafür weniger genau arbeitet das *Aräometer* (Abb. 9). Das ist ein längliches Glasgefäß, dessen Schwerpunkt so tief liegt, daß es aufrecht in der Flüssigkeit schwimmt. Dabei taucht es, wie jeder schwimmende Körper, so tief ein, daß der Auftrieb gerade gleich dem Gewicht wird. Also ist das Gewicht in Pond gleich der Volumenverdrängung mal dem spez. Gewicht der Flüssigkeit. Hier bleibt das Gewicht, also auch der Auftrieb, immer konstant;

dann ist aber die Volumenverdrängung um so größer, je kleiner
das spez. Gewicht der Flüssigkeit ist. D. h. das Aräometer sinkt
um so tiefer ein, je spezifisch leichter die Flüssigkeit ist und umgekehrt. Jedem spez. Gewicht entspricht so eine ganz bestimmte
Eintauchtiefe, die man markiert und mit der Zahl des spez. Gewichtes versehen hat, so daß man an der Skala des Aräometers an
der Eintauchtiefe sofort das spez. Gewicht einer Flüssigkeit ablesen kann.

Das spez. Gewicht gewisser fester Stoffe (z. B. von Bernstein)
kann man in der Weise bestimmen, daß man sie in eine spezifisch
schwerere Salzlösung wirft und diese dann so lange verdünnt, bis
der Körper gerade noch schwebt, d. h. in jeder Höhe weder sinkt
noch aufsteigt. Dann ist

$$\text{Auftrieb} = \text{Gewicht,}$$

also

$$\frac{\text{spez. Gewicht der Flüssigkeit}}{\text{mal Volumenverdrängung}} = \frac{\text{spez. Gewicht des Körpers}}{\text{mal Volumen des Körpers}}$$

oder

$$\text{spez. Gewicht des Körpers} = \text{spez. Gewicht der Flüssigkeit.}$$

Letzteres kann man aber leicht mit den Aräometer bestimmen.
Man bezeichnet diese Methode als *Schwebemethode*.

II. Schwingungen und Wellen

Die lineare Schwingung: Versucht man einen Körper, der sich
im stabilen Gleichgewicht befindet, aus seiner Ruhelage durch An-
wendung von Kräften herauszubringen, so wirken rücktreibende
Kräfte, welche bestrebt sind, ihn in diese Ruhelage zurückzuführen.
Solange die Entfernungen aus der Ruhelage klein sind, sind diese
Kräfte der Entfernung (*Elongation*) aus der Ruhelage proportional.
Nach Ausschaltung der äußeren Kräfte kehrt der Körper nicht
einfach in die Ruhelage zurück, sondern vollführt um diese Schwingungen. Die Entfernung der Umkehrpunkte von der Ruhelage
(Nullage oder Nullpunkt) bezeichnen wir als *Amplitude*. Die Zeit,
die er zu einer Hin- und Herbewegung braucht, nennen wir die
Schwingungsdauer, die Zahl der vollen Schwingungen in einer Sekunde die *Frequenz*. Schwingungen, bei denen die Amplitude
dauernd konstant bleibt, bezeichnet man als *ungedämpfte* Schwingungen. Wenn jedoch der Schwingung Energie entzogen wird, z. B.
durch Wirkung von Reibungskräften, so nimmt die Amplitude
dauernd ab. Solche Schwingungen heißen *gedämpfte* Schwingungen.

Eine an einer Schraubenfeder aufgehängte Masse (z. B. 25 g) vollführt um ihre Ruhelage eine lineare Schwingung (Abb. 10). Das Gesetz für die Schwingungsdauer lautet

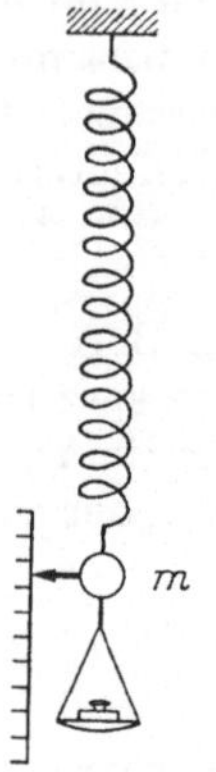

$$T = 2\,\pi\,\sqrt{\frac{\text{Masse}}{\text{Direktionskraft}}}\,. \tag{9}$$

Unter der *Direktionskraft* D^1 versteht man das Verhältnis der Kraft, welche die Entfernung aus der Ruhelage bewirkt, zu dieser Entfernung

$$D = \frac{\text{Kraft}}{\text{Elongation}}\,. \tag{10}$$

Sie entspricht in C-G-S-Einheiten der in dyn gemessenen Kraft[2] ($K = m \cdot g$), welche man aufwenden muß, um die Elongation von 1 cm zu bewirken. Zur Berechnung der Schwingungsdauer haben wir diese Direktionskraft zu messen. Dies geschieht in folgender Weise: Wir belasten unsere Feder zusätzlich mit 2 p, 5 p, 7 p, 10 p Gewicht und tragen die Elongation als Funktion der in dyn gemessenen Kräfte auf (Abb. 11). Es ergibt sich eine Proportionalität, aus der nach Gl. (10) die Direktionskraft folgt

$$D = 2020\,\frac{\text{dyn}}{\text{cm}}\,.$$

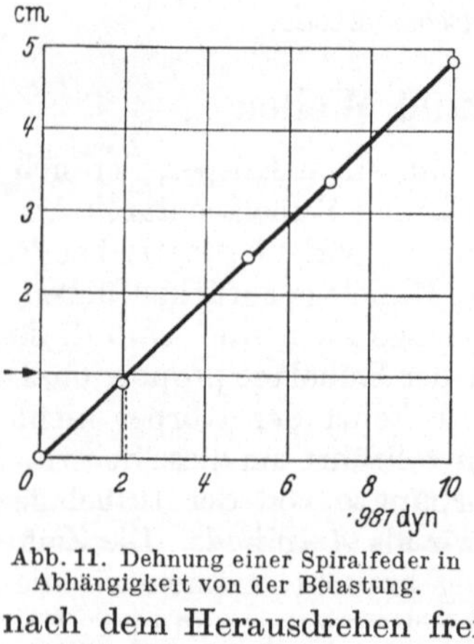

Abb. 10.
Elastisches Pendel.

In Gl. (9) eingesetzt, ergibt sich die Schwingungsdauer zu:

$$T = 2\,\pi\,\sqrt{\frac{25}{2020}}\ \text{s} = 0,7\ \text{s}\,.$$

Die mit der Stoppuhr an etwa 10 Schwingungen gemessene Schwingungsdauer beträgt 0,7 s.

Die Drehschwingung: Ein um eine Achse drehbarer Körper, dessen Entfernung aus der Ruhelage ein Drehmoment erfordert, vollführt um diese Drehschwingungen, wenn er nach dem Herausdrehen freigegeben wird. Seine jeweilige Lage wird durch den Winkel bestimmt, um den er aus der Ruhelage herausgedreht ist. Im übrigen sind die bei der linearen Schwingung eingeführten Definitionen auch auf die Drehschwingung zu übertragen.

Abb. 11. Dehnung einer Spiralfeder in Abhängigkeit von der Belastung.

---

[1] heißt auch Richtgröße oder Federkonstante.
[2] g bedeutet hier im folgenden die Erdbeschleunigung $g = 981\ \text{cm} \cdot \text{s}^{-2}$.

Als Beispiel betrachten wir ein Rad, welches durch eine Spiralfeder an eine Ruhelage gebunden ist. Wir nennen es ein *Drehpendel* (Abb. 12).

Die Schwingungsdauer des Drehpendels ergibt sich zu

$$T = 2\pi \sqrt{\frac{\text{Trägheitsmoment}}{\text{Direktionskraft}}} \,. \quad (11)$$

Hier bedeutet die Direktionskraft D das Verhältnis des Drehmomentes zu der im Bogenmaß gemessenen Elongation

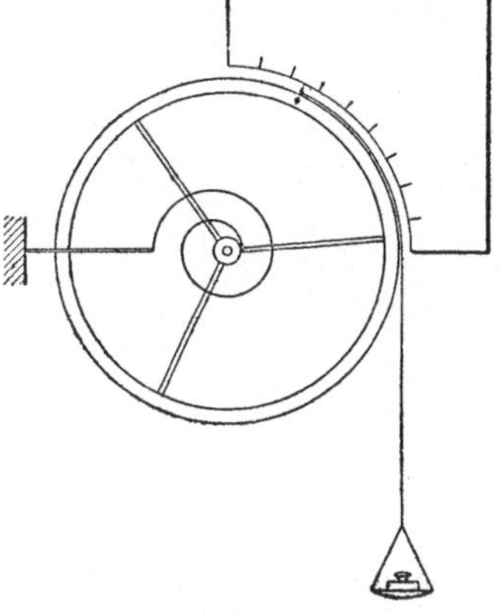

$$D = \frac{\text{Drehmoment}}{\text{Elongation}} \,. \quad (12)$$

Elongation in Radianten

$$= \frac{\text{Drehwinkel in Grad}}{57,3°} \,.$$

Abb. 12. Drehpendel.

Für den Fall einer geringen Ausdehnung des Körpers (punktförmige Masse) bedeutet sein *Trägheitsmoment* in bezug auf eine Achse das Produkt aus seiner Masse und dem Quadrat seines Abstands von der Achse. Das Trägheitsmoment eines Rades mit dem Radius r (5,75 cm), dessen Masse m (195 g) im wesentlichen im Radkranz enthalten ist, ist dementsprechend $m \cdot r^2$, in unserem Falle 6430 g · cm².

Die Direktionskraft ermitteln wir, indem wir ein kleines Waageschälchen an einem dünnen Faden am Umfang des Rades befestigen, nacheinander mit 5, 10, 15, 25 und 35 g Gewicht belasten und feststellen, um welchen Winkel das Drehpendel aus seiner Ruhelage herausgedreht wird. Es ergeben sich Winkel von 12,1°, 24,4°, 36,6°, 61,5° und 86,6°. Der Hebelarm, an dem die Kräfte angreifen, beträgt in allen Fällen 6 cm, die ausgeübten Drehmomente also 5 g · 981 cm s⁻² · 6 cm = 29500 dyn · cm, bzw. 59000 dyn · cm, 88500 dyn · cm, 148000 dyn · cm und 207000 dyn · cm. Tragen wir diese Winkel als Funktion der angreifenden Drehmomente auf, so erkennen wir, daß sie proportional dem Drehmoment sind (Abb. 13). Die Direktionskraft beträgt also $D = 137000$ dyn · cm/Rad. Die Schwingungsdauer berechnet sich zu:

$$T = 2\pi \sqrt{\frac{6430}{137000}}\,\text{s} = 1{,}36\ \text{s} \,.$$

Die experimentelle Bestimmung ergibt einen etwas kleineren Wert. Das kommt davon, daß wir bei der Berechnung des Trägheitsmomentes die ganze Masse in den Radkranz verlegt haben, ohne zu berücksichtigen, daß die in den Speichen befindlichen Massen in-

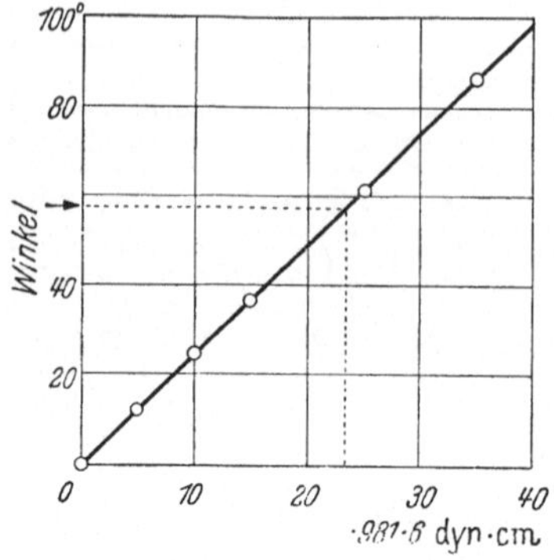

Abb. 13. Drehwinkel eines Drehpendels in Abhängigkeit vom Drehmoment.

folge ihres geringen Abstandes von der Achse einen kleineren Beitrag zum Trägheitsmoment liefern.

Schwingungen elastischer Körper: Der homogene elastische Körper, der durch Wirkung von Spannungen deformiert wurde, kann ebenfalls Schwingungen ausführen. Wir unterscheiden bei einem Stabe, der in der Mitte eingespannt ist, hauptsächlich zwei Arten von Schwingungen (Abb. 14): a) *Longitudinale* Schwingungen, die in Richtung der Stabachse erfolgen; b) *Transversale* Schwingungen, bei denen die Schwingungen senkrecht zur Stabachse liegen.

Anders als bei den schwingungsfähigen Systemen Abb. 10 und Abb. 12 kann man bei einem solchen Stab nicht mehr eine Trennung in elastische und träge Elemente vornehmen. Bei einer longitudinalen Anregung läßt sich jedoch aus seiner Länge, seiner Dichte

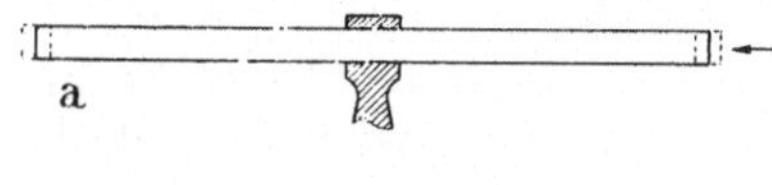

a

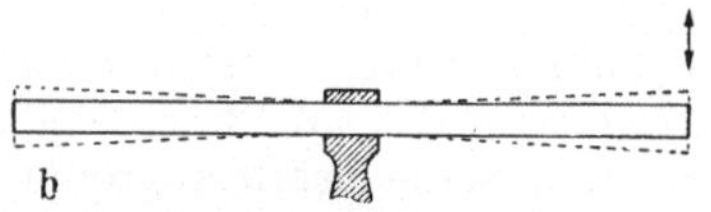

b

Abb. 14. (a) Longitudinale, (b) transversale Stabschwingungen.

(s. S. 14) und seinem Elastizitätsmodul die Schwingungsdauer berechnen.

Der Elastizitätsmodul: In bestimmten Grenzen ist bei einem Stab der Länge l die Dehnung oder Stauchung Δl, die er unter der Wirkung einer Kraft P erfährt, proportional der Spannung oder dem Druck P/q. Dabei sei unter q der umdeformierte Querschnitt des Stabes verstanden (HOOKEsches Gesetz). Man kann also in diesen Grenzen eine Materialkonstante, den Elastizitätsmodul oder Dehnungsmodul definieren:

$$\text{Elastizitätsmodul} = \frac{\text{Spannung}}{\text{relative Dehnung}} = \frac{\text{Kraft/Querschnitt}}{\text{Längenänderung/Länge}}\,,$$

$$E = \frac{P/q}{\Delta l/l}\,. \tag{13}$$

E läßt sich messen, indem man (Abb. 15) einen Draht aus dem zu untersuchenden Material der Länge l und dem Querschnitt q mit dem Gewicht P belastet. Mit einem Ablesemikroskop mißt man die dabei auftretende Verschiebung einer Strichmarke am Drahtende. Sie ist gleich der Verlängerung Δl. Es ergibt sich z. B. für Stahl: $E_{St} = 2{,}1 \cdot 10^{12}$ dyn/cm² $= 2{,}1 \cdot 10^6$ kp/cm².

Die Ausbreitungsgeschwindigkeit einer Störung: Führt man (Abb. 16) gegen die Stirnfläche eines Stabes (Querschnitt q, Dichte ϱ) einen Schlag, so tritt an dieser Stelle eine Verdichtung auf. Sie läuft als Verdichtungswelle mit einer Geschwindigkeit c über den Stab hinweg. Sie sei zu einem bestimmten Zeitpunkt an der Stelle 1 angekommen, nach einer Zeit Δt an der Stelle 2. Die Entfernung von 1 bis 2 beträgt dann $c \cdot \Delta t$.

Innerhalb der Zeit Δt ist also die zwischen 1 und 2 liegende Masse von der Druckwelle erfaßt worden. Sie wird von ihr beschleunigt und verdichtet, am stärksten an der Stelle 1, wo innerhalb der Zeit Δt der Druck von 0 auf 2 Δp angewachsen sei, im Mittel also der Druck Δp herrschte, gar nicht an der Stelle 2, wo die Druckwelle eben erst angelangt ist. Im Mittel wird also die zwischen 1 und 2 liegende Masse auf eine Geschwindigkeit $\bar{v}$ beschleunigt und um die Strecke $\bar{v} \cdot \Delta t$ gestaucht[1].

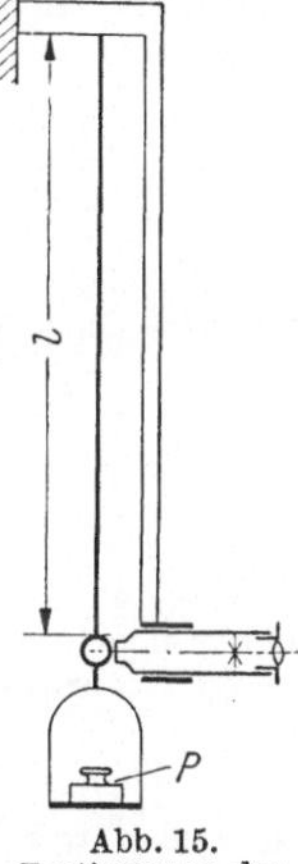

Abb. 15.
Bestimmung des
Elastizitätsmoduls.

Für die Beschleunigung gilt:

$$\text{Kraft} = \text{Masse} \times \text{Beschleunigung,}$$
$$\Delta p\, q = q\, c\, \Delta t\, \varrho \cdot \bar{v}/\Delta t,$$
$$\Delta p = c \cdot \varrho \cdot \bar{v}. \tag{14}$$

Die Stauchung ergibt für das Stabstück der Länge $c \cdot \Delta t$ im Mittel eine Verkürzung $\bar{v} \cdot \Delta t$. Wenn wir annehmen, daß der Querschnitt sich nicht ändert, wird also das Volumen $q \cdot c \cdot \Delta t$ zwischen 1 und 2 um $q\,\bar{v} \cdot \Delta t$ geändert. Es gilt:

$$\frac{\text{Dichteänderung}}{\text{Dichte}} = \frac{\text{Volumenänderung}}{\text{Volumen}} \cdot$$

$$\frac{\Delta\varrho}{\varrho} = \frac{q \cdot \bar{v} \cdot \Delta t}{q \cdot c \cdot \Delta t},$$

$$\Delta\varrho = \frac{\varrho \cdot \bar{v}}{c}. \tag{15}$$

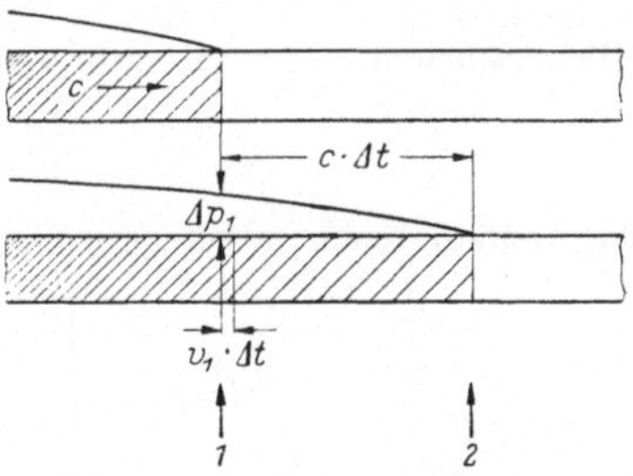

Dividiert man Gl. (14) durch Gl. (15), so ergibt sich

$$c = \sqrt{\frac{\Delta p}{\Delta\varrho}}. \tag{16}$$

Abb. 16. Zur Ableitung der Ausbreitungsgeschwindigkeit einer Druckwelle.

---

[1] Man beachte, daß sich mit der Geschwindigkeit c der Druckwelle ein Zustand ausbreitet, also keine Materie transportiert wird (Phasengeschwindigkeit), während die Geschwindigkeit $\bar{v}$ sich wirklich auf die Bewegung von Materieteilchen bezieht.

In Worten

$$\text{Ausbreitungsgeschwindigkeit} = \text{Wurzel aus } \frac{\text{Druckänderung}}{\text{Dichteänderung}} \, .$$

Man bezeichnet c auch als Schallgeschwindigkeit.

Für einen Stab mit dem Elastizitätsmodul E gilt nach Gl. (13)

$$\frac{P/q}{\Delta l/l} = \frac{\Delta p}{\Delta l/l} = \frac{\Delta p}{\Delta \varrho/\varrho} = E.$$

$$\frac{\Delta p}{\Delta \varrho} = \frac{E}{\varrho} \, .$$

Also Schallgeschwindigkeit im Stab

$$\boxed{c = \sqrt{\frac{E}{\varrho}}} \, . \tag{17}$$

Für ein Gas (Druck p, Volumen V) gilt bei einer Kompression, die so rasch erfolgt, daß keine Kompressionswärme abgeführt wird (adiabatische Kompression) das POISSONsche Gesetz

$$p \cdot V^\gamma = \text{const} \, ,$$

wo $\gamma = \dfrac{c_p}{c_v}$ das Verhältnis der spez. Wärme bei konstantem Druck und bei konstantem Volumen bedeutet. (Für zweiatomige Gase ist $\gamma = 1{,}4$.)
Da Volumen $= \dfrac{\text{Masse}}{\text{Dichte}}$, also $V = \dfrac{m}{\varrho}$, gilt $p = \dfrac{\text{const}}{m^\gamma} \varrho^\gamma = \text{const } \varrho^\gamma$, denn die Gasmasse m bleibt ebenfalls konstant.

Wird nun durch eine Druckwelle p auf $p + \Delta p$ erhöht, so gilt:

$$\frac{p + \Delta p}{p} = \frac{(\varrho + \Delta \varrho)^\gamma}{\varrho^\gamma} \approx 1 + \frac{\Delta \varrho}{\varrho} \gamma \, ,$$

wenn man $(\varrho + \Delta \varrho)^\gamma / \varrho^\gamma$ in eine Reihe entwickelt und nach dem zweiten Glied abbricht. Daraus ergibt sich:

$$\frac{\Delta p}{\Delta \varrho} = \frac{p \cdot \gamma}{\varrho} \, .$$

Also Schallgeschwindigkeit in Gas

$$\boxed{c = \sqrt{\frac{p \cdot \gamma}{\varrho}}} \, . \tag{18}$$

Schwingungsdauer und Frequenz: Eine Druckwelle läuft mit der Geschwindigkeit c durch einen Stab oder eine Gassäule der Länge L hindurch bis zum Ende. Dort wird sie reflektiert, läuft zurück, wird am anderen Ende wieder reflektiert und so fort. Man bezeichnet diese Erscheinung als Schwingung und bezeichnet die Zeit für hin und zurück, also für den Weg $2\,L$, als Schwingungsdauer T.

Es ergibt sich:

$$\text{Zeit} = \frac{\text{Weg}}{\text{Geschwindigkeit}},$$

$$T = \frac{2\,L}{c}.$$

Die Schwingungsdauer eines Stabes für longitudinale Schwingungen ist also nach Gl. (17)

$$\boxed{T = 2\,L\,\sqrt{\frac{\varrho}{E}}}. \tag{19}$$

Die Schwingungsdauer einer Gassäule (offene Pfeife) nach Gl. (18)

$$\boxed{T = 2\,L\,\sqrt{\frac{\varrho}{p \cdot \gamma}}}. \tag{20}$$

Die Zahl der Schwingungen in der Zeiteinheit bezeichnet man als die Frequenz ν. Als Einheit der Frequenz benutzt man das Hertz. Es entspricht *einer* Schwingung pro Sekunde. Es gilt also:

$$\text{Frequenz } \nu \text{ in Hertz} = \frac{1}{\text{Schwingungsdauer } T \text{ in s}}.$$

Messung der Frequenz einer Schwingung: Wir betrachten im folgenden die transversalen Schwingungen einer Stimmgabel (U-förmig gebogener Stab). Zur Messung ihrer Frequenz verwenden wir die *stroboskopische Scheibe* (Abb. 17). Das ist eine Scheibe, in

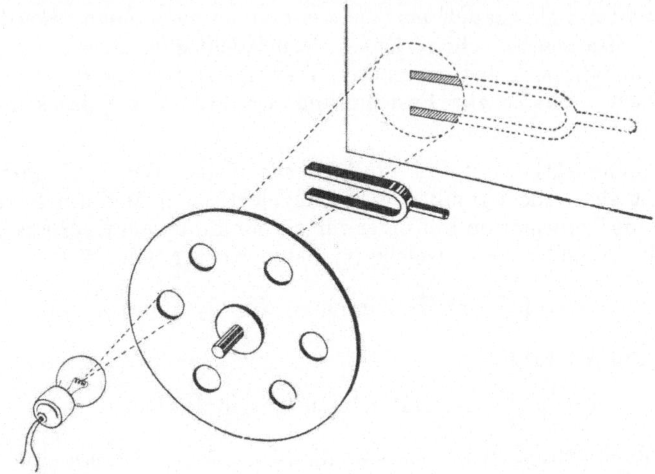

Abb. 17. Messung der Frequenz einer Stimmgabel mit der stroboskopischen Scheibe.

der eine bestimmte Zahl von Löchern (bei uns 6) kreisförmig angeordnet sind. Mit Hilfe eines regulierbaren Motors kann sie in mehr
oder weniger schnelle Drehung versetzt werden. Die Tourenzahl,
d. h. die Zahl der Umdrehungen pro Minute, kann mit einem Tacho-
meter bestimmt werden. Ein Lichtbündel, das von der Stimmgabel
ein Schattenbild entwirft, wird bei der Rotation in eine große Anzahl zeitlich regelmäßig aufeinanderfolgender Lichtblitze zer-
schnitten. Und zwar sind es bei einer Tourenzahl n pro Minute

$$\frac{n}{60} \cdot 6 = \frac{n}{10}$$

Lichtblitze pro Sekunde.

Man reguliert nun n so, daß die Stimmgabel im Schattenbild
in der Stellung größter Schwingungsweite nach außen stillzustehen
scheint. Das tritt dann ein, wenn die Lichtblitze die Stimmgabel
immer wieder in der gleichen Lage treffen. Sie müssen also genau
innerhalb der Schwingungsdauer der Stimmgabel aufeinander-
folgen, d. h. die gesuchte Frequenz der Stimmgabel ist $n/10$. Es
kann aber auch sein, daß die Stimmgabel in der Zeit zwischen zwei
Lichtblitzen zwei volle Schwingungen vollführt. Auch hier würden
wir eine scheinbar stillstehende Stimmgabel beobachten. Dann
wäre die Tourenzahl der stroboskopischen Scheibe aber nur halb
so groß wie im vorhergehenden Falle. Ganz allgemein ist die Frequenz der Stimmgabel gleich der höchsten Zahl von Lichtblitzen,
bei der sie stillzustehen scheint. Bei einer Verdoppelung dieser
Zahl würde man außer dem Schattenbild der nach außen geschwun-
genen Stimmgabel auch das Schattenbild der nach innen geschwun-
genen Stimmgabel sehen. Unter Berücksichtigung dieser Erscheinungen läßt sich bei geeigneter Versuchsanordnung die stroboskopische Scheibe zur Bestimmung der Frequenz jedes schwingenden Systems anwenden.

Wellenausbreitung: *a) Fortschreitende Welle.* Wie S. 22 gezeigt,
breitet sich eine irgendwo in einem elastischen Medium hervor-
gerufene Deformation mit einer für das Medium charakteristischen
Geschwindigkeit c aus, welche im festen Körper [Gl. (17)]

$$c = \sqrt{\frac{E}{\varrho}} \quad \text{(z. B. } c \text{ in cm/s, } E \text{ in dyn/cm}^2),$$

in Gasen [Gl. (18)]

$$c = \sqrt{\frac{c_p}{c_v} \cdot \frac{p}{\varrho}} \quad \text{(z. B. } c \text{ in cm/s, } p \text{ in dyn/cm}^2).$$

Die Geschwindigkeit ist unabhängig davon, ob es sich um eine ein-
malige kurzdauernde Deformation oder um eine periodische Schwin-

gung handelt. Die Ausbreitung dieser Deformationen nennen wir eine *Welle*. Im folgenden überlegen wir uns das Zustandekommen einer einfachen periodischen Welle in Luft, welche von einer schwingenden Stimmgabel ausgeht (Abb. 18). Die Ausbreitungsgeschwindigkeit dieser Wellen in Luft beträgt 340 m/s. Wir beginnen in dem Augenblick (1), in dem die Stimmgabelzinken nach außen schwingen. Der rechte Zinken ruft dabei eine Verdichtung, d. h. eine Druckerhöhung der Luft hervor. Wir kennzeichnen sie durch einige dicht nebeneinanderliegende Striche. Diese Druckerhöhung läuft mit einer Geschwindigkeit von 340 m/s in den Raum hinaus. Wenn die Stimmgabel nach innen schwingt, ruft sie eine Luftverdünnung hervor. Wir zeichnen sie durch weitentfernte Striche an. Sie läuft mit gleicher Geschwindigkeit der Verdichtung nach. Während einer weiteren halben Schwingung bewirkt die Stimmgabel eine zweite Luftverdichtung. Die Zeit, die zwischen ihrer Erzeugung und der Erzeugung der ersten Verdichtung liegt, ist demnach die Schwingungsdauer T der Stimmgabel. Den Weg, der von der ersten Verdichtung in dieser Zeit zurückgelegt wurde, bezeichnen wir als *Wellenlänge*. Sie entspricht also dem Abstand zweier maximaler Verdichtungen oder Verdünnungen. Die Bilder (5), (6) und (7) entsprechen der Wellenausbreitung nach 2, 2½, 3 Schwingungen der Stimmgabel. Nach drei Schwingungen hat sich die Welle demnach um drei Wellenlängen ausgebreitet. Da die Stimmgabel pro Zeiteinheit $\frac{1}{T} = \nu$

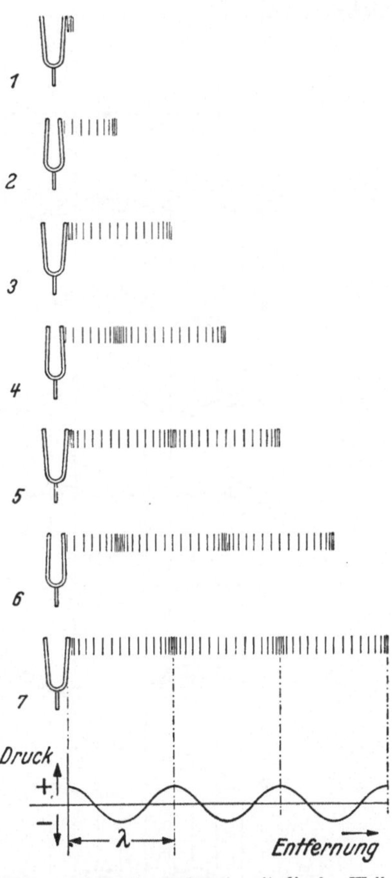

Abb. 18. Ausbreitung einer longitudinalen Welle (Schallwelle).

Schwingungen vollführt, hat sich die Welle in einer Sekunde um v Wellenlängen ausgebreitet. Dieser in einer Sekunde zurückgelegte Weg mißt aber die Geschwindigkeit c der Welle, so daß die Beziehung gilt

$$c = v \cdot \lambda. \tag{21}$$

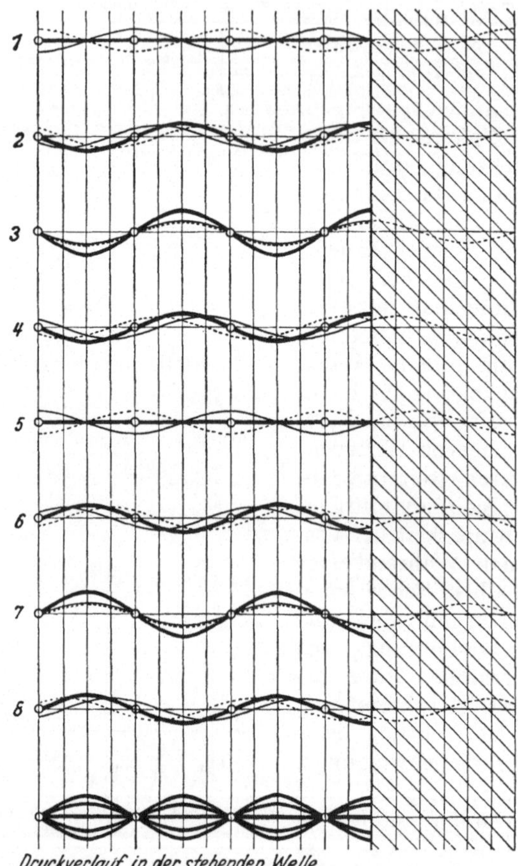

Abb. 19. Entstehung einer stehenden Welle durch Überlagerung der ankommenden (dünn ausgezogene Linie) und der reflektierten Welle (gestrichelte Linie).

Diese Geschwindigkeit gilt also für die Ausbreitung der Druckerhöhung oder der Druckerniedrigung, anders ausgedrückt, des Wellenberges oder des Wellentales, d. h. der *Schwingungsphase*.

Um über die vorhandenen Drucke eine Übersicht zu bekommen, wollen wir sie längs des Weges graphisch aufzeichnen, eine Verdichtung also als positiv nach oben, eine Verdünnung als negativ nach unten, dazwischen die entsprechenden Übergangswerte. Wir erhalten dann die unter die Abb. 18 gesetzte graphische Darstellung des Druckverlaufs längs des Schallweges.

b) *Stehende Welle* (Abb. 19): Eine auf eine feste Wand auffallende Welle wird an ihr reflektiert. Die Überlagerung (*Interferenz*) der ankommenden und der reflektierten Welle ergibt eine stehende Welle. Abb. 19 zeigt für Zeiten, die um je eine achtel Schwingungsdauer auseinander liegen, das Zustandekommen der stehenden Welle. Das Charakteristische der stehenden Welle ist folgendes:

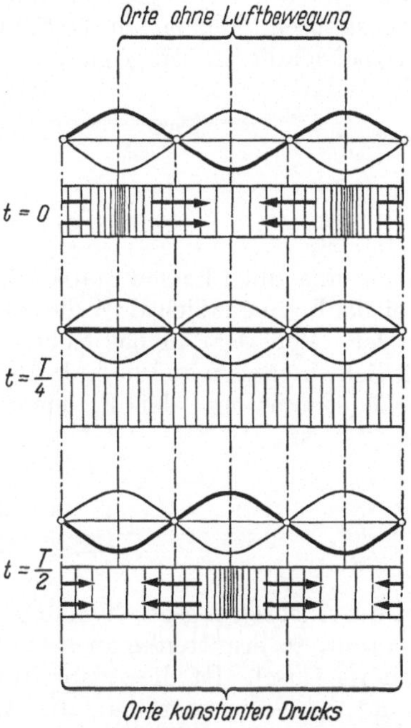

In regelmäßigen Abständen von ½ Wellenlänge ist der Druck konstant. Zwischen diesen als Druckknoten der stehenden Welle bezeichneten Stellen liegen Orte größter Druckänderung, die Druckbäuche. Die Druckänderungen sind natürlich mit Bewegungen der schwingenden Luft verknüpft. Zu beiden Seiten eines Druckbauches, der Stelle stärkster Druckänderung, schwingen die Luftteilchen einander entgegen oder sie entfernen sich voneinander, so daß an der Stelle des Druckbauches die Luft stets in Ruhe bleibt. In den Bereichen der Druckknoten, in denen der Druck konstant bleiben soll, schwingen die Luftteilchen am stärksten. Orte eines Druckbauches sind demnach Schwingungsknoten, und Orte eines Druckknotens sind Schwingungsbäuche (Abb. 20).

Die Kundtsche Röhre (Abb. 21): Erzeugt man stehende Wellen in einem einseitig geschlossenen Glasrohr, in dem Korkstaub verteilt liegt, dann wird dieser an den Schwingungsbäuchen aufgewirbelt, bleibt aber an den Knoten liegen. Der Abstand zweier

Abb. 20. Druckverteilung und Teilchenbewegung in drei Phasen einer stehenden Welle.

benachbarter Knoten ist dann die halbe Wellenlänge der Schallwelle. Diese Erscheinung benützt man in der KUNDTschen Röhre
zur Messung der Wellenlänge. Ein in der Mitte eingespannter Stab
der Länge l wird durch Reiben in Längsschwingungen versetzt (s.
Abb. 14a). Die Stabenden haben die größten Schwingungsamplituden und schwingen gegeneinander. In der Mitte liegt der Schwingungsknoten. Wir fassen die Schwingung als eine stehende Welle
auf, bei der die Stablänge gleich der halben Wellenlänge ist, d. h.: in

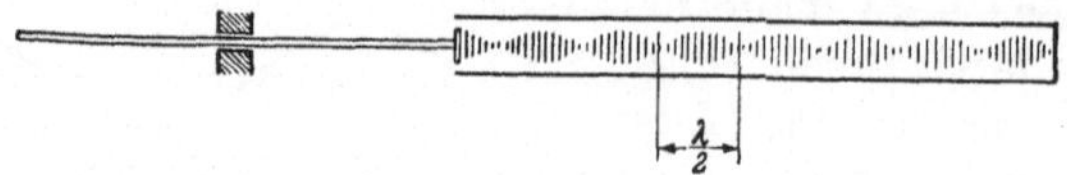

Abb. 21. KUNDTsche Röhre.

einem unendlich langen Stabe würde eine periodische Schwingung
gleicher Frequenz sich als Welle ausbreiten, deren Wellenlänge gleich
$2\,l$ ist. Von dem in das Rohr hineinragenden Stabende werden
die Schwingungen auf die Luft übertragen. Die Frequenz der Luft-
welle stimmt mit der Frequenz der Stabwelle überein. Nach
Gl. (21) ist

$$\nu = \frac{c}{\lambda},$$

also ist

$$\frac{c_{\text{Luft}}}{\lambda_{\text{Luft}}} = \frac{c \text{ im Stab}}{2\,l}.$$

Ist die Ausbreitungsgeschwindigkeit der elastischen Welle im Stab
bekannt, so ermittelt man hiermit die Ausbreitungsgeschwindigkeit im Gase[1]. Ist die Ausbreitungsgeschwindigkeit im Gase bekannt, so verwendet man die Anordnung zur Bestimmung der
Ausbreitungsgeschwindigkeit der elastischen Welle im Stabmaterial,
aus der man nach Gl. (17) den Elastizitätsmodul berechnen kann.

Die Quinckesche Röhre: Wir überlegen uns die Formen, in denen
eine Luftsäule in einem einseitig geschlossenen Glasrohr schwingen
kann (Abb. 22). An der offenen Seite vermag die Luft zu schwingen.
Hier muß also ein Schwingungsbauch vorliegen. An der abgeschlossenen Seite sind keine Bewegungen von Luftmassen möglich, dort
muß also ein Schwingungsknoten liegen. Eigenschwingungen sind
also nur möglich, wenn die Länge der Luftsäule gleich $\dfrac{\lambda}{4}, \dfrac{3\lambda}{4}, \dfrac{5\lambda}{4}$
usw. ist. Bei ein und demselben Rohr müssen also die Frequenzen
von Eigenschwingungen sich verhalten wie $1:3:5$ usw.

---

[1] Wie Gl. (18) zeigt, kann man aus der Schallgeschwindigkeit c in einem
Gase c_p/c_v bestimmen, wenn p und ϱ bekannt sind.

Die Eigenschwingung wird durch eine periodische Druckschwankung erregt, welche die gleiche Frequenz besitzt (*Resonanz*). Demnach ist eine Resonanz bei verschiedenen Längen der Rohre

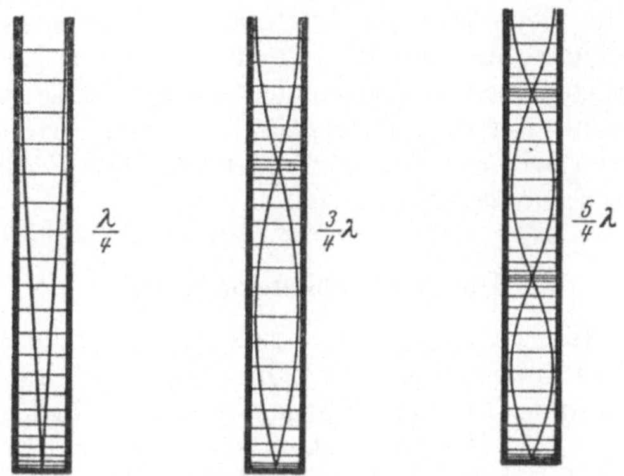

Abb. 22. Schwingungsformen einer Luftsäule in einem einseitig geschlossenen Rohr.

und damit der Luftsäule möglich, welche dann gleich $\dfrac{\lambda}{4}$, $\dfrac{3\,\lambda}{4}$, $\dfrac{5\,\lambda}{4}$ sind. Solche veränderlichen Rohrlängen lassen sich mit zwei Röhren herstellen, die durch einen Schlauch miteinander verbunden sind und in die Wasser eingefüllt ist (Abb. 23). Lassen wir in ein solches Rohr Schallwellen hineinlaufen, z. B. von einer Stimmgabel, und verändern wir die Höhe des Wasserspiegels durch Heben oder Senken des linken Rohres, so tritt bei ganz bestimmten Stellungen ein starkes Mittönen der Luftsäule (Resonanz) auf. Wie die Abb. 23 zeigt, liegen die Resonanzstellen um je eine halbe Wellenlänge voneinander entfernt. Man kann also mit einem solchen Resonanzrohr die Wellenlänge eines Tones messen und bei bekannter Schallgeschwindigkeit damit auch die Frequenz nach der Beziehung (21) ermitteln.

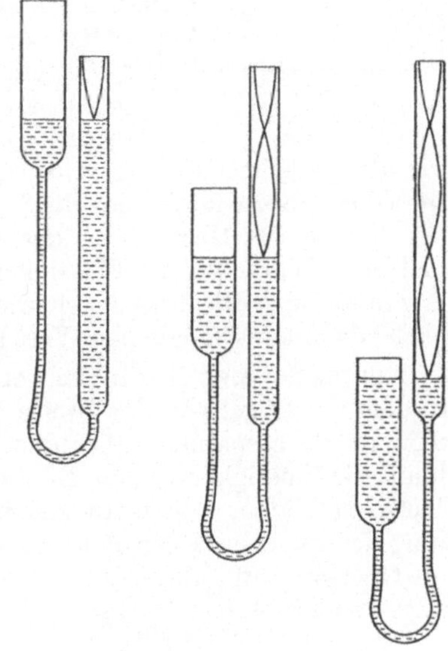

Abb. 23. Das Quinckesche Rohr.

III. Oberflächenspannung und innere Reibung

Die Moleküle einer Flüssigkeit sind nicht wie bei festen Körpern an eine Gleichgewichtslage gebunden, sondern gegeneinander verschieblich. Doch üben sie Kräfte aufeinander aus, die man als *Molekularkräfte* bezeichnet. Die Reichweite dieser Kräfte ist sehr gering, im allgemeinen wirken sie nicht über Abstände von 10^{-6} cm hinweg (Radius der *Wirkungssphäre*). Auf die Wirkung dieser Kräfte führen wir die Erscheinungen der *Oberflächenspannung* und der *inneren Reibung* zurück.

Die Oberflächenspannung

Wie die Abb. 24 zeigt, heben sich die an einem Molekül angreifenden Molekularkräfte bei gleichmäßiger Verteilung der Moleküle im Inneren der Flüssigkeit gegenseitig auf. An der Oberfläche der Flüssigkeit und unmittelbar unter ihr, innerhalb des Radius der Wirkungssphäre ergibt die Zusammensetzung dieser Kräfte aber eine resultierende Kraft, die auf der Oberfläche senkrecht steht und in das Innere der Flüssigkeit hineingerichtet ist. Um ein Molekül aus dem Innern der Flüssigkeit an die Oberfläche zu bringen, muß also eine Arbeit geleistet werden. Die (in erg gemessene) Arbeit, die wir aufwenden müssen, um so viele Moleküle an die Oberfläche zu bringen, daß diese um 1 cm² vergrößert wird, bezeichnen

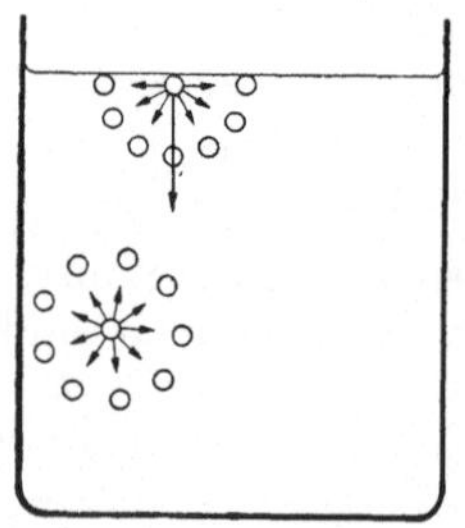

Abb. 24. Deutung der Oberflächenenergie.

wir als *spezifische Oberflächenenergie* ε (erg/cm² = dyn · cm/cm²). Die Oberflächenenergie hat den Charakter einer potentiellen Energie, welche zur Herstellung des Gleichgewichts einem Minimum zustrebt. Wenn auf die Flüssigkeit keine äußeren Kräfte wirken, so nimmt also die Flüssigkeit die Gestalt an, bei der ihre Oberfläche den kleinstmöglichen Wert hat, d. h. die Kugelform.

Nun denke man sich in den rechteckigen Rahmen der Abb. 25, an dem ein Bügel von der Breite b verschieblich ist, eine Flüssigkeitslamelle gespannt. Über den Faden muß eine Kraft wirken, damit die Flüssigkeit in dem Bestreben, eine möglichst kleine Oberfläche zu bilden, sich nicht zusammenzieht. Bei einer Verschiebung des Bügels um den Betrag s wird die Oberfläche der Lamelle auf Oberseite und Unterseite zusammen um $2\,s\,b$ vergrößert. Die aufgewendete Arbeit ist also

$$A = 2\,s\,b\,\varepsilon. \tag{22}$$

Diese Arbeit kann auch wie folgt gedeutet werden: Man denke sich durch die Oberfläche parallel zum Bügel einen Schnitt hindurchgelegt. Senkrecht zu diesem Schnitt muß eine Kraft wirksam sein, welche die Flüssigkeit zusammenhält. Die auf die Längen-

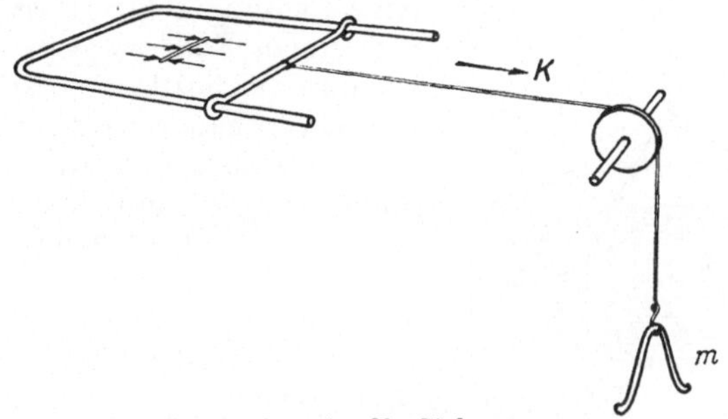

Abb. 25. Deutung der Oberflächenspannung.

einheit wirkende Kraft bezeichnen wir als *Oberflächenspannung* σ (dyn/cm). Durch die Oberflächenspannung wird also auf den Bügel ein Zug ausgeübt, der gleich $2\,b\,\sigma$ ist und für den Gleichgewichtsfall durch die Gegenkraft $K = m \cdot g$ aufgehoben wird. Bei der Vergrößerung der Oberfläche muß gegen diese Kraft auf dem Wege s Arbeit geleistet werden:

$$A = K \cdot s = 2\,b\,\sigma\,s. \qquad (23)$$

Aus den Beziehungen (22) und (23) folgt, daß die Zahlenwerte der Oberflächenenergie ε und der Oberflächenspannung σ übereinstimmen. Sie zeigen ferner, daß die Kraft unabhängig von der Größe der Verschiebung ist. (Gegensatz zum Verhalten einer gedehnten Gummimembran.)

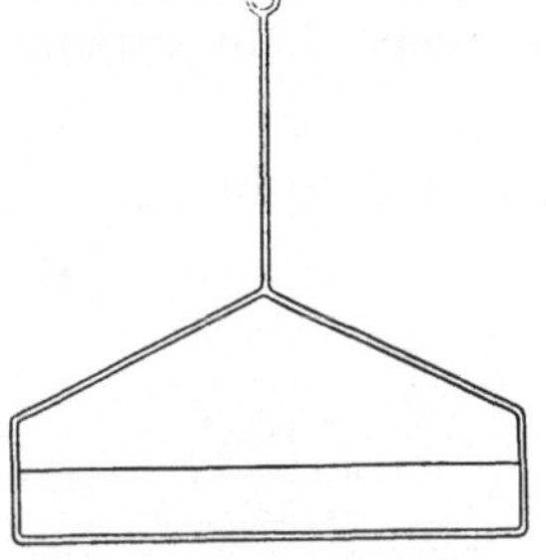

Abb. 26. LENARDscher Bügel.

Die Lenardsche Bügelmethode: Man verwendet zur Messung der Oberflächenspannung einen etwa 0,5 mm starken Drahtbügel, wie ihn Abb. 26 zeigt. In ihm ist der sehr dünne Meßdraht von genau definierter Länge b (in unserem Falle $b = 5{,}00$ cm) ausgespannt. Dieser Bügel wird zunächst bis über den Meßdraht in die zu untersuchende Flüssigkeit eingetaucht. Zieht man ihn nun langsam heraus, so zerschneidet der Meßdraht nicht die Flüssigkeitsoberfläche, sondern zieht aus ihr eine dünne Lamelle empor (Abb. 27). Wie oben dargestellt, greift also an dem Draht die Kraft $K = 2\,b\,\sigma$ an. Wir bestimmen sie mit Hilfe einer *Torsionswaage*. (Die durch die gehobene Flüssigkeit ausgeübten Kräfte können bei nicht zu hohen Ansprüchen an die Meßgenauigkeit vernachlässigt werden.) Die Torsionswaage besteht aus einem leichten Hebel (Abb. 28), der sorgfältig ausbalanciert und fast ohne Reibung gelagert ist. An seinem freien Ende trägt er ein Häkchen, an welches das zu bestimmende Gewicht gehängt wird. Auf seiner Achse befindet sich außerdem eine Spiralfeder, die mit einem zweiten Hebel gespannt werden kann. Auf diese Weise läßt sich stets das auf den drehbar gelagerten Hebel von der zu messenden Kraft ausgeübte Drehmoment durch ein mehr oder weniger starkes Spannen der Spiralfeder so kompensieren, daß der Zeiger auf die Marke einspielt. Die Spannung der Feder läßt sich an einer Kreisskala ablesen, und da sie direkt ein Maß für die zu messende Kraft oder das zu wägende Gewicht darstellt, ist diese Kreisskala von der Herstellerfirma direkt in Milligrammgewicht geeicht worden. 1 Milligrammgewicht = 1 Millipond (mp).

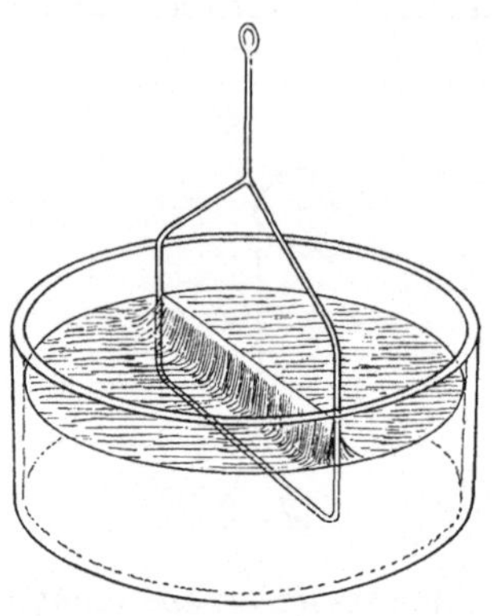

Abb. 27. Flüssigkeitslamelle am LENARDschen Bügel.

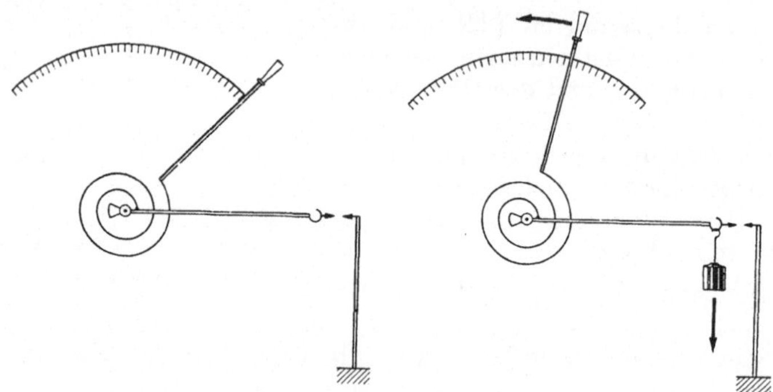

Abb. 28. Prinzip der Torsionswaage.

In Verbindung mit dem LENARDschen Bügel ist die Torsionswaage das ideale Meßgerät zur Messung der Oberflächenspannung (Abb. 29). Die zu untersuchende Flüssigkeit (bei uns Wasser) wird in ein kleines Schälchen gegossen, der Bügel wird eingetaucht und die Spiralfeder soweit gespannt, daß das Gewicht des eingetauchten Bügels kompensiert wird. Das sei beispielsweise bei 300 mg (entspr. 300 mp) Ablesung der Fall. Nun zieht man eine Flüssigkeitslamelle empor, indem man das Schälchen senkt. Gleich-

zeitig spannt man die Feder, so daß der Zeiger stets auf die Null- marke einspielt, und liest den Höchstwert der dabei auftreten- den Kraft ab. Er entspricht bei- spielsweise einer Ablesung von 990 mg. Hiervon sind die 300 mg abzuziehen, welche das Gewicht des eingetauchten Bügels aus- machen. Es bleiben also 690 mg oder $0{,}690\,\mathrm{g} \times 981\,\mathrm{cm\,s^{-2}} = 667$ dyn. Da die Länge unseres Meß- drahts $b = 5$ cm ist, beträgt nach Gl. (23) die Oberflächenspannung des Wassers

$$\sigma = \frac{667}{2 \cdot 5}\,\frac{\mathrm{dyn}}{\mathrm{cm}} = 66{,}7\,\frac{\mathrm{dyn}}{\mathrm{cm}}\,.$$

Führen wir den Versuch mit Wasser durch, dem einige Trop- fen Seifenlösung zugefügt sind, so wird die Oberflächenspannung stark erniedrigt. Eine Messung ergibt z. B. $\sigma = 35\,\dfrac{\mathrm{dyn}}{\mathrm{cm}}\,.$

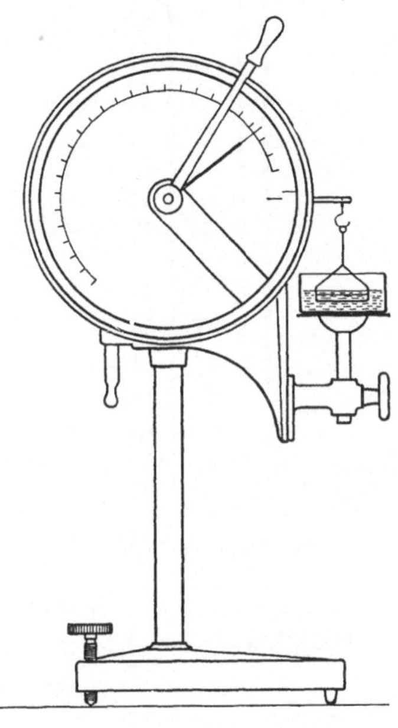

Abb. 30.
Torsionswaage mit LENARDschem Bügel.

Steighöhenmethode: Sie ist mit einfachsten Hilfsmitteln durch- führbar, im Ergebnis aber ungenauer als die erste. Es gibt eine Reihe von Flüssigkeiten, welche die Eigenschaft besitzen, sich auf der Oberfläche von festen Körpern (z. B. von Glas oder Metallen) vollständig auszubreiten (*benetzende Flüssigkeiten*). Diese Eigen- schaft beruht darauf, daß die anziehenden Kräfte zwischen Nach- barmolekülen der Flüssigkeit geringer sind als die anziehenden Kräfte zwischen den Flüssigkeitsmolekülen und den benachbarten Molekülen der Wand. Wenn nun eine enge Glasröhre (Kapillare), die in eine benetzende Flüssigkeit hineingetaucht wurde, in dieser hochgezogen wird, so steht der Meniskus der Flüssigkeit in der Röhre höher als die äußere Flüssigkeitsoberfläche (Abb. 30). Wir verstehen das aus dem Bestreben der Flüssigkeit, im Inneren der Kapillare eine möglichst geringe Oberfläche einzunehmen. Dieser Zusammenziehung der Oberfläche, welche mit Arbeitsgewinn verknüpft ist, wirkt die Schwerkraft entgegen, welche an der in die Kapillare hineingehobenen Flüssigkeit angreift. Die durch

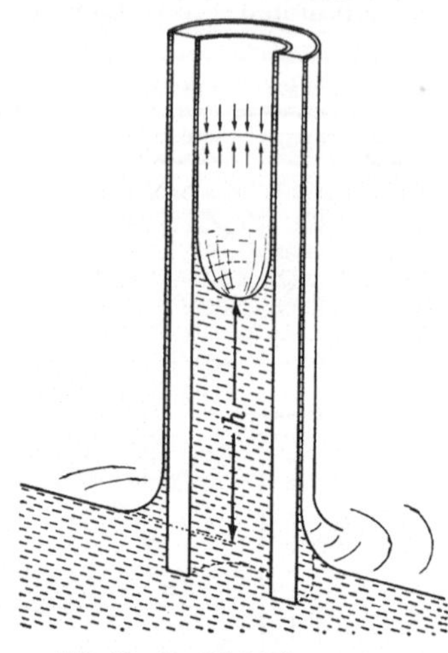

die Oberflächenspannung ausgeübte Zugkraft ist gleich Umfang $2\,\pi\,r$ der Flüssigkeitsoberfläche oberhalb des Meniskus mal Oberflächenspannung σ. Ihr wirkt das Gewicht der Flüssigkeit entgegen, deren Volumen durch Querschnitt mal Steighöhe gegeben ist. Ihr Gewicht ist: Querschnitt $\pi\,r^2$ mal Steighöhe h mal Dichte ϱ mal Erdbeschleunigung g. Es ist also:

$$2\,\pi\,r\,\sigma = \pi\,r^2\,h\,\varrho\,g$$

$$\text{oder}\qquad \sigma = \frac{r \cdot h \cdot \varrho \cdot g}{2}. \tag{24}$$

In unserem Beispiel (Wasser) ist der lichte Durchmesser der Kapillare 0,6 mm, d. h.

Abb. 30. Zur Steighöhenmethode.

$$r = 0{,}03 \text{ cm}.$$

Die Steighöhe $\qquad h = 4{,}5 \text{ cm},$

also $\qquad\qquad \sigma = \dfrac{0{,}03 \cdot 4{,}5 \cdot 1 \cdot 981}{2}\ \dfrac{\text{dyn}}{\text{cm}},$

$$\sigma = 66{,}2\ \frac{\text{dyn}}{\text{cm}}$$

in Übereinstimmung mit dem vorhergehenden Ergebnis.

Die innere Reibung

Wenn Flüssigkeitsschichten gegeneinander verschoben werden, so treten zwischen ihnen hemmende Kräfte auf, die man als

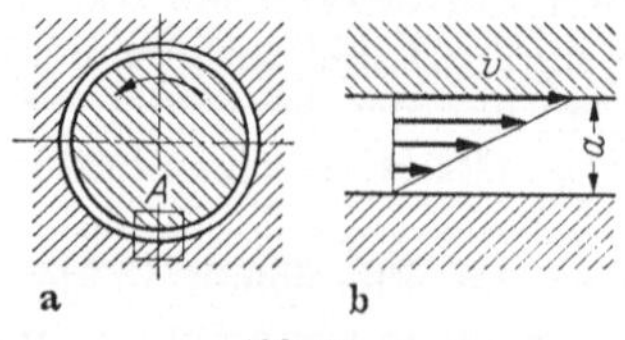

innere Reibung bezeichnet. Flüssigkeiten haften an der Oberfläche fester Körper auch dann, wenn diese bewegt werden. Wenn sich z. B. ein Zylinder innerhalb eines mit einer Flüssigkeit gefüllten Hohlzylinders dreht (Abb. 31a), so wird die an den Zylinder angrenzende

a $\qquad\qquad$ b

Abb. 31.
Zur Ableitung des Begriffs Zähigkeit.

Flüssigkeitsschicht infolge ihrer Haftung mitgeführt. Infolge der inneren Reibung werden auch die angrenzenden Flüssigkeitsschichten bewegt, doch ist ihre Geschwindigkeit um so kleiner, je näher sie der festen Wand des Hohlzylinders sind, deren angrenzende Flüssigkeitsschicht auf Grund ihrer Haftung die Geschwindigkeit 0 besitzt. Wir betrachten nun in Abb. 31a einen Ausschnitt A, der so klein sein soll, daß wir in ihm die Zylinderoberflächen praktisch als eben betrachten können. Dann bewegt sich an dieser Stelle eine ebene Fläche F mit der Geschwindigkeit v im Abstand a von einer festen Fläche (Abb. 31b). Innerhalb der Flüssigkeit beobachten wir ein Geschwindigkeitsgefälle, welches in unserem Beispiel durch das Verhältnis Geschwindigkeit v durch Abstand a gegeben ist. Es zeigt sich[1], daß die Reibungskraft R, die der Bewegung entgegenwirkt, proportional zur Größe F der bewegten Fläche und zum Geschwindigkeitsgefälle $\dfrac{v}{a}$ ist.

$$R = \eta \cdot \frac{v}{a} \cdot F. \tag{25}$$

Den Proportionalitätsfaktor η bezeichnen wir als *Zähigkeit* oder *Viskosität*. Mißt man R in dyn, v in cm/s, a in cm, F in cm², so erhält man η in der Einheit $\mathrm{dyn\,s\,cm^{-2}}$ oder $\mathrm{g\,cm^{-1}\,s^{-1}}$, die man als *Poise* bezeichnet. η ist eine Materialkonstante.

Für die Zähigkeiten der Flüssigkeiten hat man etwa folgende Skala: Wasser 0,01 Poise = 1 Centipoise, Öle etwa 1 Poise, Rizinusöl $\approx$ 10 Poise. Mit steigender Temperatur nimmt die Zähigkeit ab. Das Verhältnis von Zähigkeit zur Dichte bezeichnet man als *kinematische Zähigkeit*. Die Einheit ist das *Stokes*. Die kinematische Zähigkeit von Ölen mißt man häufig in Englergraden. Oberhalb von 0,6 Stokes gilt

1 Englergrad $\approx$ 0,076 Stokes ,

unterhalb 0,6 Stokes entsprechen:

7	6	5	4	3	2	1	Englergrade
0,53	0,45	0,37	0,29	0,21	0,12	0,01	Stokes

Bei der Strömung einer Flüssigkeit durch enge Kanäle und bei der Bewegung kleiner Teilchen durch eine Flüssigkeit spielt die Zähigkeit eine entscheidende Rolle. Die Messung der Zähigkeit benützt diese beiden Vorgänge beim Kapillarviskosimeter und bei der Kugelfallmethode.

---

[1] Gilt für $a < \sqrt{\dfrac{\eta \cdot l}{\varrho \cdot v}}$, wo η die Zähigkeit, s. Gl. (25), ϱ die Dichte der Flüssigkeit, l die Ausdehnung des Körpers und v seine Geschwindigkeit bedeuten.

3*

Die Messung der Zähigkeit im Kapillarviskosimeter benützt die Abhängigkeit der Strömungsgeschwindigkeit durch eine enge Kapillare von der Zähigkeit der zu untersuchenden Flüssigkeit. Bei der *schlichten Strömung* durch ein Rohr, d. h. einer Flüssig-

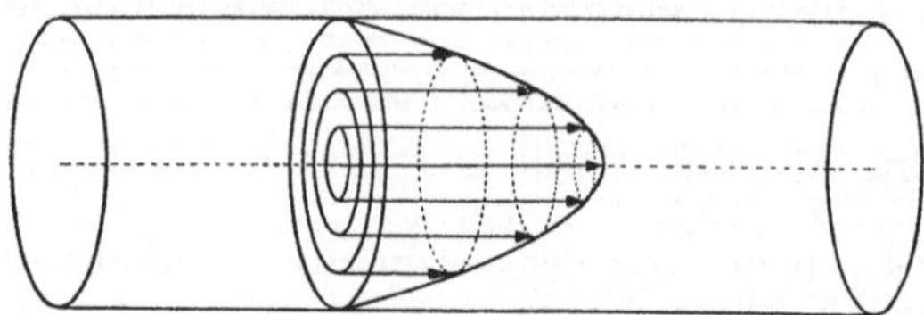

Abb. 32. Geschwindigkeitsverteilung bei der schlichten Strömung durch ein Rohr.

keitsströmung, die unter dem überwiegenden Einfluß der inneren Reibung steht, nimmt die Geschwindigkeit der Flüssigkeitsschichten konzentrisch nach innen zu, so wie es die Abb. 32 zeigt. (An der Wand muß nach dem Obigen die Flüssigkeit haften.) Wenn man den Druckunterschied zwischen dem Anfang und dem Ende der Röhre ($p_1 - p_2$) kennt, ferner den inneren Halbmesser r, die Länge der Röhre l und die Zähigkeit der Flüssigkeit η, so kann man daraus die Flüssigkeitsmenge V berechnen, die in der Zeit t durch das Rohr hindurchströmt. Es ist nämlich

$$V = \frac{\pi}{8} \frac{(p_1 - p_2)}{l} \cdot \frac{r^4}{\eta} \cdot t \qquad (26)$$

(p in dyn/cm², l in cm, r in cm, t in s).

Dies ist das *Poiseuillesche Gesetz*. Wenn man also das Volumen der Flüssigkeit bestimmt, welches unter der Druckdifferenz $p_1 - p_2$ in der Zeit t durch die Kapillare strömt, so kann man, wenn die Dimensionen des Rohres bekannt sind, nach diesem Gesetz η berechnen.

Das Kapillarviskosimeter nach Ostwald: Mit ihm führt man Vergleichsmessungen durch. Die Abb. 33 zeigt es im Schnitt. Vor der Messung wird die Flüssigkeit in das Gefäß A hochgesaugt. Man bestimmt mit der Stoppuhr die Zeit, in der der Flüssigkeits-

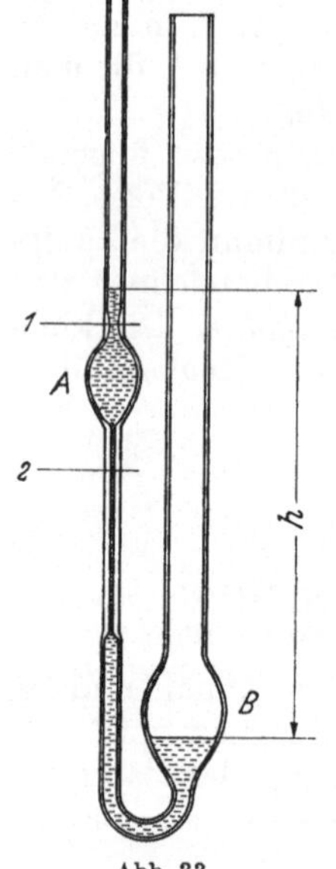

Abb. 33.
OSTWALDsches Viskosimeter.

spiegel von der Marke 1 zu der Marke 2 absinkt, bei allen Messungen ist also V konstant. Länge l und innerer Halbmesser r der Kapillare sind ebenfalls bei allen Messungen dieselben. Dadurch,

daß man immer mit derselben vorgeschriebenen Gesamtflüssigkeitsmenge arbeitet, ist die mittlere Höhendifferenz h der Flüssigkeitsspiegel in A und in B stets dieselbe. Der Druckunterschied
$(p_1 - p_2)$ ist gleich der Dichte ϱ der Flüssigkeit mal der Höhe h
mal der Erdbeschleunigung g. Für unser Viskosimeter lautet also
das POISEUILLEsche Gesetz:

$$V = \frac{\pi}{8} \cdot \frac{\varrho\,h\,g}{l}\,\frac{r^4}{\eta}\,t\,,$$

und davon sind V, $\frac{\pi}{8}$, h, g, l und r bei allen Messungen unverändert. Wir können also schreiben

$$\eta = \text{const} \cdot \varrho \cdot t\,.$$

Als Vergleichsflüssigkeit verwenden wir Wasser. Seine Viskosität
ist bei $18°$ C

$$\eta = 0{,}010 \text{ Poise}\,, \quad \varrho = 1 \text{ g/cm}^3\,.$$

Die Zeit t ergibt sich z. B. zu 230 Sekunden. Für unser Viskosimeter ist also die Konstante $4{,}35 \cdot 10^{-5}$ cm^2 s^{-2}, so daß sich bei
allen Messungen mit diesem Viskosimeter die innere Reibung aus

$$\eta = 4{,}35 \cdot 10^{-5}\,\text{cm}^2\text{s}^{-2} \cdot t \cdot \varrho$$

ergibt.

Wir nehmen nun die Kochsalzlösung, deren Dichte wir zu
$1{,}07\ \frac{\text{g}}{\text{cm}^3}$ bestimmt haben. Für sie finden wir

$$t = 280 \text{ s, also}$$

$$\eta = 4{,}35 \cdot 10^{-5}\,\text{cm}^2\text{s}^{-2} \cdot 280\,\text{s} \cdot 1{,}07\,\text{g cm}^{-3} = 0{,}013 \text{ Poise.}$$

Die Kugelfallmethode: Diese ergibt sich aus dem Einfluß der
Zähigkeit auf die Fallgeschwindigkeit einer Kugel in der Flüssigkeit. Nach der Definition müssen die Reibungskräfte der Geschwindigkeit v proportional sein. Wenn nun die Kugel unter dem Einfluß der Schwerkraft mit wachsender Geschwindigkeit fällt,
wächst auch die Reibungskraft, die der Schwerkraft entgegen
wirkt. Sobald die Reibungskraft gleich der Schwerkraft wird, ist
die resultierende Kraft gleich 0, und von nun ab muß die Kugel sich
mit konstanter Geschwindigkeit bewegen. Die Rechnung ergibt
für die Reibungskraft nach STOKES

$$K_r = 6\,\pi\,r \cdot v \cdot \eta \quad (r \text{ Radius der Kugel})\,. \tag{27}$$

Vom Gewicht der Kugel ist ihr Auftrieb in der Flüssigkeit abzuziehen. Die wirksame Schwerkraft ist also:

$$K_s = \frac{4\,\pi\,r^3}{3} \cdot (s - \varrho) \cdot g$$

(s Dichte der Kugel, ϱ Dichte der Flüssigkeit).

Für $K_s = K_r$ ist daher

$$\frac{4\,\pi\,r^3}{3}\,(s - \varrho)\,g = 6\,\pi\,r\,\eta\,v\,.$$

In dieser Beziehung sind s, ϱ und r bekannt. Die Geschwindigkeit v wird aus dem Versuch ermittelt. Die gesuchte Zähigkeit ergibt sich also zu

$$\eta = \frac{2\,r^2\,(s - \varrho)\,g}{9\,v}\,.$$

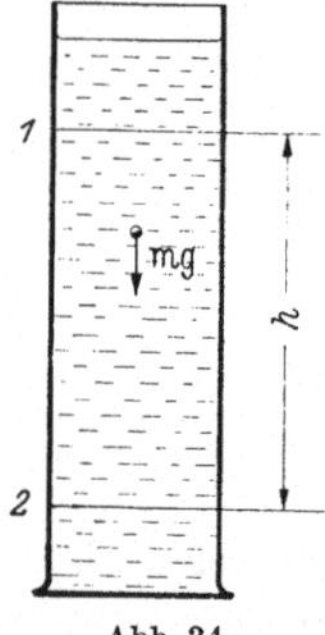

Abb. 34.
Kugelfallmethode.

Es ist darauf zu achten, daß die Kügelchen möglichst in der Achse des Gefäßes fallen, weil in größerer Wandnähe das STOKESsche Gesetz nicht mehr gilt.

Zur Messung wird die zu untersuchende Flüssigkeit in einen weiten Standzylinder eingefüllt, der 2 Marken 1 und 2 aufweist (Abb. 34). Die obere Marke ist so angebracht, daß die eingeworfenen Kügelchen bis dahin mit Sicherheit auf konstante Geschwindigkeit gekommen sind. Diese Geschwindigkeit bestimmt man durch Abstoppen der Fallzeit zwischen der Marke 1 und 2.

Umgekehrt kann man aus einer solchen Messung mit einer Flüssigkeit von bekannter Zähigkeit den Radius oder die Dichte kleiner fallender Teilchen bestimmen, bei denen solche Bestimmungen auf anderem Wege unmöglich wären.

IV. Thermometrie und Hygrometrie

Temperaturmessung

Der Begriff der Temperatur leitet sich aus einer Sinneswahrnehmung ab. Er unterscheidet Zustände, die wir als warm oder kalt bezeichnen. Die physikalische Deutung des Temperaturbegriffes folgt aus folgenden Eigenschaften der Materie: In allen Stoffen (Gasen, Flüssigkeiten und festen Körpern) befinden sich die Moleküle im Zustand der Bewegung. Sie führen fortschreitende Bewegungen oder Schwingungen um Gleichgewichtslagen aus. Auf Grund dieser Bewegungszustände enthält jeder Körper eine bestimmte Energie, welche wir als Wärmeinhalt bezeichnen und welche solange konstant bleibt, als die Temperatur unverändert bleibt (*mechanische Wärmetheorie*). Eine Änderung der Temperatur bedingt also eine Änderung dieses Energieinhaltes.

Fast alle Eigenschaften und Vorgänge in der Natur werden von der Temperatur beeinflußt; so z. B. der Rauminhalt der Körper, der Aggregatzustand, die elektrische Leitfähigkeit, die Wärmestrahlung. Wenn die gesetzmäßigen Zusammenhänge dieser Eigenschaften mit der Temperatur bekannt sind, können wir sie zur Messung der Temperatur benützen. Wir brauchen hierzu Einheiten, welche wir als Temperaturgrade bezeichnen. Die Celsiusgrade sind wie folgt definiert: Die Temperatur, bei der das Eis schmilzt, bezeichnet man als 0°, die Temperatur bei der das Wasser bei einem Barometerstand von 760 mm Hg siedet, nennt man 100°. Die Unterteilung in einzelne Grade gewinnt man mit Hilfe eines Quecksilberthermometers

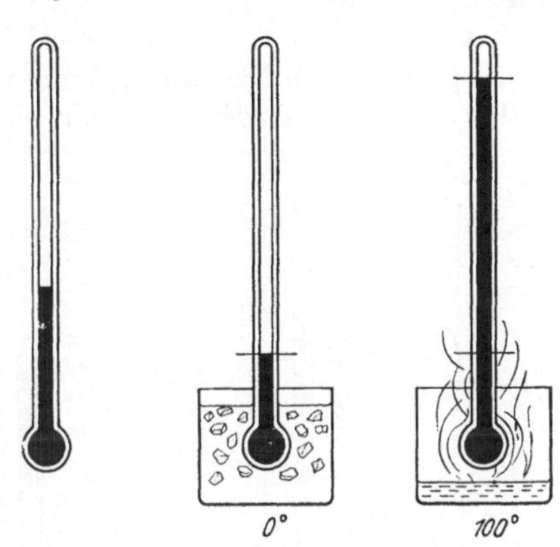

Abb. 35. Festlegung der Celsiusskala.

(Abb. 35). Man füllt Quecksilber in ein geeignetes Gefäß (Kapillare mit kugelförmiger Erweiterung), taucht dieses einmal in schmelzendes Eis, dann in den Dampf unmittelbar über Wasser, das unter einem Druck von 760 mm Hg siedet, markiert die beiden Stellungen der Quecksilberkuppe als Nullpunkt und Hundertpunkt und teilt den Abstand in 100 gleiche Teile (Celsiusgrade). Diese Skala wird nach oben und nach unten fortgesetzt. Die so definierte Skala ist willkürlich, weil sie sich an die spezifischen Eigenschaften des Quecksilbers anlehnt.

Das Luftthermometer

Zu einer allgemeinen und gesetzlich anerkannten Temperaturskala führen uns die Eigenschaften der idealen Gase, zu denen wir praktisch Stickstoff, Wasserstoff und Helium rechnen können. Sie haben unabhängig von ihrer chemischen Natur den gleichen *Ausdehnungskoeffizienten* (Volumenänderung pro Volumeneinheit bei 0° C und pro Grad Celsius unter Gleichhaltung des Druckes) und den gleichen *Druckkoeffizienten* (Druckänderung pro Druckeinheit bei 0° C und pro Grad Celsius unter Gleichhaltung des Volumens). Beide Koeffizienten sind $\alpha = \dfrac{1}{273°}$. Die Abhängigkeit von Volumen und Druck läßt sich also durch folgende Beziehungen darstellen (*Gay-Lussacsches Gesetz*):

$$v_t = v_0 \left(1 + \alpha\, t\right)$$

und

$$p_t = p_0 \left(1 + \alpha\, t\right).$$

(28)

v_0 und p_0 bedeuten Druck und Volumen bei 0° C. Die Temperaturgrade sind in diesen Beziehungen mit Hilfe des Gasthermometers

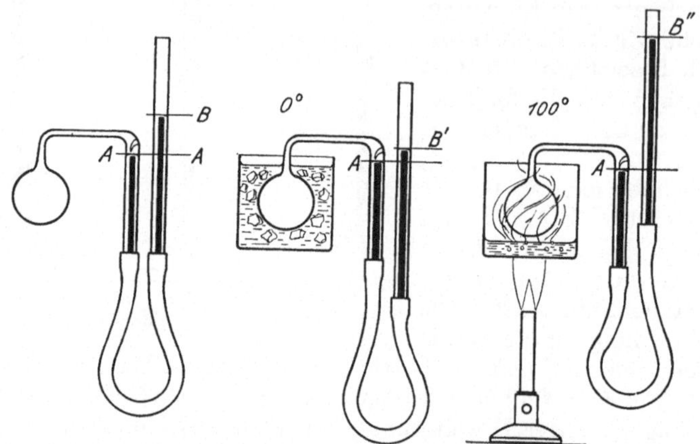

Abb. 36. Bestimmung des Druckkoeffizienten eines Gases mit dem Luftthermometer.

definiert (Abb. 36). Es zeigt folgenden Aufbau: Die mit Gas gefüllte Kugel steht mit einem Quecksilbermanometer in Verbindung, dessen einer Schenkel so gehoben und gesenkt werden kann, daß bei jeder Temperatur ein ganz bestimmtes Volumen, begrenzt durch eine Glasspitze A, eingestellt werden kann. Der Druck, unter dem dieses Volumen steht, ist gleich dem äußeren Luftdruck (Barometerstand) plus dem Druck der Quecksilbersäule AB in mm.

Zu Temperaturmeßzwecken muß man die Druckzunahme für 1° Temperaturerhöhung kennen. Man bestimmt sie, indem man zunächst die Kugel in schmelzendes Eis bringt und den langen Schenkel so lange senkt, bis die Quecksilberkuppe die Spitze bei A berührt, daraufhin die Kugel in den Dampf über siedendes Wasser bringt und dieselbe Einstellung vornimmt, indem man den langen Schenkel anhebt. Man erhält dann im ersten Fall:

Druck bei 0°   = Barometerstand $+ AB'$ in mm,

im zweiten Fall:

Druck bei 100°   = Barometerstand $+ AB''$ in mm.

Die Differenz der beiden Drucke ergibt die Druckzunahme für 100° Temperaturerhöhung. Der hundertste Teil davon ist die Druckzunahme für 1°. Sie ist gleich $^1/_{273}$ des Drucks bei 0°.

Zur Festlegung der gesetzlichen Celsiusgrade werden besonders präzise Ausführungen dieses Versuches unternommen.

Wenn man die uneingeschränkte Gültigkeit der Gl. (28) annimmt, so erkennt man, daß eine Temperatur, die tiefer ist als minus 273°, keinen Sinn hat. Diese Temperatur von —273° bezeichnen wir als Nullpunkt der absoluten Temperaturskala. Die von

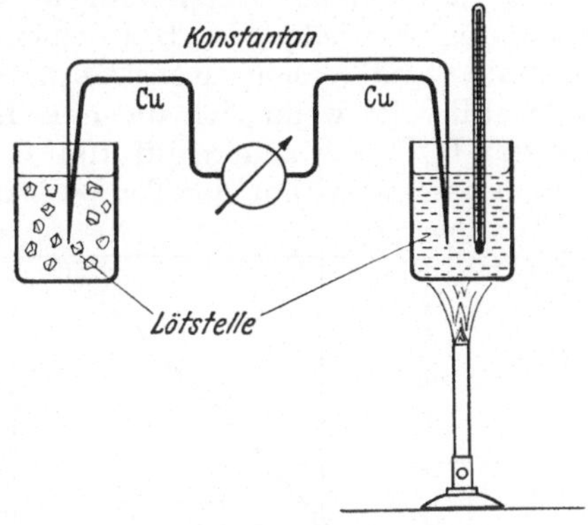

Abb. 37. Eichung eines Thermoelementes.

diesem Nullpunkt gezählte Temperatur bezeichen wir als absolute Temperatur T. Sie ist

$$T = t + 273°,$$

wo t die Celsiusgrade bedeutet. Man mißt die absolute Temperatur in Kelvin (Kurzzeichen K).

Bei konstanter Temperatur ist das Produkt aus Volumen und Druck eines Gases konstant (*Boyle-Mariottesches Gesetz*). Dieses Gesetz läßt sich mit dem GAY-LUSSACschen Gesetz in einem Gesetz zusammenfassen, welches wir als die Zustandsgleichung der idealen Gase bezeichnen.

$$p \cdot v = n \cdot R \cdot T. \tag{29}$$

Hier bedeutet n die in dem Volumen enthaltene Anzahl von Molen, R die Gaskonstante $8,3 \cdot 10^7$ erg/Grad $\cdot$ Mol, wenn p in dyn/cm² und v in cm³ gemessen werden. $p \cdot v$ hat die Dimension einer Energie. Es ist also der Energieinhalt eines idealen Gases der absoluten Temperatur proportional. Dieser Satz läßt sich nicht für alle Stoffe verallgemeinern, doch gilt, daß bei hinreichend hoher Temperatur die Energiezunahme der Temperaturerhöhung proportional ist.

Thermoelemente: An der Berührungsstelle zweier verschiedener Metalle bildet sich eine elektrische Spannung aus. Sie wächst mit zunehmender Temperatur an. Bildet man also aus zwei

Drähten dieser Metalle einen Stromkreis, indem man ihre Enden miteinander verlötet, und bringt man eine Lötstelle auf höhere Temperatur, so übersteigt ihre Spannung die der anderen. Die Differenz der beiden Spannungen bezeichnet man als Thermospannung. Sie beträgt z. B. in einem Kreis, der aus einem Kupferdraht und einem Konstantandraht zusammengelötet ist, 4,25 Millivolt, wenn sich die eine Lötstelle auf einer Temperatur von 0 °C, die andere auf 100 °C befindet. Sie nimmt ungefähr proportional mit der Temperaturdifferenz zu. Die Thermospannung erzeugt einen Strom, den man mit einem empfindlichen Galvanometer messen kann.

Eine Anordnung dieser Art läßt sich zur Temperaturmessung ausnutzen. Die Eichung geschieht nach Abb. 37. Man taucht eine der beiden Lötstellen in ein Wasser–Eis-Gemisch. Die andere Lötstelle, die man zur Temperaturmessung verwenden will, taucht man in ein Flüssigkeitsbad, dessen Temperatur man verändern und mit einem Quecksilberthermometer messen kann. Dabei liest man die Ausschläge des Galvanometers für verschiedene Temperaturen ab. Man erhält dann die Eichkurve, indem man die Temperatur der Lötstelle, gemessen in °C, als Funktion des Galvanometerausschlags, gemessen in Skalenteilen, aufträgt (Abb. 38).

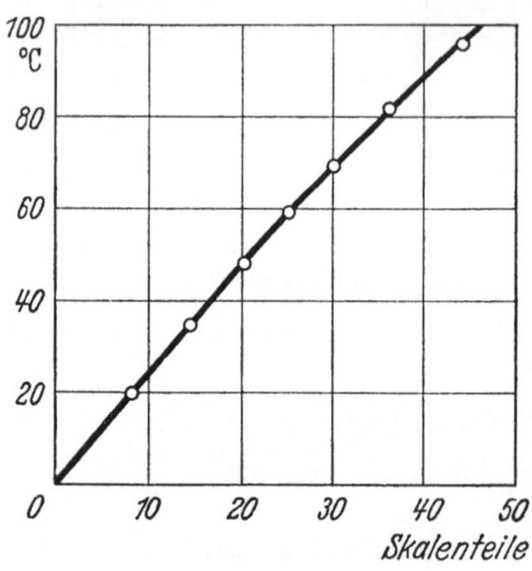

Abb. 38. Eichkurve eines Thermoelementes.

In der Praxis benutzt man meistens eine Schaltung, bei der das zur Messung ausgenutzte Thermoelement (Hauptlötstelle) über zwei Nebenlötstellen an das Meßinstrument angeschlossen wird. Diese Nebenlötstellen müssen auf konstanter Temperatur gehalten werden (Bezugstemperatur).

Für Temperaturen bis zu 1300 °C sind Thermopaare mit genormten Daten erhältlich: Kupfer-Konstantan bis 400 °C, Eisen-Konstantan bis 700 °C, Chromnickel–Nickel bis 1000 °C und Platinrhodium–Platin bis 1300 °C.

Die Spannungsmessung kann statt mit einem Galvanometer auch mit Hilfe der Kompensationsmethode (s. S. 65) durchgeführt werden.

Der Vorzug des Thermoelementes vor dem Quecksilberthermometer ist seine geringe Raumbeanspruchung, seine außerordentlich kleine Wärmekapazität (s. S. 47) und die daraus folgende geringe Trägheit (kleine Einstellzeit). Ein Quecksilberthermometer hoher Empfindlichkeit enthält notwendigerweise viel Quecksilber, hat daher eine große Wärmekapazität und auf Grund der geringen Wärmeleitfähigkeit eine große Trägheit, da die ganze Quecksilbermenge auf die zu messende Temperatur gebracht werden muß. Ähnliche Vorzüge wie die Thermoelemente haben die Widerstandsthermometer, bei denen die Widerstandsänderung dünner Metalldrähte zur Temperaturmessung verwendet wird.

Hygrometrie

Eine Flüssigkeit, welche in einen evakuierten Raum hineingebracht wird, entwickelt in diesem Raum einen Dampf, dessen Druck nur von der Temperatur abhängig ist (*Sättigungsdruck*). Da bei Gasen Druck und Dichte einander proportional sind, ist somit auch die Dichte des Dampfes, d. h. Masse pro Volumeneinheit, nur von der Temperatur abhängig. Befindet sich in dem Raum ein anderes Gas, z. B. Luft, so ist nach hinreichend langer Zeit die Sättigungsdichte des Dampfes dieselbe wie im evakuierten Raum. Wir sagen dann, daß das Gas mit dem Dampf gesättigt sei.

Da aber nun der Dampf durch die Luft hindurch diffundieren muß, wird die Sättigung bei kleiner Flüssigkeitsoberfläche erst nach langer Zeit erreicht. Aus diesem Grund stellt sich in der freien atmosphärischen Luft nicht sofort die zur Temperatur gehörende Sättigungsdichte für Wasserdampf ein. Aufgabe der Hygrometrie ist es, den jeweiligen Feuchtigkeitsgehalt der atmosphärischen Luft festzustellen. Als Feuchtigkeitsmaß verwenden wir die in g gemessene Masse von Wasserdampf, die in einem m³ atmosphärischer Luft enthalten ist. Die Feuchtigkeitsmenge, die bei der betreffenden Temperatur bei Sättigung vorhanden sein kann, bezeichnen wir als *maximale Feuchtigkeit*. Diese wächst also mit steigender Temperatur. Die pro m³ enthaltene Masse von Wasserdampf bezeichnen wir als *absolute Feuchtigkeit* (gemessen in g/m³). Solange sie kleiner ist als die maximale Feuchtigkeit, ist sie unabhängig von der Temperatur. Das Verhältnis von absoluter zu maximaler Feuchtigkeit bezeichnen wir als *relative Feuchtigkeit*. Aufgabe der Hygrometrie ist die Messung der relativen Feuchtigkeit. Die Abb. 39 zeigt die maximale Feuchtigkeit als Funktion der Temperatur. In dieses Schema sei als Beispiel für eine Zimmertemperatur von 20° als absolute Feuchtigkeit der Wert $10\ \frac{\text{g}\,H_2O}{\text{m}^3}$

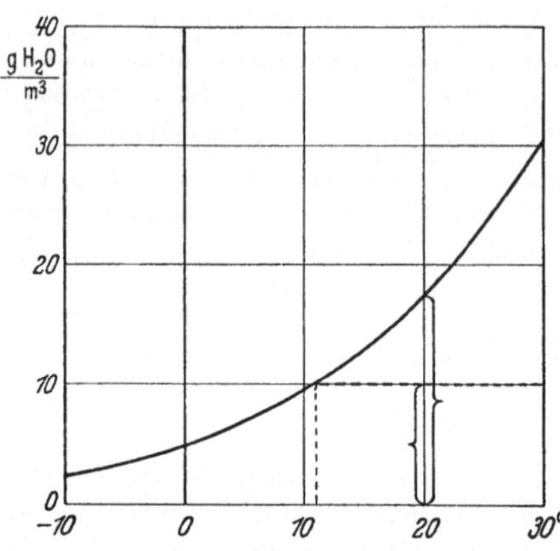

Abb. 39. Maximale Feuchtigkeit in Abhängigkeit von der Temperatur.

eingetragen. Bei einer Abkühlung der Atmosphäre ändert sich an der absoluten Feuchtigkeit zunächst nichts, da ja pro m³ weder Wasserdampf dazukommt noch weggeht. Ihre graphische Darstellung verläuft also parallel zur Abszissenachse. Bei einer bestimmten Temperatur wird nun diese absolute Feuchtigkeit gleich der maximalen; unterhalb dieser Temperatur würde sie sogar größer sein als die maximale Feuchtigkeit. Es muß sich deshalb unterhalb dieser Temperatur die überschüssige Feuchtigkeit niederschlagen. Sie tut es in Form von Tau. Man nennt deshalb diese Temperatur den *Taupunkt*. Aus der Annahme der absoluten Feuchtigkeit kamen wir so zu einer Festlegung des Taupunktes. Umgekehrt kann man aus der Lage des Taupunktes sofort die absolute Feuchtigkeit angeben.

Zur Bestimmung des Taupunkts muß der Raum solange abgekühlt werden, bis sich Tau bildet. Diesen Versuch führt man im kleinen in der Umgebung des sogenannten *Taupunktspiegels* (Abb. 40) durch. Das ist eine an der Vorderseite polierte Metallkapsel, in die ein Thermometer hineingesteckt ist und die mit Äther gefüllt wird. Mittels eines Gummigebläses bläst man Luft hindurch, bringt so den Äther rasch zum Verdampfen und kühlt dadurch die Metallkapsel und die umgebende Luft ab, bis der Taupunkt erreicht bzw. unterschritten ist. Man erkennt dies daran, daß die Metallkapsel sich beschlägt. Aus der Kurve der maximalen

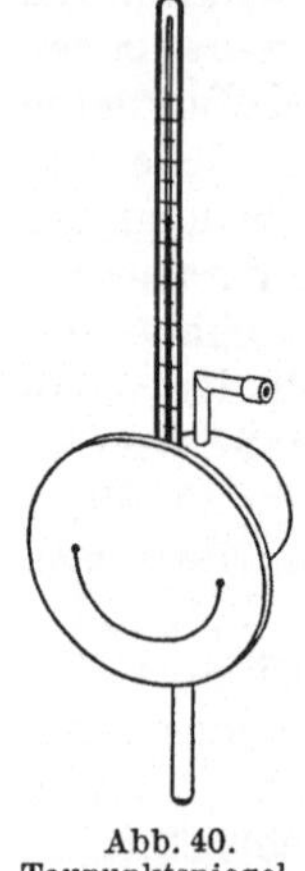

Abb. 40.
Taupunktspiegel.

Feuchtigkeit kann man für den abgelesenen Taupunkt sofort die absolute Feuchtigkeit angeben. Außerdem läßt sich an der Kurve

Abb. 39 für die Zimmertemperatur die maximale Feuchtigkeit ablesen. Das Verhältnis dieser beiden ergibt also die relative Feuchtigkeit. Durch Multiplizieren mit 100 erhält man die relative Feuchtigkeit in %.

Da ihre Bestimmung aus dem Taupunkt um-ständlich ist, hat man einen Apparat entwickelt, der die relative Feuchtigkeit direkt anzeigt (Abb. 41). Er enthält ein Frauenhaar, das seine Länge nach Maßgabe der relativen Feuchtigkeit vergrößert. Es ist an einem Ende festgeklemmt, das andere Ende führt über eine Zeigerrolle zu einer Spannfeder. Bei zunehmender relativer Feuchtigkeit wandert der Zeiger infolge der Verlängerung des Haares über die Skala, und diese Skala kann direkt in Prozenten der relativen Feuchtigkeit geeicht werden. Man nennt ein solches Instrument *Haarhygrometer.*

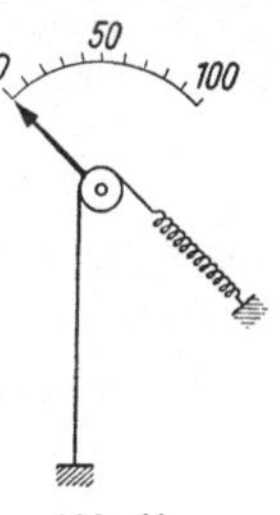

Abb. 41.
Haarhygrometer.

V. Kalorimetrie

Wärme: Die Temperaturänderung eines Körpers, d. h. seine Erwärmung oder Abkühlung, bedeutet, daß ihm Energie in Form von Wärme zugeführt oder entzogen wird. Ihr Wert ergibt sich aus der kalorischen Fundamentalgleichung:

zugeführte oder abgegebene Wärme $=$ Masse $\times$ Materialkonstante $\times$ Temperaturänderung,

$$\Delta Q = m \cdot c \cdot \Delta\vartheta. \tag{30}$$

Die Materialkonstante bezeichnet man als spez. Wärme. Man wählt als Bezugssubstanz Wasser und definiert seine spez. Wärme als Einheit. Nimmt man ferner als Masse die Einheit 1 kg, als Temperaturänderung $1°$C, so ergibt sich aus Gl. (30) die Einheit der Wärmemenge $=$ 1 Kilokalorie (Abkürzung kcal). Daneben benutzt man $1/_{1000}$ dieser Einheit, die Kalorie (cal). 1 Kalorie ist also die Wärmemenge, die einem Gramm Wasser zugeführt werden muß, um seine Temperatur um $1°$C zu erhöhen (genauer von $14,5°$ C auf $15,5°$ C zu bringen). Im neuen Einheitensystem wird die Wärmemenge nicht mehr in Kalorien, sondern in Joule ge-messen; die spezifische Wärme also in Joule pro Kilogramm und Grad.

Die Messung von Wärmemengen wird dadurch erschwert, daß es für Wärme keine Isolation gibt. So treten bei jeder Temperatur-erhöhung Wärmeverluste durch Abkühlung auf. Sie lassen sich durch das NEWTONsche Abkühlungsgesetz beschreiben.

Messung einer Abkühlungskonstanten: Unter der Voraussetzung, daß die Abkühlung stationär verläuft, daß zum Beispiel keine Wärmestauung auftritt, gilt: Die von einem Körper pro Zeiteinheit an die Umgebung abgegebene Wärmemenge ist proportional der Oberfläche F des Körpers und der Differenz der Temperaturen ϑ des Körpers und ϑ_u der Umgebung, also

$$\frac{dQ}{dt} = -\beta \cdot F \, (\vartheta - \vartheta_u) \, .$$

Den Proportionalitätsfaktor β bezeichnet man als *Wärmeübergangszahl*.

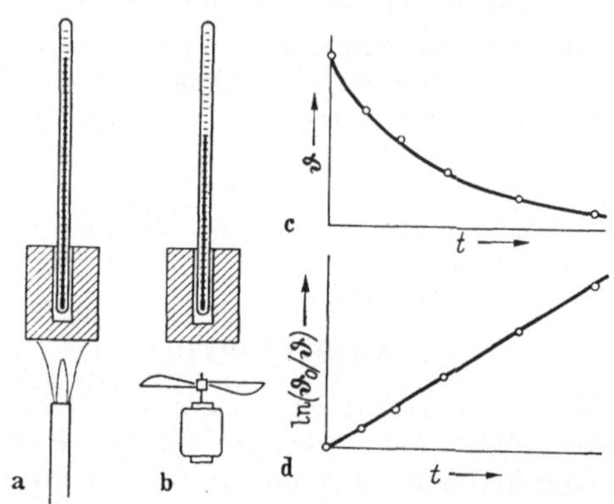

Abb. 42. Messung einer Abkühlungskonstanten.

Wählt man die Umgebungstemperatur ϑ_u zum Nullpunkt der Temperaturskala, so wird

$$\frac{dQ}{dt} = -\beta \cdot F \cdot \vartheta \, .$$

Nach der Fundamentalgleichung (30) gilt dann für die Temperaturänderung

$$\frac{d\vartheta}{dt} = -\frac{\beta \cdot F}{m \cdot c} \cdot \vartheta \, .$$

Wir bezeichnen

$$\frac{\beta \cdot F}{m \cdot c} = a$$

als *Abkühlungskonstante* und erhalten

$$\frac{d\vartheta}{dt} = -a \, \vartheta \, .$$

Die Integration dieser Differentialgleichung ergibt das *Newtonsche Abkühlungsgesetz*:

$$\vartheta = \vartheta_0 \cdot e^{-at} \, . \tag{31}$$

Hier bedeutet ϑ_0 die Anfangstemperatur zur Zeit $t = 0$. Die Durchführung des Versuches zeigt Abb. 42. Ein Eisenklotz (Masse etwa 1 kg) trägt in einer Bohrung ein Thermometer. Der Zwischenraum ist zur Verbesserung des Wärmekontakts mit hochsiedendem Öl ausgefüllt.

Mit einem Brenner erhitzt man auf etwa 300° C (Abb. 42a). Dann ersetzt man den Brenner durch einen kleinen Ventilator, der gleichmäßig Luft von Umgebungstemperatur an dem Klotz vorbeiführt, und liest in Abständen von einigen Minuten die Temperatur ab (Abb. 42b). Trägt man sie als Funktion der Zeit auf, so erhält man eine Kurve in der Art der Abb. 42c. Für die Auswertung der Meßdaten formt man Gl. (31) um in

$$\ln (\vartheta_0/\vartheta) = a\,t\,.$$

Man berechnet nun aus den Meßdaten die Werte für $\ln (\vartheta_0/\vartheta)$ und zeichnet sie als Funktion der Werte für die Abkühlungsdauer t auf. Durch die so gewonnenen Meßpunkte zieht man mit dem Lineal eine Gerade (s. S. 8), welche die Meßpunkte möglichst gut erfaßt (Abb. 42d). Man erkennt dann, wie gut für den Versuch das NEWTONsche Abkühlungsgesetz gilt und ob systematische Abweichungen davon auftreten. Die Abkühlungskonstante a ergibt sich aus der Steigung der Geraden.

Bestimmung der spezifischen Wärme einer Substanz mit dem Mischungskalorimeter: Die *spezifische Wärme* einer Substanz ist in Gl. (30) definiert. Wird die Wärme in cal, die Temperatur in °C und die Masse in Gramm gemessen, so ergibt sich die spezifische Wärme in cal/g °C. Sie gibt dann an, wieviel Kalorien pro Gramm Substanz zugeführt werden müssen, damit die Temperatur um 1°C ansteigt. Das Produkt aus spez. Wärme und Masse bezeichnet man als *Wärmekapazität*. Dieser Begriff hat auch für nicht homogene Körper einen Sinn. Er bedeutet die Zahl von Kalorien, die man dem ganzen Körper zuführen muß, um seine Temperatur um 1° zu erhöhen.

Die Erfahrung zeigt, daß das Produkt aus spez. Wärme und Atomgewicht bei Elementen in festem Aggregatzustand (mit Ausnahme der leichten Elemente) bei nicht zu tiefer Temperatur unabhängig von ihrer chemischen Natur nahezu das gleiche, nämlich etwa 6 cal/°C · Grammatom beträgt (*Dulong-Petitsche Regel*). Sie besagt, daß jedes Atom für die Temperaturerhöhung um 1° den gleichen Energiebetrag beansprucht.

Hat ein Metallstück eine gegenüber der Umgebung höhere Temperatur, so kann es an die Umgebung Wärmeenergie abgeben. Dabei gilt natürlich der Energieerhaltungssatz, d. h. es muß sein: die vom Metall abgegebene Wärmemenge gleich der von der Umgebung aufgenommenen Wärmemenge.

Diesen Satz kann man zur Bestimmung der spez. Wärme des Metalls benützen, wenn man einen auf 100° C erwärmten Metallklotz der Masse M in eine abgewogene Wassermenge W von Zimmertemperatur, z. B. $t_0 = 20°$ C, bringt und die Mischtemperatur t abliest. Denn die aufgenommene Wärmemenge ist dann gleich dem Produkt aus der Masse des Wassers mal der eingetretenen Temperaturerhöhung $t - 20°$ C, also gleich $W\,(t - 20°\ \text{C})$. Die abgegebene Wärmemenge ist gleich der Masse des Metallklotzes M multipliziert mit der spez. Wärme c und der Temperaturerniedrigung $100°\,\mathrm{C} - t$ des Metallklotzes, also $M \cdot c \cdot (100°\,\mathrm{C} - t)$.

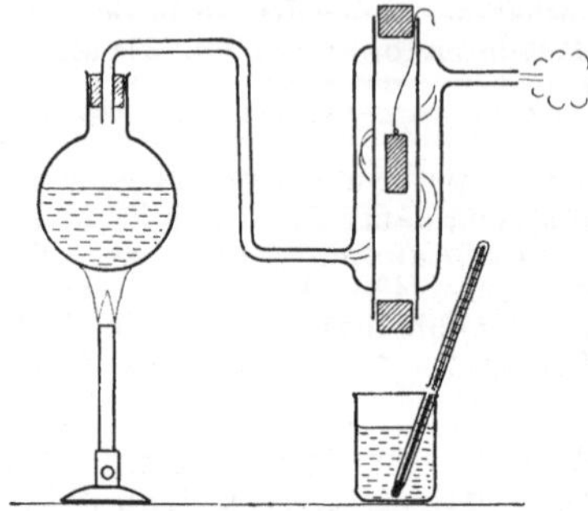

Abgegebene und aufgenommene Wärmemengen sind gleich, also:

$$M \cdot c\,(100°\,\mathrm{C} - t) = W\,(t - 20°\,\mathrm{C}).$$

Nach Bestimmung der Mischtemperatur t läßt sich die spez. Wärme leicht berechnen.

Praktisch führt man diese Bestimmung im sogenannten *Mischungskalorimeter* durch (Abb. 43). Man bringt den Metallklotz in ein doppelwandiges Rohr, das von Wasserdampf umströmt wird,

Abb. 43. Anordnung zur Bestimmung der spezifischen Wärme.

so daß er eine Temperatur von $100°\,\mathrm{C}$ annimmt, läßt ihn dann vorsichtig in ein dünnwandiges Metallgefäß gleiten, in dem sich die abgewogene Wassermenge befindet, rührt um und bestimmt die Mischungstemperatur. Bei genaueren Messungen ist auch die Wärmemenge zu beachten, die zur Temperaturerhöhung des Metallgefäßes dient. Sie ist gleich der Masse des Gefäßes mal der spez. Wärme des Metalls, aus dem es hergestellt ist, mal der Temperaturerhöhung. (Die Wärmemenge, die nötig ist, um dieses Gefäß um $1°\,\mathrm{C}$ zu erwärmen, bezeichnet man als seinen *Wasserwert*.)

Die Messung ergibt bei Al $c = 0,21$ cal/g °C, bei Cu $0,091$ cal/g °C, bei Pb $0,032$ cal/g °C.

Korrektur bei der Bestimmung der spezifischen Wärme: Im vorhergehenden Versuch war angenommen worden, daß die gesamte von dem Metallklotz abgegebene Wärmemenge vom Wasser aufgenommen wird und während dieses Vorganges keine Wärme an die Umgebung verloren geht. Das gilt sicher nur dann, wenn der Wärmeaustausch unendlich schnell erfolgt. Nehmen wir an, daß sich das Kalorimeter vor dem Eintauchen des Metallklotzes auf der Umgebungstemperatur $\vartheta = 0$ befindet, so ergibt sich im Idealfall der in Abb. 44a dargestellte Temperaturverlauf. Die Temperatur ist zunächst $\vartheta = 0$, steigt dann beim Eintauchen des Metallklotzes zur Zeit t_0 sprunghaft auf die Temperatur ϑ_0 an und nimmt dann nach dem NEWTONschen Abkühlungsgesetz ab. Aus der Temperatur ϑ_0 ergibt sich dann die dem Kalorimeter zugeführte Wärmemenge zu $W \cdot \vartheta_0$, wenn W die Wärmekapazität des Kalorimeters ist. In Wirklichkeit braucht der Wärmeaustausch Zeit, die Temperatur nimmt also allmählich zu, wie es Abb. 44b zeigt. Während dieser Zeit geht Wärme an die Umgebung verloren, und die Temperaturspitze ϑ', die sich einstellt, ist kleiner als die Temperatur ϑ_0, es tritt also ein Fehler $\vartheta_0 - \vartheta'$ auf. Dieser Fehler läßt sich nach folgendem Verfahren korrigieren:

Wir berechnen die Fläche F unter der Temperaturkurve Abb. 44a. Die Temperatur ist nach dem Abkühlungsgesetz (S. 46) gegeben durch $\vartheta = \vartheta_0 \cdot e^{-at}$, wenn wir die Zeit von $t = t_0$ aus rechnen. Für die Fläche F von $t = t_0$ bis $t = \infty$ ergibt sich

$$F = \int_0^\infty \vartheta_0 \, e^{-at}\,\mathrm{d}t = -\frac{\vartheta_0}{a}\, e^{-at}\Big|_0^\infty = \frac{1}{a}\,\vartheta_0\,,$$

das heißt, die Fläche unter der Kurve ist proportional zur Höhe der Anfangsordinate ϑ_0, d. h. zur Höhe des Temperatursprungs und damit zur abgegebenen Wärmemenge.

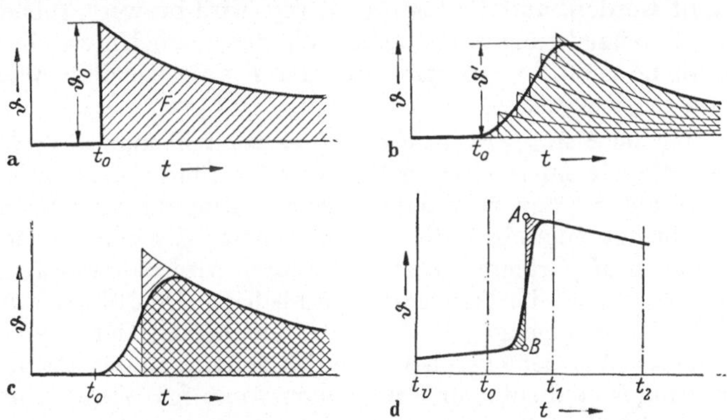

Abb. 44. Zur Korrektur bei der Bestimmung der spezifischen Wärme.

Wir betrachten jetzt den Temperaturverlauf im Realfall Abb. 44b. Wir können ihn zerlegt denken in eine große Zahl von Temperatursprüngen, die natürlich nicht einzeln meßbar sind. Nach jedem Temperatursprung würde die Temperaturkurve nach dem Abkühlungsgesetz abfallen, und es gilt nun in erster Näherung, daß die Fläche jedes der eingezeichneten Streifen ebenso wie bei dem großen Temperatursprung Abb. 44a proportional zum abgegebenen Wärmebetrag ist. Daraus folgt, daß die Summe aller Flächenstreifen, d. h. die Gesamtfläche, proportional zur gesuchten Wärmemenge ist.

Statt nun die Fläche unter der Kurve von t_0 bis ins Unendliche auszumessen, wandelt man sie in eine Fläche um, die dem unendlich raschen Wärmeaustausch entspricht, wie es Abb. 44c zeigt, in der die abwärts schraffierte Fläche in die aufwärts schraffierte Fläche umgewandelt ist, und mißt dann die Höhe des Temperatursprungs aus. Praktisch wendet man das Verfahren folgendermaßen an (Abb. 44d): Man verfolgt, für den Fall, daß sich das Kalorimeter nicht exakt auf Zimmertemperatur befindet, in der sog. Vorperiode $t_v - t_0$ die Temperatur, dann mißt man von $t_0 - t_1$ den Temperaturverlauf während des Wärmeaustauschs und von $t_1 - t_2$ die sog. Nachperiode. In der graphischen Darstellung verlängert man nun Vorperiode und Nachperiode, die durch Geraden angenähert werden können. Dann zieht man nach dem Augenmaß eine Senkrechte so, daß der obere und der untere Flächenabschnitt zwischen den Ver-

längerungen, der Senkrechten und der Kurve einander gleich sind. Der
Längenabschnitt $A\,B$ ergibt dann die gesuchte Temperaturerhöhung, die
einem unendlich raschen Wärmeübergang entspricht.

Messung der Umwandlungswärme (latente Wärme): Wärmeenergie kann nicht nur dazu verwendet werden, die Temperatur
eines Körpers zu ändern, sie kann auch zu Aggregatzustandsän-
derungen verbraucht werden, z. B. zur Umwandlung von Wasser
in Dampf oder von Eis in Wasser. Bei solchen Aggregatzustands-
änderungen werden die gegenseitigen Abstände der Moleküle verändert. Hierzu muß eine Arbeit gegen die Molekularkräfte auf-
gewandt werden, und die latente Wärme wird im wesentlichen zu
dieser Arbeitsleistung verbraucht. Werden diese Umwandlungen
rückgängig gemacht, so wird die dafür aufgewendete Wärmeenergie wieder frei.

Unter der *Schmelzwärme S* des Eises versteht man die Wärmemenge, die wir einem Gramm Eis von $0°$ zuführen müssen, um es
in Wasser von $0°$ zu verwandeln. Zur Bestimmung der Schmelzwärme bringt man ein Stück abgetrocknetes Eis vom Gewicht G
[Gramm] in M [Gramm] Wasser. Dadurch wird die ursprüngliche
Temperatur t_0 auf die Temperatur t erniedrigt. Dem Wasser wurde
also die Wärmemenge $M \cdot (t_0 - t)$ entzogen. Der Teilbetrag
$S \cdot G$ dieser Wärmemenge bewirkte das Schmelzen des Eises, der
Restbetrag $G \cdot t$ diente zur Erwärmung von G [g] Wasser von $0°C$
auf t. Es ist also

$$S \cdot G + G \cdot t = M \cdot (t_0 - t) \,,$$

woraus S zu berechnen ist. Die Messung ergibt etwa 80 cal/g H_2O.

Als *Verdampfungswärme D* des Wassers bezeichnet man die
Wärmemenge, die aufgewendet werden muß, um 1 g Wasser in
1 g Dampf von gleicher Temperatur zu verwandeln. Man bestimmt
sie am einfachsten aus der Kondensationswärme, d. h. der Wärmemenge, die frei wird, wenn 1 g Dampf in Flüssigkeit verwandelt
wird. (Diese Kondensationswärme ist ja gleich der Verdampfungswärme.) Dazu leitet man einige Zeit Dampf in eine abgewogene
Wassermenge M (Abb. 45). Die Temperaturerhöhung multipliziert mit der Wassermasse gibt die aufgenommene Wärme. Die
Zahl der abgegebenen Kalorien ist gleich der Verdampfungswärme
D mal dem Gewicht des kondensierten Dampfes G, vermehrt um
das Gewicht des kondensierten Dampfes mal $(100°\,C - t)$, wo t
die Mischungstemperatur bedeutet, da ja das bei der Kondensation
entstandene Wasser sich von $100°C$ auf die Mischtemperatur ab-
kühlt.

$$D \cdot G + G \cdot (100°\,C - t) = M \cdot (t - t_0) \,.$$

Das Gewicht des kondensierten Dampfes G bestimmt man aus der Gewichtszunahme des Kalorimeters. Die Messung ergibt für die Verdampfungswärme etwa 540 cal/g H_2O. Bei genaueren Messungen muß zur Masse des Wassers M noch der Wasserwert (s. S. 48) hinzugezählt werden.

Energieumwandlung: Im Vorhergehenden haben wir die Wärme als eine innere Energie erkannt. Mechanische Arbeit läßt sich durch Reibung vollständig in Wärme (mechanische Energie der Atome bzw. Moleküle) verwandeln, ebenso läßt sich Wärme in Arbeit umformen. Wärme und Arbeit messen wir in verschiedenen Einheiten, der Kalorie und dem erg bzw. kpm. Die Erfahrung zeigt, daß bei der Umwandlung von Wärme in Arbeit, bzw. umgekehrt, eine Kalorie stets einer ganz bestimmten Menge von gewonnener oder geleisteter Arbeit entspricht, ganz einerlei auf welchem Wege diese Umwandlung erfolgt. Wir sagen, daß Wärme und Arbeit einander äquivalent sind, und zwar entspricht einer cal die Arbeit von $4{,}186 \cdot 10^7$ erg bzw. 0,427 kpm.

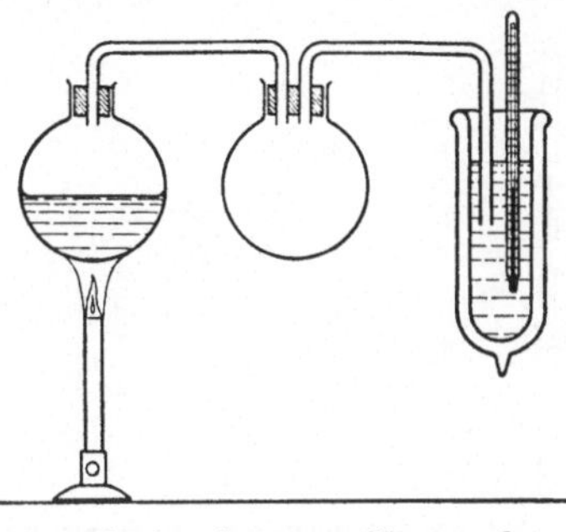

Abb. 45. Anordnung zur Messung der Verdampfungswärme.

Wir nennen diese Werte das *mechanische Wärmeäquivalent*.

Auch bei der Umwandlung von elektrischer Energie in Wärme gilt ein solcher Äquivalenzsatz. Die elektr. Energie wird in Wattsekunden gemessen (s. S. 57). Die Zahl der in einem Stromkreis entwickelten Wattsekunden ergibt sich nach dem JOULEschen Gesetz als Produkt von Stromstärke I in Ampere $\times$ Spannung U in Volt $\times$ Zeit t in s. Diese elektr. Energie erscheint als Wärmemenge Q, welche in cal gemessen wird. Sie ist

$$Q = a \cdot I \cdot U \cdot t .$$

a gibt an, wieviel cal einer Wattsekunde entsprechen. a hat den Wert 0,239 cal/Ws. Zur Erzeugung von 1 cal sind also 4,18 Ws nötig. Diesen Wert bezeichnen wir als das *elektrische Wärmeäquivalent*[1].

Bestimmung des mechanischen Wärmeäquivalents: Das mechanische Wärmeäquivalent, wie oben definiert, läßt sich bestimmen, indem man mechanische Arbeit durch Reibung in Wärme umwandelt und dabei die

---

[1] Mißt man mechanische Energie, elektrische Energie und Wärmeenergie in denselben Einheiten, so werden natürlich das mech. und das elektr. Wärmeäquivalent gleich 1.

geleistete Arbeit in erg oder kpm und die erzeugte Wärmemenge in cal
mißt. Man erhält dann als Wärmeäquivalent

$$x = \frac{\text{geleistete mech. Arbeit in erg oder kpm}}{\text{erzeugte Wärmeenergie in cal}}.$$

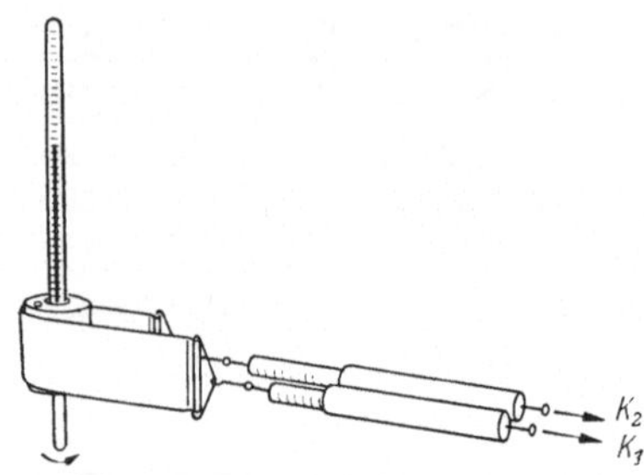

Abb. 46. Bestimmung des mechanischen
Wärmeäquivalents.

Dazu eignet sich die Vorrichtung Abb. 46. Zwei Federdynamometer spannen ein Leinenband, das um einen Kupferzylinder gelegt ist. In einer Bohrung des Kupferzylinders steckt ein Thermometer. Zur Verbesserung des Wärmekontakts ist der Zwischenraum zwischen Thermometer und Kupfer mit Wasser angefüllt. Läßt man den Kupferzylinder mittels eines Getriebes mit konstanter Umdrehungsgeschwindigkeit rotieren, so nimmt er durch Reibung das Leinenband mit. Das eine Federdynamometer wird dadurch stärker gespannt (Kraft K_2), das andere teilweise entspannt (Kraft K_1). Am Zylinder greift also tangential die Kraft $(K_2 - K_1)$ an, gegen die Arbeit geleistet wird. Sie dient zur Erwärmung des Kupferzylinders. Die Bilanz sieht wie folgt aus:

1. *Mechanische Arbeit:* Sie ergibt sich in erg oder kpm aus:

Zahl der Umdrehungen	n
Radius des Zylinders	r
Weg	$2\pi r \cdot n$
tangential angreifende Kraft	$\Delta K = K_2 - K_1$
mechanische Arbeit	$\Delta A = 2\pi \cdot r \cdot n \cdot \Delta K$

2. *Erzeugte Wärmemenge:* Sie ergibt sich in cal aus:

Wärmekapazität des Zylinders	$m\,c$
Wasserinhalt der Bohrung	w
Wasserwert	$W = m\,c + w^{*\,1}$
Temperaturerhöhung	$\Delta\vartheta$
Erzeugte Wärmemenge	$\Delta Q = W \cdot \Delta\vartheta$	(32)

3. *Wärmeäquivalent*

$$x = \frac{\Delta A}{\Delta Q}. \tag{33}$$

Bei dieser Bestimmung ist die Abkühlung des erwärmten Kupferzylinders während des Versuches nicht berücksichtigt. Ihr Einfluß wird bei der folgenden Methode ausgeschaltet. Man kühlt den Kupferzylinder auf etwa 10° unter Zimmertemperatur ab, indem man in einer Höhlung etwas Äther verdampft. Während nun der Zylinder gleichmäßig gedreht wird, beobachtet man den Anstieg der Temperatur mit der Zeit.

Aus Gl. (32) folgt für die Erwärmung des Klotzes durch Reibung für ein kleines Zeitintervall dt:

$$\frac{d\vartheta}{dt} = \frac{1}{W} \cdot \frac{dQ}{dt}.$$

---

[1] w^* und w haben zwar verschiedene Dimensionen, bei den hier gewählten Einheiten aber denselben Zahlenwert.

Setzt man aus Gl. (33) den Wert für dQ ein, so ergibt sich für die Erwärmung

$$\left(\frac{\mathrm{d}\vartheta}{\mathrm{d}t}\right)_{\text{Erwärmung}} = \frac{1}{Wx} \cdot \frac{\mathrm{d}A}{\mathrm{d}t} \,. \tag{34}$$

Für die Abkühlung folgt nach dem Newtonschen Abkühlungsgesetz (S. 46)

$$\left(\frac{\mathrm{d}\vartheta}{\mathrm{d}t}\right)_{\text{Abkühlung}} = -\,a\,\vartheta\,, \tag{35}$$

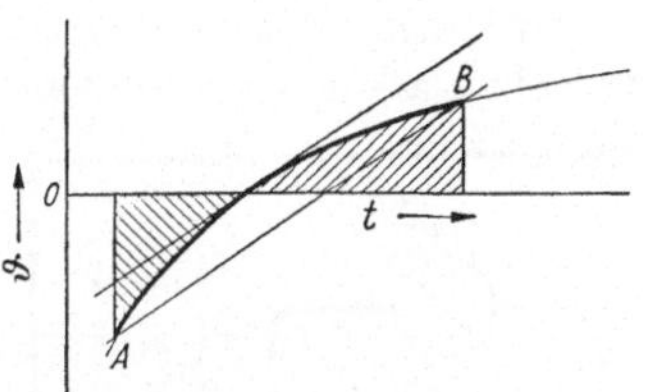

Abb. 47. Temperaturverlauf bei der Bestimmung des mechanischen Wärmeäquivalents.

wo ϑ der Temperaturunterschied gegenüber der Umgebung ist, positiv gerechnet bei Übertemperatur, negativ bei Untertemperatur. Reibung und Abkühlung ergeben also eine Temperaturänderung:

$$\left(\frac{\mathrm{d}\vartheta}{\mathrm{d}t}\right)_{\text{Erwärmung}} + \left(\frac{\mathrm{d}\vartheta}{\mathrm{d}t}\right)_{\text{Abkühlung}} = \frac{\mathrm{d}\vartheta}{\mathrm{d}t} = \frac{1}{Wx} \cdot \frac{\mathrm{d}A}{\mathrm{d}t} - a\,\vartheta\,. \tag{36}$$

Abb. 47 zeigt den gemessenen Temperaturverlauf. Bestimmt man die Neigung der Tangente $\dfrac{\mathrm{d}\vartheta}{\mathrm{d}t}$, die die Kurve bei Zimmertemperatur $\vartheta = 0$ zeigt, so ergibt sich aus Gl. (36)

$$\frac{\mathrm{d}\vartheta}{\mathrm{d}t} = \frac{1}{Wx} \cdot \frac{\mathrm{d}A}{\mathrm{d}t}$$

und für das Wärmeäquivalent

$$x = \frac{1}{W} \frac{\mathrm{d}A/\mathrm{d}t}{\mathrm{d}\vartheta/\mathrm{d}t}\,.$$

Man kann außerdem durch Lösung der Differentialgleichung (36) zeigen, daß, wenn man Sehnen zieht zwischen Punktepaaren A und B, die nach Abb. 47 flächengleiche Abschnitte in der Art der schraffierten Flächen definieren, auch die Neigung dieser Sehnen $\dfrac{\mathrm{d}\vartheta}{\mathrm{d}t}$ ist, also zur Auswertung der Temperaturkurve herangezogen werden kann. Eine solche Auswertung erfaßt alle Meßpunkte.

Messung des elektrischen Wärmeäquivalents: Man bestimmt es, indem man einen abgemessenen Betrag elektrischer Energie in einem Tauchsieder umwandelt und damit eine bestimmte Wassermasse erwärmt. Man benützt dabei die Anordnung Abb. 48. Mit einem Amperemeter mißt man den durchfließenden Strom I, ein Voltmeter zeigt die am Tauchsieder liegende Spannung U an, mit einer Stoppuhr bestimmt man die Zeit t, während welcher der Stromkreis geschlossen ist. Damit hat man die elektrische Energie $I \cdot U \cdot t$.

Das Produkt aus der Wassermasse M und der Temperaturerhöhung $\varDelta T$ ergibt den erzeugten Wärmewert $M \cdot \varDelta T$.

Zur Erzeugung dieser Kalorienzahl waren also $I \cdot U \cdot t$ [Ws] nötig. Zur Erzeugung von 1 cal dementsprechend $\dfrac{I \cdot U \cdot t}{M \cdot \varDelta T}$ (reziproker Wert von a, S. 51).

Der Energieerhaltungssatz: Äquivalenzbeziehungen gibt es zwischen allen Energieformen. Man kann also alle Energiebeträge

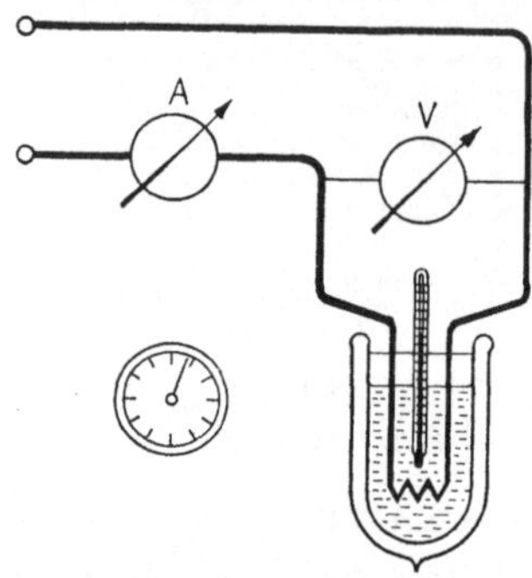

Abb. 48. Anordnung zur Messung des elektrischen Wärmeäquivalents.

entweder in Wärme oder in mechanische Energie umrechnen. Es gilt nun, daß die in einem abgeschlossenen System enthaltene Energie, die sich als Summe aller Energien in diesem System ergibt, konstant bleiben muß (*Energieerhaltungssatz*). Wenn man aber einem solchen System von außen Energie zuführt, z. B. in Form von Wärme im Betrag $\varDelta Q$, so dient diese Wärmemenge dazu, den Energieinhalt des Systems zu erhöhen, indem sie die innere Energie (Wärmeenergie) um $\varDelta U =$ $c \cdot M \cdot \varDelta T$ vermehrt und gegebenenfalls noch eine Arbeit $\varDelta A$ leistet.

$$\varDelta Q = \varDelta U + \varDelta A \quad (1.\ Hauptsatz\ der\ Wärmelehre). \qquad (37)$$

Die vollständige Verwandlung einer gegebenen Wärmemenge in Arbeit ist mit Hilfe von Wärmekraftmaschinen (periodisch arbeitenden Maschinen) nicht möglich. Es gilt hier der Satz, daß Wärme nur dann in Arbeit verwandelt werden kann, wenn gleichzeitig ein Wärmebetrag von einem Körper höherer Temperatur zu einem Körper tieferer Temperatur übergeht (*2. Hauptsatz der Wärmelehre*).

VI. Messung von Strom und Spannung

Die elektrischen Größen und Einheiten

Die elektrische Energie kann sich in zwei Erscheinungen äußern: im elektrischen Strom und im elektrischen Feld. Die erste ist Gegenstand der *Elektrodynamik*, die zweite Gegenstand der *Elektrostatik*. Die zugehörigen Größen leiten wir formal aus einer mechanischen Analogie ab.

Aus einem Stausee (Abb. 49), der in der Höhe h über einem Kraftwerk liegt, entnehme die Turbine T Wasser der Masse m.

Es verrichtet Arbeit entsprechend seiner mechanischen potentiellen Energie

$$W_m = h \cdot g \cdot m \,. \tag{38}$$

g bedeutet die Erdbeschleunigung. Wir bezeichnen $(h \cdot g)$ als Potentialdifferenz im Gravitationsfeld der Erde[1]. Gl. (38) sagt dann:

$$\textit{mechanische potentielle Energie} = \textit{Potentialdifferenz im Erdfeld} \times \textit{Masse}.$$

Abb. 49. Wasserkraftwerk.
T Turbine.

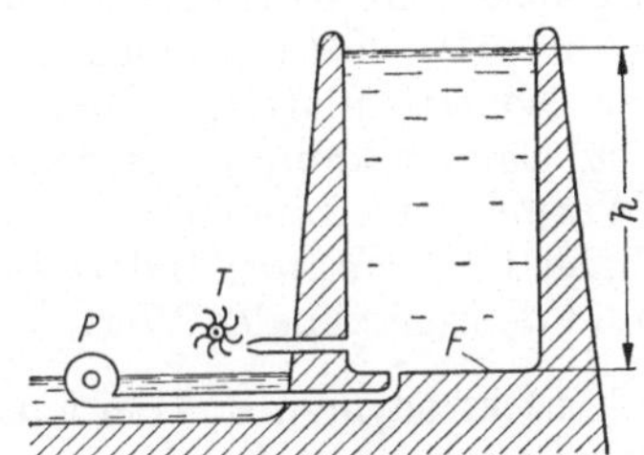

Abb. 50. Pumpspeicherwerk.
P Pumpe, T Turbine, F Grundfläche.

Aus einem Stromnetz (Abb. 51), das von einem Elektrizitätswerk auf einer Potentialdifferenz[2] U gegen Erde gehalten wird, entnehme der Elektromotor M die elektrische Ladung Q. Diese verrichtet dabei Arbeit entsprechend ihrer

$$\textit{elektrischen Energie} = \textit{Potentialdifferenz} \times \textit{Ladung,}$$
$$W_e = U \cdot Q \,. \tag{39}$$

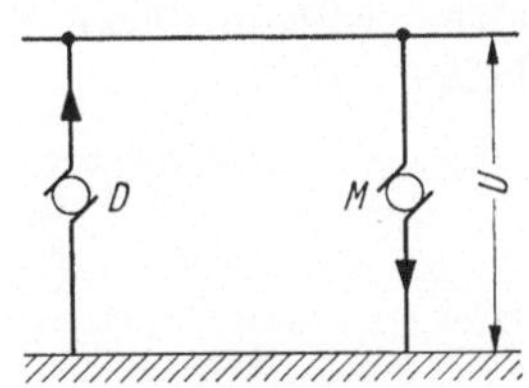

Abb. 51. Stromnetz mit der Gleichspannung U.
D Dynamomaschine des Elektrizitätswerks, M Elektromotor (Verbraucher).

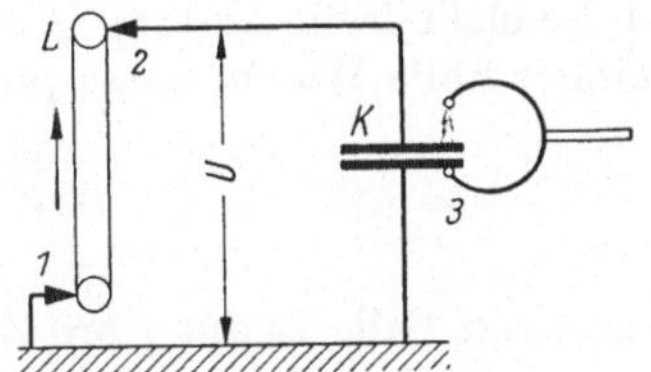

Abb. 52. Kondensator mit Bandgenerator. Bei 1 wird Ladung auf das laufende Band aufgesprüht, bei 2 abgenommen und der isolierten Platte des Kondensators K zugeführt. Mit dem Entlader 3 wird der Kondensator durch einen Funken entladen.

---

[1] Bei einem Mondkraftwerk wäre die Mondbeschleunigung l einzusetzen.

[2] Statt elektrischer Potentialdifferenz sagt man auch Spannung.

Praktisch unterscheidet man zwei Fälle:

1. Den kontinuierlichen Betrieb: Bei dem Wasserkraftwerk Abb. 49 ist er möglich, wenn von der Sonne laufend Wasser verdampft und hochgehoben wird und aus einer Wolke abregnet. Beim Stromnetz Abb. 51 ist er möglich, wenn die Dynamomaschine D genau soviel Ladung liefert als der Motor M entnimmt. Beide Male bleibt die Potentialdifferenz konstant.

2. Den diskontinuierlichen Betrieb: Bei dem Pumpspeicherwerk Abb. 50 wird das Becken nachtsüber bis zur Höhe h vollgepumpt, tagsüber zum Betrieb der Turbine verwendet. Bei einem Speicher für elektrische Ladung, einem sogenannten Kondensator (Abb. 52), wird mit einem Transportband elektrische Ladung auf die isolierte Platte gebracht, bis die Potentialdifferenz U erreicht ist. Danach kann die gespeicherte Energie durch einen Funken in Wärme umgewandelt werden. Beide Male, beim Pumpwerk und beim Kondensator, ändert sich die Potentialdifferenz zwischen 0 und dem maximalen Wert.

Elektrodynamik: Hier leiten wir Größen und Einheiten aus dem kontinuierlichen Betrieb des Wasserkraftwerks Abb. 49 und des Stromnetzes Abb. 51 ab. Nach Gl. (38) und Gl. (39) gilt:

$$\textit{mech. Energie } W_m = \textit{Potentialdifferenz } h \cdot g \times \textit{Masse } m, \quad (40)$$

$$\textit{elektr. Energie } W_e = \textit{Potentialdifferenz } U \times \textit{Ladung } Q. \quad (41)$$

Da im kontinuierlichen Betrieb in jeder Zeiteinheit gleichviel Wasser bzw. Ladung verbraucht wird, die Betriebsdauer t aber beliebig wählbar ist, ist es zweckmäßig, die Masse m des Wassers und die elektrische Ladung Q als Produkt einer Stromstärke, d. h. in einem Falle Wassermasse pro Zeiteinheit

$$\Phi = \frac{m}{t},$$

im anderen Falle Ladung pro Zeiteinheit

$$I = \frac{Q}{t},$$

und der Betriebsdauer t darzustellen, also

$$m = \frac{m}{t} \cdot t = \Phi \cdot t; \quad Q = \frac{Q}{t} \cdot t = I \cdot t.$$

Wir erhalten dann:

mech. Energie $W_m = $ *Potentialdiff. $h \cdot g \times$ Stromstärke $\Phi \times$ Zeit t,* (42)
elektr. Energie $W_e = $ *Potentialdiff. $U \times$ Stromstärke $I \times$ Zeit t.* (43)

Da nun die Potentialdifferenz $h \cdot g$ bzw. U ebenfalls konstant ist, bildet man ferner das Produkt aus Potentialdifferenz und Stromstärke und bezeichnet es als Leistung N.

$$mech.\ Energie\ W_m = Leistung\ N \times Zeit\ t, \qquad (44)$$
$$elektr.\ Energie\ W_e = Leistung\ N \times Zeit\ t. \qquad (45)$$

Die Größen der Elektrodynamik zeigen also folgenden Zusammenhang:

elektr. Energie $W_e = $ Potentialdiff. $U \times$ Ladung Q

$\qquad = $ Potentialdiff. $U \times$ Stromstärke $I \times$ Zeit t

$\qquad = $ Leistung $N \times$ Zeit t.

Die Einheiten der Elektrodynamik und ihre Abkürzungen sind entsprechend:

Joule (J) $=$ Volt (V) $\times$ Coulomb (C)

$\qquad = $ Volt (V) $\times$ Ampere (A) $\times$ Sekunde (s)

$\qquad = $ Watt (W) $\times$ Sekunde (s).

Die Stromstärke I, die bei einem Wasserkraftwerk von der Potentialdifferenz $h \cdot g$ und dem Leitungswiderstand des Fallrohrs abhängt, hängt in einem Stromkreis von der Potentialdifferenz U und einer Eigenschaft des Stromverbrauchers ab, die man als Widerstand R bezeichnet. Und zwar definiert man stets:

$$\text{Widerstand } R = \frac{\text{Potentialdifferenz } U}{\text{Stromstärke } I}. \qquad (46)$$

Die Erfahrung zeigt, daß der so definierte Widerstandswert R für viele Leiter in einem großen Bereich praktisch unabhängig von der Potentialdifferenz U (oder der Stromstärke I) eine Konstante ist, also der Strom proportional der Spannung ist. Gl. (46) wird in diesem Fall als „OHMsches Gesetz" bezeichnet und Leiter, für die es gilt, als „OHMsche Widerstände".

Für die Einheit des Widerstandes gilt:

$$\text{Ohm } (\Omega) = \frac{\text{Volt (V)}}{\text{Ampere (A)}}.$$

Die Einheit des Widerstandes ist also 1 Ohm (Ω). Sie kommt einem Verbraucher zu, wenn er an einer Spannung von 1 Volt eine Stromstärke von 1 Ampere erhält.

Elektrostatik: Hier leiten wir Größen und Einheiten aus dem diskontinuierlichen Betrieb des Pumpspeicherwerkes Abb. 50 und der Kondensatoranordnung Abb. 52 ab. Zu Beginn sei das Becken des Pumpspeicherwerkes leer und der Kondensator ungeladen. Beim Speichern braucht also zunächst die Pumpe das Wasser nicht anzuheben und das Ladeband die Ladung nicht gegen eine Potentialdifferenz zu befördern. Mit zunehmender Füllung des Beckens bzw. des Kondensators muß das Wasser höher gehoben und die Ladung gegen eine höhere Potentialdifferenz befördert werden, gegen Ende des Speichervorgangs auf die Höhe h bzw. die Potentialdifferenz U. Im Mittel wird also die Wasserfüllung m um die Höhe $\frac{h}{2}$ angehoben (vorausgesetzt, daß der Querschnitt des Speicherbeckens in jeder Höhe gleich ist) und die Ladung Q gegen eine Potentialdifferenz $\frac{U}{2}$ befördert. Es ist also die geleistete Arbeit und damit die verfügbare

$$\text{mech. pot. Energie } W_m = \frac{1}{2} \text{ Potentialdiff. } h \cdot g \times \text{ Masse } m \,, \quad (47)$$

$$\text{elektr. Energie } W_e = \frac{1}{2} \text{ Potentialdiff. } U \times \text{ Ladung } Q \,. \quad (48)$$

In beiden Fällen ist der Faktor 1/2 das Resultat eines Mittelungsprozesses, der wie beim Pumpspeicherwerk nur unter bestimmten Voraussetzungen den Wert 1/2 hat.

Die Masse m des Wassers im Speicherbecken errechnet sich aus

$$\begin{aligned}\text{Masse } m &= \text{Volumen } V \times \text{Dichte } \varrho \\ &= \text{Grundfläche } F \times \text{Höhe } h \times \text{Dichte } \varrho \\ &= F \cdot h \cdot \varrho \,.\end{aligned}$$

Wir können sie darstellen als Produkt aus der maximalen Potentialdifferenz $h \cdot g$ und einer Konstanten $\frac{F}{g} \cdot \varrho$, die wir als das spez. Fassungsvermögen des Speicherbeckens bezeichnen, indem wir schreiben

$$m = h \cdot g \cdot \left(\frac{F}{g} \cdot \varrho\right) . \quad (49)$$

In derselben Weise können wir die Ladung Q eines Kondensators darstellen als Produkt aus der maximalen Potentialdifferenz und einer Apparatekonstanten, die als Kapazität C des Kondensators bezeichnet wird, also

$$\text{Ladung } Q = \text{Potentialdiff. } U \times \text{Kapazität } C, \quad (50)$$

in Einheiten: Coulomb (C) = Volt (V) × Farad (F). Die Einheit der Kapazität ist also 1 Farad. Sie kommt einem Kondensator zu, wenn er bei Aufladung auf die Spannung von 1 Volt die Elektrizitätsmenge 1 Coulomb aufnimmt.

Setzen wir die Ausdrücke (49) und (50) in Gl. (47) und Gl. (48) ein, so erhalten wir:

$$\textit{mech. Energie } W_m = \frac{1}{2}\textit{Pot.-diff. } h \cdot g \times \textit{Pot.-diff. } h \cdot g$$
$$\times \textit{ sp. Fassungsverm.} \frac{F}{g} \cdot \varrho ,$$

$$\textit{elektr. Energie } W_e = \frac{1}{2}\textit{ Pot.-diff. } U \times \textit{Pot.-diff. } U \times \textit{Kapazität } C .$$

Die Größen der Elektrostatik zeigen also folgenden Zusammenhang:

$$\text{elektr. Energie } W_e = \frac{1}{2} \text{ Pot.-diff. } U \times \qquad \text{Ladung } Q$$
$$= \frac{1}{2} \text{ Pot.-diff. } U \times \text{Pot.-diff. } U \times \text{Kapazität } C$$
$$= \frac{1}{2} (\text{Pot.-diff. } U)^2 \times \text{Kapazität } C .$$

Strommessung mit dem Voltameter

Hinsichtlich des Stromdurchganges unterscheiden wir Leiter, in denen keine stoffliche Änderung bewirkt wird (*Leiter 1. Klasse*, Metalle) von solchen, bei denen der Stromdurchgang mit einem Transport von Materie verknüpft ist (*Leiter 2. Klasse*). Letztere sind zur Hauptsache Lösungen von Salzen, Säuren oder Basen, den sogenannten *Elektrolyten*, welche im gelösten Zustand in *Ionen* (geladene Atome oder Atomgruppen) zerspalten sind (*Dissoziation*). Die an den Elektroden abgeschiedenen Stoffmengen sind den hindurchgeschickten Elektrizitätsmengen (dem Produkt aus Stromstärke × Zeit) proportional (*1. Faraday-Gesetz*). Schickt man z. B. durch eine Lösung von Silbernitrat einen Strom von 1 Ampere 1 s lang hindurch, so scheiden sich an der negativen Elektrode (*Kathode*) 1,118 mg Silber ab. Apparate zur Messung der abgeschiedenen Massen als Funktion der hindurchgeschickten Ströme nennt man *Voltameter*.

Zur Abscheidung eines *Gramm-Äquivalents* verschiedener Stoffe (Grammäquivalent gleich Atomgewicht/Wertigkeit mal Gramm) wird stets die gleiche Elektrizitätsmenge, nämlich 96 500 Coulomb, benötigt (*2. Faraday-Gesetz*). Da also immer von der gleichen Anzahl von Atomen des gleichen Stoffes gleiche Elektrizitätsmengen mitgeführt werden, schließen wir, daß auch die Elektrizitätsmengen in Elementarladungen atomistisch aufgeteilt sind.

$$1 \text{ Elementarladung} = \frac{96\,500 \text{ C}}{6{,}02 \cdot 10^{23}} = 1{,}60 \cdot 10^{-19} \text{ Coulomb} .$$

($6{,}02 \cdot 10^{23}$ ist die Zahl der Atome pro Grammatom: *Loschmidtsche Zahl.*) Diese Ladung wird von einwertigen Ionen mitgeführt. Zweiwertige Ionen, z. B. Cu^{++}-Ionen, tragen die doppelte Ladung, nämlich $3{,}20 \cdot 10^{-19}$ Coulomb.

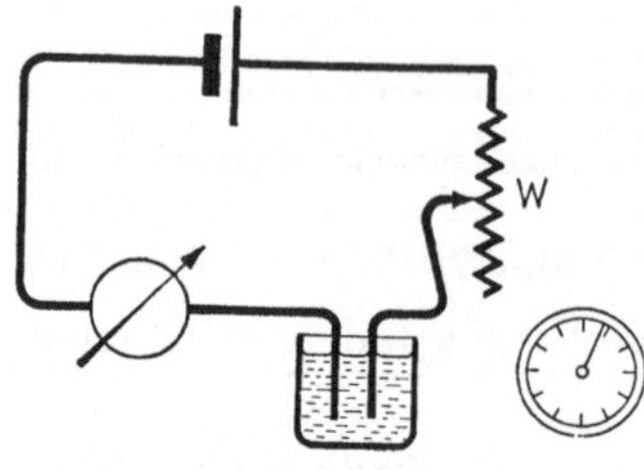

Abb. 53. Voltameter.

Wir benützen diesen Wert zur Eichung eines magnetischen Strommessers. Die Abb. 53 zeigt die Anordnung. Das Voltameter besteht aus einem mit Kupfersulfatlösung gefüllten Glastrog, in den als Elektroden 2 Kupferplatten hineingetaucht werden. Man hält während des Stromdurchganges den Ausschlag des Meßinstrumentes mit Hilfe des Regulierwiderstandes W konstant und bestimmt die Gewichtszunahme G der Kathode in g, die nach einer gemessenen Zeit t [s] erfolgt ist. Die Zahl der abgeschiedenen Ionen beträgt

$$n = \frac{\text{Gewichtszun.} \times \text{Loschmidtsche Zahl}}{\text{Atomgewicht}} = \frac{G \cdot 6{,}02 \cdot 10^{23}}{63{,}6\,\text{g}},$$

also die transportierte Ladung

$$n \cdot 3{,}2 \cdot 10^{-19}\ \text{Coulomb}.$$

Die Stromstärke in Ampere (Ladung/Zeit) war demnach

$$\frac{n \cdot 3{,}2 \cdot 10^{-19}}{t}\ [\triangleq \text{Ampere}].$$

Strommessung mit Drehspulinstrumenten

Zur praktischen Strommessung verwendet man die magnetischen Wirkungen des Stromes. Ein Strom, der senkrecht zu den Kraftlinien eines Magnetfeldes fließt, erfährt pro Längeneinheit eine Kraft, die gleich dem Produkt aus der Stromstärke I und der magnetischen Kraftflußdichte B (s. S. 77) ist. Die auf den Draht wirkende Kraft ist sowohl zur Richtung des Stromes als auch zur Richtung der Kraftlinien senkrecht (Abb. 54). Das *Spiegelgalvanometer* (Abb. 55) besteht aus einem Hufeisenmagneten, zwischen dessen Polschuhen ein zylindrischer Eisenkern befestigt ist, so daß zwei bogenförmige Schlitze entstehen, in denen ein magnetisches Feld herrscht, dessen Kraftlinien radial verlaufen. Über dem Kern ist an einem dünnen Bronzeband drehbar die rahmenförmige Galvanometerspule aufgehängt. Das Band dient gleichzeitig zur Stromzuführung und -ableitung. Beim Durchfließen der

Windungen verläuft der Strom in dem einen Schlitz von oben nach unten, in dem anderen Schlitz gerade entgegengesetzt (Abb. 56). Die an den Längsseiten der Spule angreifenden Kräfte sind also einander entgegengerichtet und set-zen sich zu einem Drehmoment zu-sammen, welches eine Drehung der Spule um die Aufhängeachse be-wirkt, und zwar so weit, bis das Drehmoment, welches durch Drillung (Torsion) des Bandes entsteht, gleich

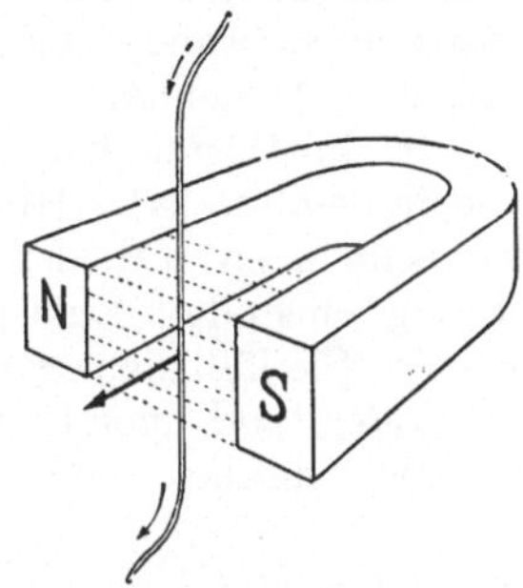
Abb. 54. Kraftwirkung auf einen stromdurchflossenen Leiter im Magnetfeld.

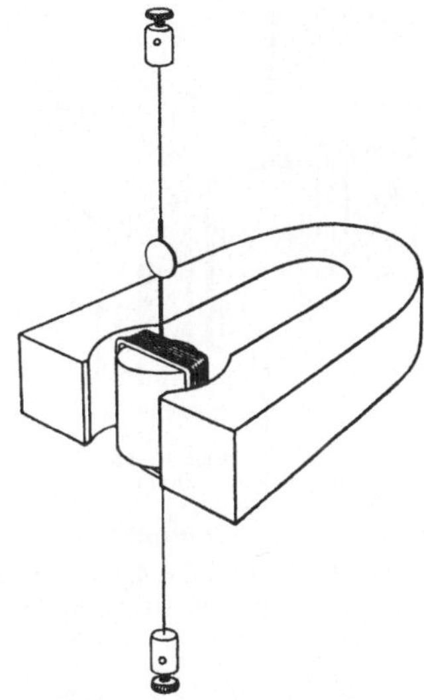
Abb. 55. Spiegelgalvanometer.

dem von den magnetischen Kräften herrührenden Drehmoment ist. Der von der Nullstellung der Spule, das ist die Stellung der Spule bei Stromlosigkeit, gemessene Drehwinkel ist ein Maß für die Stromstärke und ihr weitgehend proportional.

Beim *Zeigergalvanometer* (Abb. 57) geben zwei Spiralfedern die Richtkraft und übernehmen gleichzeitig die Stromzufuhr. Die Spule selbst ist zwischen zwei Spitzen gelagert und mit einem Zei-ger versehen, dessen Ausschläge direkt an einer Skala abgelesen werden können.

Die Drehspule, welche zusammen mit den Spiralfedern bzw. dem Aufhängedraht ein Drehpendel bildet, würde beim Einschal-ten des Stromes Schwingungen um ihre neue Ruhelage ausführen, wenn neben der Luftreibung keine zusätzliche Dämpfung wirksam wäre. Diese tritt aber bei einer Bewegung der Spule auf, sobald der Stromkreis geschlossen ist. Denn im Magnetfeld werden in der bewegten Spule Spannungen induziert (Dynamomaschine), die Ströme zur Folge haben, deren Energie nur aus der Bewegungs-energie stammen kann, also die Bewegung der Spule bremst. Die auftretenden Ströme und damit die Bremsung sind außer von den induzierten Spannungen vom Widerstand des Stromkreises abhängig, d. h. von der Summe des Widerstandes der Drehspule und des äußeren Widerstandes, der mit der Drehspule zusammen diesen Kreis bildet. Ist der äußere Widerstand klein, so wird man starke Ströme und damit eine kräftige Dämpfung erwarten, ist er groß, so wird man schwache Ströme und damit eine schwache Dämpfung erhalten. Diejenige Dämpfung ist am günstigsten, bei der sich die Spule ohne jedes Hin- und Herschwingen auf den Ausschlag einstellt. Eine solche

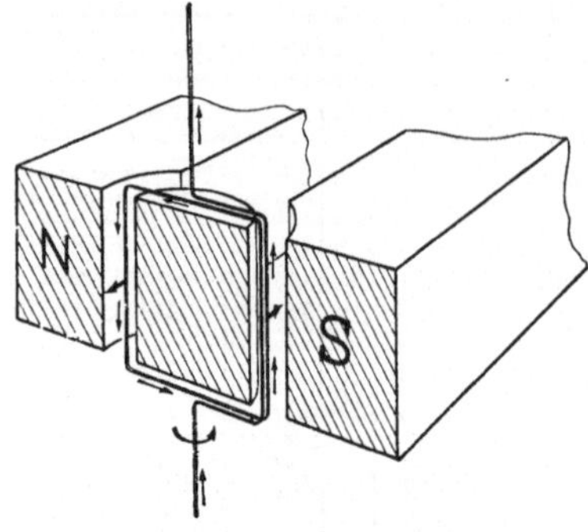

Abb. 56. Zur Deutung des an der Drehspule angreifenden Drehmomentes.

Dämpfung bezeichnet man als *aperiodisch*. Sie läßt sich erreichen, wenn man dafür sorgt, daß der äußere Widerstand einen bestimmten Wert annimmt, den sogenannten aperiodischen Grenzwider-

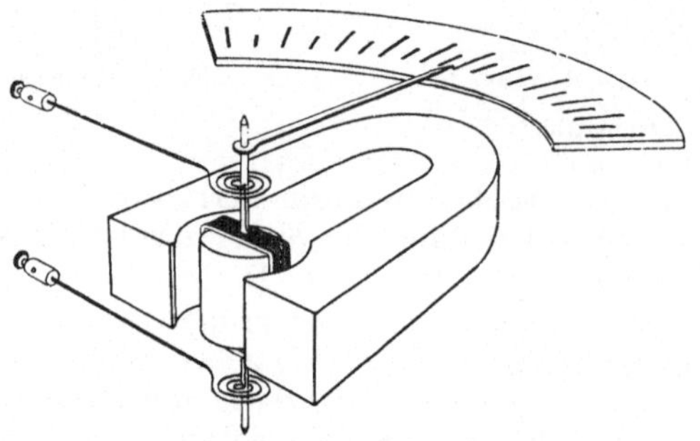

Abb. 57. Drehspulzeigergalvanometer.

stand. Er ist etwa gleich dem fünf- bis zehnfachen Spulenwiderstand. Ist der Außenwiderstand zu groß, so ist die Dämpfung zu gering, und man muß Schwingungen in Kauf nehmen; ist er zu klein, dann ist die Dämpfung zu stark, die Spule „kriecht" sehr langsam in ihre neue Lage.

Will man mit einem Galvanometer die Stromstärke in Ampere messen, so muß es erst geeicht werden. Wir führen diese Eichung für ein Spiegelgalvanometer durch, dessen innerer Widerstand z. B. zu 60 Ω und dessen aperiodischer Grenzwiderstand zu 300 Ω angegeben ist. Dazu stellen wir uns eine berechenbare Spannung her, die einen geeigneten Ausschlag hervorruft. Die Abb. 58 zeigt die dazu verwendete Schaltung (Potentiometerschaltung S. 65). Sie enthält zunächst einen großen Widerstand von 1000 Ω (Stöpselrheostat), an den man eine Spannung von 2 Volt (Akkumulator) legt. Wenn wir an den Enden eines Teilwiderstandes von 1 Ω

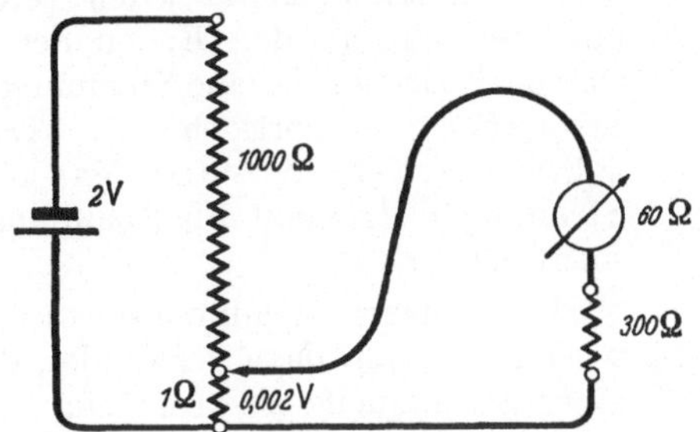

Abb. 58. Bestimmung der Stromkonstanten eines Spiegelgalvanometers.

abgreifen, erhalten wir die Spannung von 0,002 Volt. Diese Spannung legen wir über unseren Grenzwiderstand an das Galvanometer. (Bei Fortlassen des Grenzwiderstandes wäre der Außenwiderstand des Galvanometerkreises nur 1 Ω; die Spule würde also kriechen.) Zusammen mit dem Galvanometer haben wir also einen Widerstand von 360 Ω, an dem die Spannung von 0,002 Volt liegt. Also fließt eine Stromstärke von $\frac{0,002}{360}$ A, das sind 0,000 005 56 Ampere. Diese Stromstärke bewirkt einen Ausschlag des Lichtzeigers von 159 Skalenteilen bei 1 m Entfernung der Skala vom Spiegel. Ein Ausschlag von einem Skalenteil entspricht also einer Stromstärke von $\frac{0,000\,005\,56}{159}$, das sind $3,5 \cdot 10^{-8}$ Ampere. Diese Stromstärke bezeichnet man als *Stromkonstante* des Instrumentes. (Durch Multiplikation mit dem Drehspulenwiderstand erhält man die *Spannungskonstante*.)

Der Stromwert (bzw. Spannungswert, s. u.), der den größten Ausschlag bewirkt, den die Konstruktion des Instruments zuläßt, bzw. der an der Skala des Instrumentes abgelesen werden kann, wird als *Meßbereich* bezeichnet.

Bewirkt beispielsweise eine Stromstärke von 1 Ampere einen Vollausschlag, so ist der Strommeßbereich 1 Ampere. Will man Stromstärken bis zu 10 Ampere messen, so sorgt man dafür, daß $^9/_{10}$ des Stromes durch einen *Nebenschluß* (Abb. 59) fließen, und eicht die Skala auf die Gesamtstromstärke um. (Der Widerstand dieses Nebenschlusses muß nach dem KIRCHHOFFschen Gesetz der

Stromverzweigung ein Neuntel des Spulenwiderstandes des Instrumentes sein.)

Spannungsmessung mit Drehspulinstrumenten: Nach dem Ohmschen Gesetz, welches nicht nur für den geschlossenen Stromkreis, sondern auch für jeden Teil des Kreises gilt, herrscht an den Enden der stromdurchflossenen Drehspule eine Spannung, welche der Stromstärke proportional ist, nämlich Stromstärke × Spulenwiderstand. Man kann also jedes Strommeßinstrument als Spannungsmeßinstrument eichen.

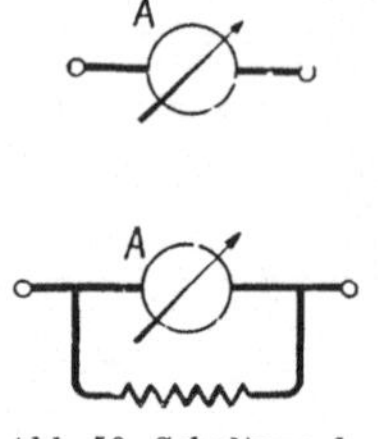

Abb. 59. Schaltung des Nebenschlusses am Amperemeter.

Ein solcher Spannungsmesser (Voltmeter) wird nicht nur dazu verwendet, die Spannung einer Stromquelle zu ermitteln, sondern dient auch zur Messung der Spannung an einem Teil des geschlossenen Stromkreises, z. B. der Spannung an einem eingeschalteten Widerstand (Abb. 60). Er wird dazu mit den Enden a und b dieses Widerstandes verbunden, man schaltet das Voltmeter im „Nebenschluß". Es entsteht also zwischen a und b eine

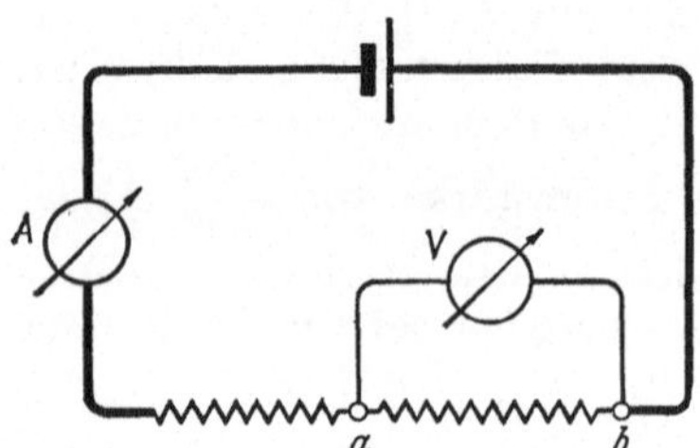

Abb. 60. Schaltung des Voltmeters.

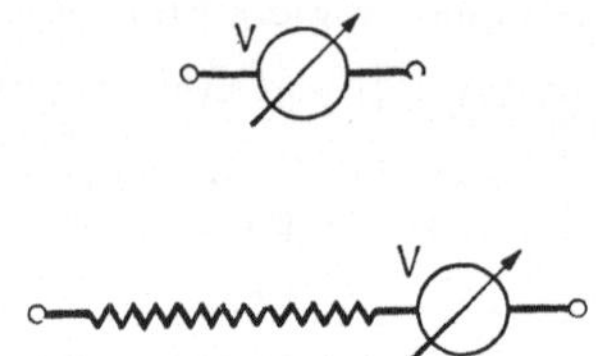

Abb. 61. Schaltung des Vorschaltwiderstandes beim Voltmeter.

Stromverzweigung. Damit keine merkliche Änderung der Stromstärke (und damit der Teilspannungen an allen Widerständen des Kreises) zustande kommt, welche von dem im „*Hauptschluß*"(d. h. in den Stromkreis) geschalteten Amperemeter gemessen wird, muß also der Widerstand des Voltmeters V groß sein gegen den Widerstand von $a\,b$.

Der Meßbereich eines Voltmeters kann dadurch vergrößert werden, daß man ihm einen Vorschaltwiderstand gibt (Abb. 61). Will man z. B. den Meßbereich verzehnfachen, so muß dieser Vorschaltwiderstand das Neunfache des Instrumentenwiderstandes sein.

Spannungsmessung nach der Poggendorffschen Kompensationsmethode (Abb. 62)

Verbindet man eine Stromquelle (Akkumulator: Spannung U_0 = 2 Volt) durch Drähte von sehr kleinem Widerstand (Kupferdrähte) mit einem Widerstandsdraht, z. B. Konstantandraht, der überall den gleichen Querschnitt und die Länge l hat, so liegt die gesamte Spannung U_0 an den Enden A und B dieses Drahtes. Die Spannung zwischen der Mitte des Drahtes M und A ist genau halb so groß. Allgemein ist die Spannung zwischen A und einem Punkt X ($A X = x$) des Drahtes $U_x = U_0 \frac{x}{l}$. In Abb. 62 ist die Spannung jedes Punktes des Meßdrahtes $A B$ gegenüber A durch die gestrichelte Gerade dargestellt. Man kann also mit einem Schleifkontakt jede beliebige Spannung, die kleiner als U_0 ist, zwischen A und einem Punkt des Drahtes abgreifen. (Dieses Verfahren der Spannungsteilung durch Abgreifen an einem Widerstand bezeichnet man als *Potentiometerschaltung*.) Wir messen die Spannung eines Elementes dadurch, daß wir sie mit einer ihr gleichen Spannung am Meßdraht vergleichen. Dazu verbinden wir die negative Klemme des Elementes mit dem Punkt A des Meßdrahtes, die positive Klemme verbinden wir mit dem Schleifkontakt unter Zwischenschaltung eines empfindlichen Spannungsmessers (Galvanometer oder Kapillarelektrometer). Man sucht jetzt durch Verschieben des Schleifkontaktes die Stellung, bei der der Spannungsmesser die Spannung 0 anzeigt. Dann ist die Spannung zwischen den Klemmen des Elementes gleich der am Meßdraht abgegriffenen Spannung

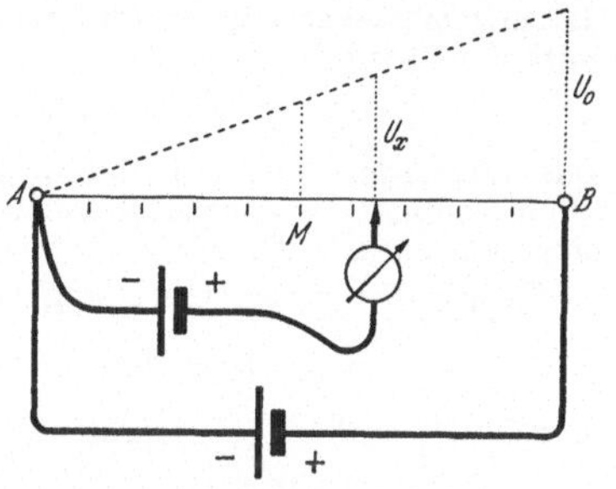

$$U_x = U_0 \cdot \frac{x}{l} \, .$$

Ein besonderer Vorzug dieser Methode der Spannungsmessung liegt darin, daß dem zu messenden Element kein Strom entnommen wird und damit auch bei inkonstanten Elementen die Spannung nicht durch Polarisation gefälscht wird (S. 73).

p_H-**Messung:** Man benutzt diese Methode zur Bestimmung der Wasserstoffionenkonzentration einer Lösung, die man durch den p_H-Wert ausdrückt. Dazu mißt man die Potentialdifferenz zwischen zwei „Halbelementen". Das eine Halbelement besteht aus der Lösung mit dem un-

Abb. 62. POGGENDORFFsche Kompensationsmethode zur Spannungsmessung.

bekannten p_H. In diese Lösung taucht eine von Wasserstoff umspülte Pt-Elektrode (Platinwasserstoffelektrode). Als zweites Halbelement nimmt man eine Kalomelelektrode. Sie enthält eine Mischung von metallischem Quecksilber, Quecksilber-I-Chlorid (Kalomel) und einer gesättigten KCl-Lösung. Gemessen wird mit der POGGENDORFFschen Kompensationsmethode die Potentialdifferenz, die sich zwischen der Platinwasserstoffelektrode und dem Quecksilber der Kalomelelektrode ausbildet. Zwischen der so gemessenen Potentialdifferenz E_1 und dem gesuchten p_H besteht der Zusammenhang:

$$E_1 = E_\text{Kalomel} + 0{,}058 \text{ Volt} \cdot p_H \, . \tag{I}$$

Das unbekannte E_Kalomel eliminiert man dadurch, daß man in einer zweiten Messung die Potentialdifferenz E_2 zwischen der Kalomelelektrode und einer Lösung mit einem bekannten $p_H = p_{H0}$ ermittelt.

Es gilt die analoge Gleichung:

$$E_2 = E_\text{Kalomel} + 0{,}0058 \text{ Volt} \cdot p_{H0} \, . \tag{II}$$

Aus Gl. (I) und Gl. (II) ergibt sich:

$$p_H = p_{H0} + \frac{E_1 - E_2}{0{,}058\,\text{Volt}} \, . \tag{51}$$

Spannungsmessung mit der Potentialwaage

Legt man an die Platten eines Kondensators (Abb. 63 a) mit der Kapazität C die Spannung U, so hat das elektrische Feld zwischen den beiden Platten die Energie (s. S. 59)

$$W_e = \frac{1}{2} \, C \, U^2 \, . \tag{52}$$

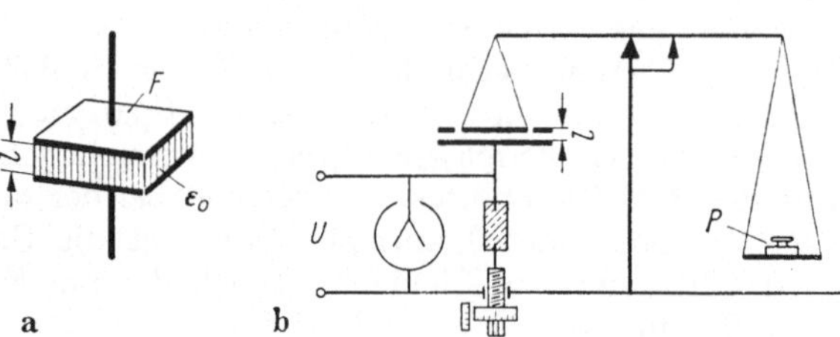

Abb. 63. Messung einer Spannung mit der Potentialwaage.

Die Kapazität C des Plattenkondensators ergibt sich zu

$$C = \varepsilon_0 \cdot \frac{F}{l} \, , \tag{53}$$

wo F die Fläche einer Platte bedeutet, l den Abstand der beiden Platten und ε_0 eine Materialkonstante des Mediums zwischen den beiden Platten. Sie wird als Influenzkonstante bezeichnet und ist für Luft und Vakuum praktisch gleich $\varepsilon_0 = 8{,}854 \cdot 10^{-12} \dfrac{\text{A} \cdot \text{s}}{\text{V} \cdot \text{m}}$.

Mißt man F in m², l in m, so ergibt sich C in Farad. Die im Plattenkondensator gespeicherte Energie ergibt sich nach Gl. (52) und Gl. (53) zu

$$W_e = \frac{1}{2}\,\varepsilon_0 \cdot \frac{F}{l}\,U^2\,. \tag{54}$$

Zwischen den Platten wirkt eine Kraft P. Wir nehmen an, sie bewirke eine Verschiebung dl. U möge bei dieser Verschiebung konstant gehalten werden. Es wird die Arbeit d$W_e = P$ dl geleistet[1].

Daraus folgt für die Kraft

$$P = \left(\frac{\partial W_e}{\partial l}\right)_{U\,=\,\text{const}} = -\frac{1}{2}\,\varepsilon_0 \cdot \frac{F}{l^2}\,U^2 = -\frac{1}{2\,l}\,C\,U^2\,. \tag{55}$$

Für l in m, C in Farad, U in Volt ergibt sich P in Newton (1 Newton $\approx$ 0,1 kp).

Gl. (55) gibt einen Zusammenhang zwischen der Kraft, mit der sich die Platten des Kondensators anziehen, und der Spannung U. Man kann also aus der Anziehungskraft die Spannung messen, wenn man die Fläche F der Platten und den Abstand l genau bestimmen kann. Die Messung wird mit der *Potentialwaage* (Abb. 63 b) durchgeführt. Eine der beiden Kondensatorplatten bildet eine Waagschale[2], die andere ist hochisoliert und mikrometrisch verstellbar. Diese Platte verbindet man mit der zu messenden Spannung U und einem zu eichenden Elektrometer. Nun legt man auf die andere Waagschale ein Gewicht P und nähert die untere Platte der oberen Platte mit der Mikrometerschraube bis zu dem Abstand l, bei dem Anziehung erfolgt. Dann ergibt sich die Spannung U aus Gl. (55).

Spannungsmessung mit dem Elektrometer: Die *Elektrometer* beruhen auf demselben Prinzip wie die Potentialwaage. Für hohe Spannungen benutzt man *Blättchenelektrometer* (Abb. 174). Bei einem solchen Blättchenelektrometer ersetzt ein dünnes Goldblatt die bewegliche Platte der Potentialwaage, das Metallgehäuse des Elektrometers die feste Platte. Legt man an das Blättchen Spannung an, so wird es entgegen der Schwerkraft angehoben. Der Ausschlag ist ein Maß für die Spannung.

Für niedere Spannungen verwendet man Elektrometer mit Hilfsspannungen (Abb. 64). Beim *Fadenelektrometer* besteht der bewegliche Teil aus einem dünnen Metallfaden, der durch einen Quarzfadenbügel gespannt wird. Er befindet sich zwischen zwei Metallschneiden, von denen die eine positive Spannung, die andere eine gleich große negative Spannung gegen Erde erhält.

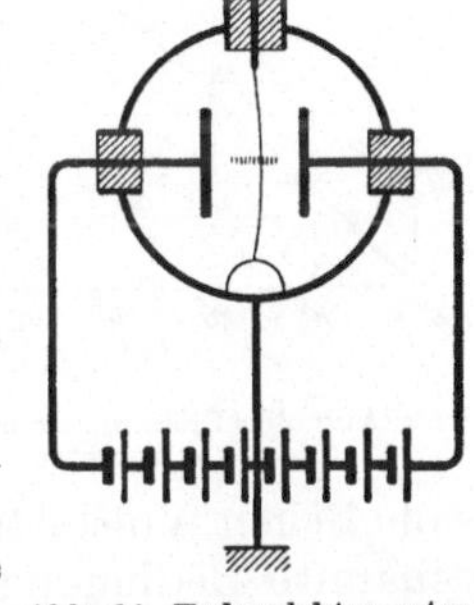

Abb. 64. Fadenelektrometer.

---

[1] Um denselben Wert nimmt außerdem die Energie des elektr. Feldes zu. Beide Energiebeträge entstammen der Stromquelle, die die Spannung U am Kondensator konstant hält.

[2] Um Feldverzerrungen am Rande des Plattenkondensators zu vermeiden, umgibt man diese Platte mit einem festen Schutzring, der auf demselben Potential gehalten wird wie die Kondensatorplatte.

Das Elektrometergehäuse liegt an Erde. Legt man an den Faden die zu messende Spannung an, sie sei z. B. positiv, so nimmt die Potentialdifferenz und damit die Anziehung gegen die eine Schneide zu, gegen die andere ab. Die Differenz beider Kräfte bewirkt eine Durchbiegung des gespannten Fadens, die in einem Mikroskop mit Okularmikrometer (S. 123) abgelesen werden kann. Die Durchbiegung des Elektrometerfadens ist praktisch proportional der angelegten Spannung U.

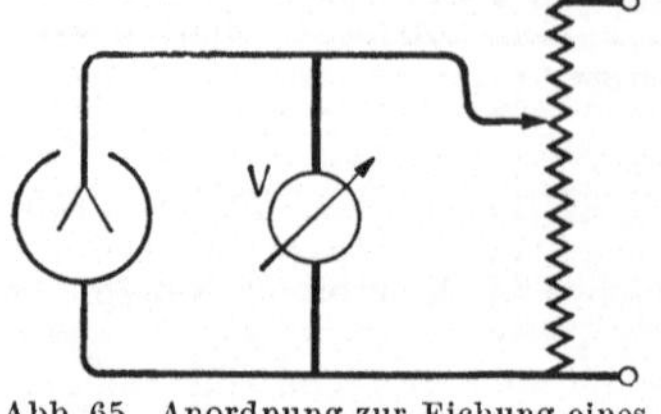

Abb. 65. Anordnung zur Eichung eines Fadenelektrometers.

Das Elektrometer läßt sich sowohl als Spannungsmesser (Voltmeter) als auch als Ladungsmesser benutzen. Ladung Q und Spannung U sind durch die Beziehung

$$Q = C \times U$$

verknüpft, wo C die Kapazität des Elektrometerfadens bedeutet. Zu Messungen muß die Skala in Volt geeicht werden. Dazu legt man an das Elektrometer verschiedene Spannungen, die man stufenweise an einem Spannungsteiler abgreift und deren Höhe man mit einem geeichten Voltmeter bestimmt (Abb. 65). Diese Spannungen werden graphisch als Funktion der Elektrometerausschläge dargestellt, d. h., man stellt sich eine Eichkurve her (Abb. 66).

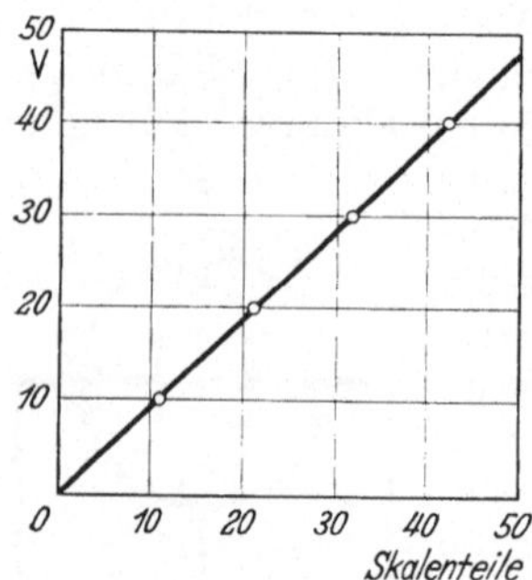

Abb. 66. Eichkurve eines Fadenelektrometers.

Wir messen z. B. mit einem so geeichten Elektrometer den Spannungsabfall an hintereinandergeschalteten Hochohmwiderständen ($10^6 - 10^7\ \Omega$), eine Aufgabe, die sich mit einem gewöhnlichen Voltmeter nicht lösen läßt, weil hier die auf S. 64 genannte Bedingung nicht erfüllt ist, daß alle Widerstände des Stromkreises gegenüber dem Vorschaltwiderstand des Voltmeters klein sein müssen.

VII. Messung elektrischer Widerstände und magnetischer Größen

Widerstandsmessungen

Der elektrische Widerstand eines Leiters ist in einfachen Fällen berechenbar. Der Widerstand eines Leiters von der Länge l, der überall den gleichen Querschnitt q besitzt, ist gegeben durch

$$R = \varrho \, \frac{l}{q} \, . \tag{56}$$

Der *spezifische Widerstand* ϱ entspricht dem Widerstand eines Würfels von der Kantenlänge 1 cm. ϱ ist für das Widerstandsmaterial charakteristisch,

z. B. für Cu: $0{,}017 \cdot 10^{-4} \, \Omega \, \text{cm}$,

für Al: $0{,}027 \cdot 10^{-4} \, \Omega \, \text{cm}$,

für Konstantan: $0{,}49 \; \cdot 10^{-4} \, \Omega \, \text{cm}$.

Seinen reziproken Wert bezeichnet man als die *spezifische Leitfähigkeit*.

Der spezifische Widerstand zeigt bei reinem Metall eine ausgeprägte Temperaturabhängigkeit. Er wächst in erster Näherung der absoluten Temperatur proportional an. Es gibt aber Metalllegierungen (z. B. Konstantan und Manganin), welche eine sehr geringe Temperaturabhängigkeit des Widerstandes zeigen und welche daher vorzugsweise zur Anfertigung von Widerstandsgeräten verwendet werden. Kohle und vor allem elektrolytische Lösungen besitzen im Gegensatz zu den Metallen einen spezifischen Widerstand, welcher mit wachsender Temperatur abnimmt.

Messung des Widerstandes aus Strom und Spannung: Nach dem S. 57, Gl. (46) genannten Oʜᴍschen Gesetz ist die Stromstärke der Spannung proportional, wenn der Widerstand für die verschiedenen Stromstärken unverändert bleibt. Nach dem Jᴏᴜʟᴇschen Gesetz (S. 51) wird beim Durchgang eines Stromes durch einen Widerstand in diesem Wärme entwickelt und somit die Temperatur erhöht. Es wird also nur in solchen Widerständen die Stromstärke der Spannung proportional sein, deren spez. Widerstand von der Temperatur unabhängig ist. In allen anderen Fällen werden sich Abweichungen von der Proportionalität ergeben. Die Abhängigkeit der Stromstärke von der Spannung bezeichnen wir als die Charakteristik des Widerstandes.

Wir nehmen die Charakteristik eines Konstantandrahtwiderstandes, einer Metallfadenlampe und einer Kohlenfadenlampe auf. Dazu greifen wir an einem Potentiometer (s. S. 65), welches an 110 Volt liegt, nacheinander verschiedene Spannungen ab, welche wir über ein Amperemeter an die Enden des Widerstandes führen (Abb. 67). Die am Widerstand liegende Spannung wird am Voltmeter V abgelesen. Diese Schaltung ist nur dann zweckmäßig, wenn der zu messende Widerstand klein ist gegen den Widerstand des Voltmeters, so daß praktisch der ganze mit dem Amperemeter gemessene Strom durch den zu messenden Widerstand hindurchfließt. Wenn der zu messende Widerstand in derselben

Größenordnung liegt wie der Widerstand des Voltmeters, mißt man mit dem Voltmeter besser die Spannung, die an dem zu messenden Widerstand plus Amperemeter liegt, wobei man voraussetzt, daß der Widerstand des Amperemeters klein ist gegen den zu messenden Widerstand. In beiden Fällen läßt sich außerdem leicht der Fehler berechnen. In Abb. 68 ist die Stromstärke als Funktion der Spannung aufgetragen.

Die Abweichungen von der Proportionalität zeigen, daß der Widerstand, der nach dem OHMschen Gesetz als Quotient von Spannung durch Stromstärke definiert ist, sich für die Glühlampen mit der Belastung ändert. Abb. 69 zeigt die Abhängigkeit des Widerstandes von der Stromstärke. Man entnimmt ihr qualitativ, daß der Widerstand der Metallfadenlampe mit wachsender Temperatur steigt und der der Kohlenfadenlampe mit wachsender Temperatur abnimmt.

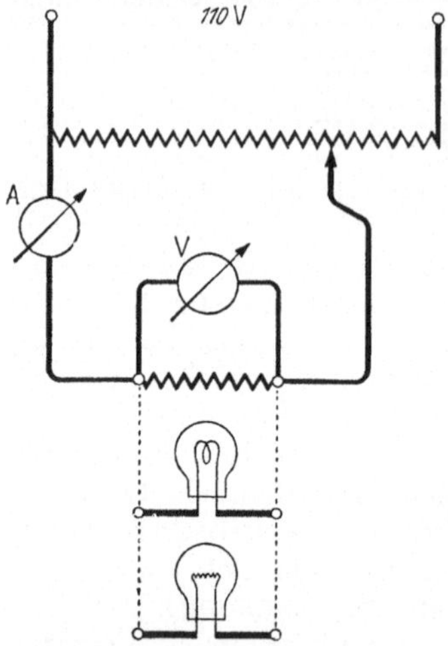

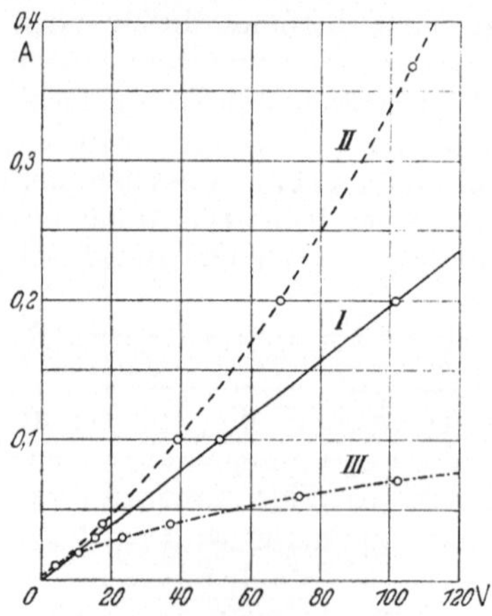

Abb. 67. Anordnung zur Aufnahme der Charakteristiken (Potentiometerschaltung).

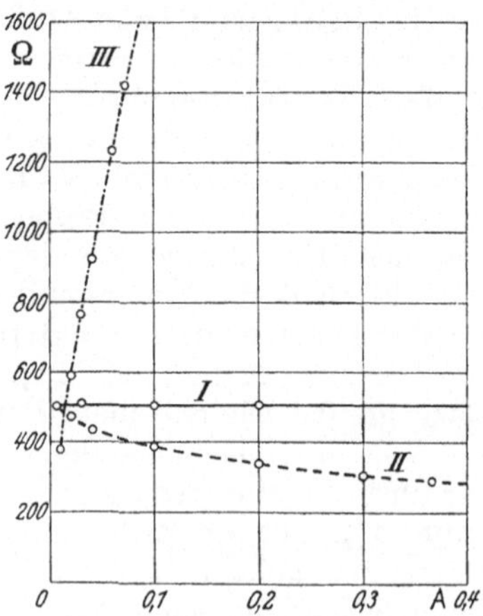

Abb. 68. Abhängigkeit der Stromstärke von der Spannung (Charakteristik):

I Konstantandraht,
II Kohlenfadenlampe,
III Metallfadenlampe.

Abb. 69. Abhängigkeit des Widerstandes von der Stromstärke:

I Konstantandraht,
II Kohlenfadenlampe,
III Metallfadenlampe.

Wheatstonesche Brücke: Die Genauigkeit der Messung des elektrischen Widerstandes aus Strom und Spannung ist abhängig von der Eichung und Ablesegenauigkeit der verwendeten Zeigerinstrumente. Letztere ist besonders bei kleinen Zeigerausschlägen sehr gering. Zu genauen Widerstandsmessungen dient die *Wheatstonesche Brücke* (Abb. 70).

Man verwendet dazu einen über einem Maßstab ausgespannten Meßdraht von genau derselben Art wie bei der POGGENDORFFschen Kompensationsmethode zur Spannungsmessung. An diesen Draht legt man nun die Spannung eines Akkumulators. Mit Hilfe eines Schleifkontaktes S kann man diese Spannung in jedem beliebigen Verhältnis unterteilen, und dieses Verhältnis $\frac{a}{b}$ kann man aus den Längenabschnitten a und b des Maßstabes berechnen.

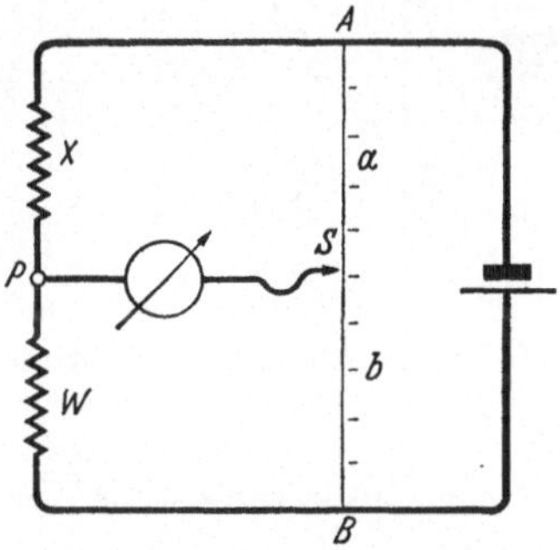

Hinter den zu messenden Widerstand x schaltet man nun einen geeichten Widerstand[1] W.

Abb. 70. WHEATSTONEsche Brücke.

Diese hintereinandergeschalteten Widerstände verbindet man mit den Enden des Meßdrahtes A und B, legt also an sie die gleiche Spannung. Diese Spannung verteilt sich auf die beiden Widerstände im Verhältnis ihrer Größe $x:W$.

Nun verbindet man den Punkt P über ein Galvanometer mit dem Schleifkontakt S. Diesen Teil der Schaltung bezeichnet man als Brücke. Da der Punkt S und der Punkt P im allgemeinen nicht dieselbe Spannung gegen den Punkt A haben, herrscht zwischen ihnen eine Spannung, so daß ein Strom fließt. Das Galvanometer zeigt einen Ausschlag.

Man verschiebt S so lange, bis dieser Ausschlag auf 0 zurückgegangen ist. Dann hat der Punkt S dieselbe Spannung gegen A wie der Punkt P. Es verhalten sich also die Teilspannungen an den Abschnitten a und b des Meßdrahtes wie die Teilspannungen an den Widerständen x und W.

Also

$$\frac{x}{W} = \frac{a}{b}.$$

Der zu messende Widerstand ist $x = \frac{a}{b}\, W$.

---

[1] Hier ausnahmsweise mit W statt mit R bezeichnet.

Die Messung wird besonders genau, wenn man den Widerstand W ungefähr in der Größe des zu messenden Widerstandes x wählt. Als Widerstand W verwendet man deshalb am besten einen Stöpselrheostaten (Abb. 71). Durch das Ziehen entsprechender Stöpsel kann man dem Rheostaten verschiedene Widerstandswerte geben. So weist beispielsweise der untenstehende Rheostat an seinen Klemmen einen Widerstand von 10 Ohm auf. Alle anderen Widerstände sind durch die Metallstöpsel kurzgeschlossen.

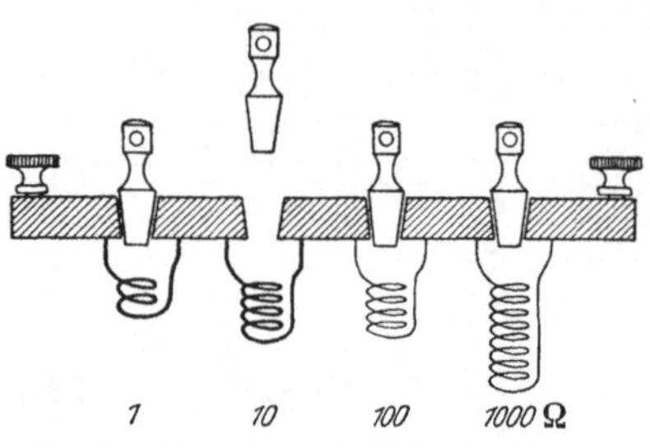

Abb. 71. Stöpselrheostat (Widerstandskasten).

Schaltet man zwei Widerstände W_1 und W_2 hintereinander (Abb. 72 a), so addieren sie sich, d. h. der Gesamtwiderstand ist gleich der Summe der Einzelwiderstände

$$W = W_1 + W_2. \qquad (57)$$

Schaltet man zwei Widerstände W_1 und W_2 parallel (Abb. 72 b), so addieren sich ihre Leitwerte, d. h. die reziproken Werte der Widerstände.

Also

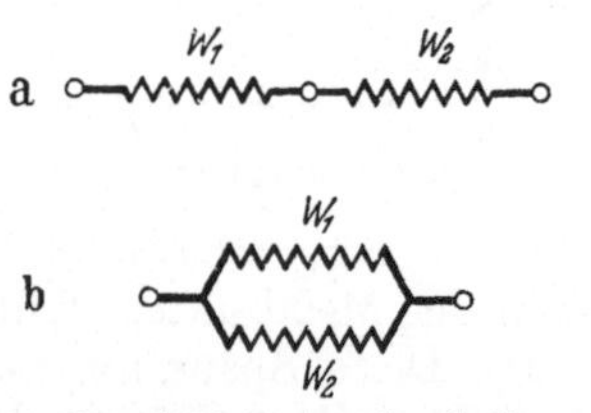

Abb. 72. a) Hintereinanderschaltung, b) Parallelschaltung von Widerständen.

$$\frac{1}{W} = \frac{1}{W_1} + \frac{1}{W_2}. \qquad (58)$$

Beides kann man durch Messungen mit der WHEATSTONEschen Brücke zeigen.

Widerstandsmessung von Elektrolyten: Auch für elektrolytische Leiter (Leiter 2. Klasse) ist der Widerstand einer Flüssigkeitssäule vom Querschnitt q und der Länge l: $R = \varrho \dfrac{l}{q}$, wo ϱ den spezifischen Widerstand des Elektrolyten darstellt. Da der Stromdurchgang eines Gleichstroms durch einen Elektrolyten eine Zersetzung zur Folge hat, kann sein Widerstand nicht in gleicher Weise wie der eines Leiters erster Klasse gemessen werden. Wenn man zwei Elektroden aus gleichem Material, z. B. zwei Platinelektroden, zur Stromzuführung verwendet, so scheiden sich an diesen beiden Elektroden verschiedene Stoffe ab. In verdünnter Schwefelsäure z. B. entwickelt sich an der Kathode Wasserstoff, an der Anode Sauerstoff. Diese Gase bedecken die Oberfläche der Platinelektroden, so daß sich jetzt in der Säure zwei verschiedene Elektroden gegenüberstehen, nämlich eine Wasserstoffelektrode und eine Sauerstoffelektrode. Während zwischen den reinen Platinelektroden nur die Spannung bestehen würde, welche nach dem OHMschen Gesetz durch das Produkt des durch den Elektrolyten fließenden Stromes und seines Widerstandes gegeben ist, tritt nunmehr eine Spannung hinzu, welche dem galvanischen Element zukommt, das aus einer Sauerstoff- und Wasserstoffelektrode im Elektrolyten gebildet wird, analog der Spannung, die zwischen einer Kupfer- und einer Zinkelektrode in Schwefelsäure herrscht. Diese Spannung bezeichnet man als die *Polarisationsspannung*. Da sie der angelegten Spannung entgegenwirkt, wird die Stromstärke herabgesetzt, also ein zu großer Widerstand des Elektrolyten vorgetäuscht. Echte Widerstandsmessungen fordern Vermeidung der Polarisation. Man erreicht dies durch Anwendung von Wechselspannungen statt Gleichspannungen. Bei hinreichend hoher Frequenz der Wechselspannung und großer Oberfläche der Elektrode (mit Platinmoor überzogene Elektroden) kann man die Polarisation durch Abscheidung von Zersetzungs-

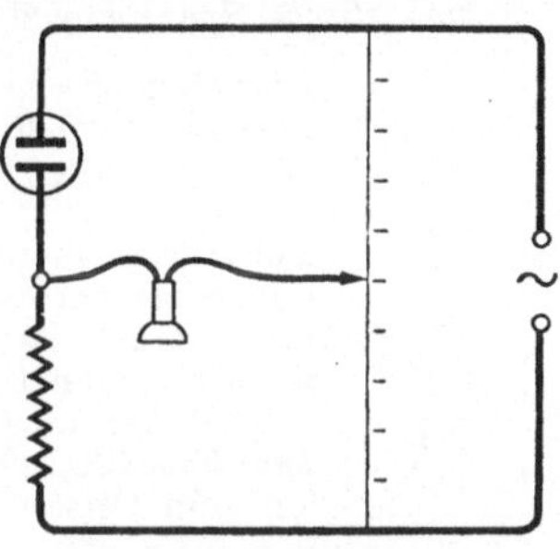

Abb. 73. WHEATSTONEsche Brücke für Leitfähigkeitsmessung von Elektrolyten. (Häufig werden Telefon und Wechselstromquelle miteinander vertauscht.)

produkten praktisch völlig vermeiden. Man mißt dann den Widerstand von Elektrolyten mit der WHEATSTONEschen Brücke, indem man den Akkumulator durch eine Wechselstromquelle (z. B. einen Summer) ersetzt und als Nullinstrument ein Telefon verwendet (Abb. 73). Man verschiebt den Schleifkontakt, bis der Summerton unhörbar wird. Es gelten dann dieselben Beziehungen wie für die Gleichstrombrücke.

Der spez. Widerstand eines Elektrolyten ist eine Funktion seiner Konzentration. Die Messung des spez. Widerstandes ist daher ein einfaches Mittel zur Bestimmung der Konzentration (g Substanz/100 g Lösung). Im allgemeinen ist bei einem Widerstandsgefäß die Berechnung des spezifischen Widerstandes aus dem gemessenen Widerstand und den geometrischen Dimensionen nicht möglich. Immer aber ist der Widerstand dem spezifischen Widerstand proportional

$$R = \varrho \cdot C.$$

C ist eine für das Gefäß charakteristische Größe. Man nennt sie seine *Widerstandskapazität*. Durch Messung des Widerstands R bei Füllung mit einem Elektrolyten bekannter Konzentration

(z. B. einer normalen H_2SO_4-Lösung) und damit bekannten spez. Widerstandes kann man sie bestimmen. Es ist dann

$$C = \frac{R_{H_2SO_4 \; normal}}{\varrho_{H_2SO_4 \; normal}} \, .$$

Messung magnetischer Größen

Die magnetischen Größen und Einheiten: Wenn wir durch eine langgestreckte Drahtspule (Länge l, Windungszahl w, Abb. 74) einen Strom I schicken, so treten ringförmig geschlossene magnetische Kraftlinien[1] auf. Längs deren Umfang herrscht die

magnetische Spannung $\Theta = $ *Stromstärke* $I \times$ *Windungszahl* w . (59)

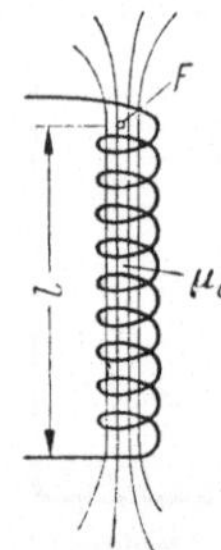

Abb. 74.
Magnetfeld
einer Spule.

Die magnetische Spannung pro Längeneinheit bezeichnet man als *magnetische Feldstärke* **H**. Ihre Einheit ist

$$1 \; A/m \; \hat{=} \; 1{,}257 \cdot 10^{-2} \; \text{Oersted (el. magn. Einheit).}$$

Bei einer schlanken Spule ist die magnetische Feldstärke außerhalb der Spule so gering, daß man sie in erster Näherung vernachlässigen kann. Man kann also so tun, als ob die gesamte magnetische Spannung im Innern der Spule liegt.

Mit der magnetischen Spannung Θ ist ein *magnetischer Induktionsfluß* Φ verbunden. Wir erhalten ihn formal analog zum OHMschen Gesetz Gl. (46):

$$magn. \; Induktionsfluß = \frac{magn. \; Spannung}{magn. \; Widerstand}$$

oder, wenn man statt des magnetischen Widerstands seinen reziproken Wert, den *magnetischen Leitwert* Λ einführt:

magn. Induktionsfluß $\Phi = $ *magn. Spannung* $\Theta \times$ *magn. Leitwert* Λ . (60)

Der magnetische Leitwert Λ einer Spule ergibt sich analog zum elektrischen Leitwert aus:

$$magn. \; Leitwert \; \Lambda = Konstante \; \mu_0 \; \frac{Querschnitt \; F}{Länge \; l} \; . \tag{61}$$

Die Konstante μ_0 heißt *Induktionskonstante*. Sie hat für Luft und Vakuum nahezu denselben Wert $\mu_0 = 1{,}257 \cdot 10^{-6} \; \dfrac{V \cdot s}{A \cdot m}$.

Aus Gl. (59), (60) und (61) ergibt sich der magnetische Induktionsfluß

$$\Phi = I \cdot w \cdot \mu_0 \cdot F/l \; . \tag{62}$$

Die Einheit des magn. Induktionsflusses ist

$$1 \; \text{Weber (Wb)} = 1 \; V \cdot s = 10^8 \; \text{Maxwell (el. magn. Einheit).}$$

Den magn. Induktionsfluß pro Flächeneinheit bezeichnet man als *magnetische Induktion* (oder *Flußdichte*) **B**.

---

[1] In Abb. 74 sind aus Platzmangel nur kurze Stücke dieser geschlossenen Kraftlinien gezeichnet.

Ihre Einheit ist:

$$1 \text{ Tesla} = 1 \frac{V \cdot s}{m^2} \,\hat{=}\, 10^4 \text{ Gauß (el. magn. Einheit)}.$$

Für eine Spule ist nach Gl. (62)

$$B = \frac{\Phi}{F} = I \cdot w \cdot \mu_0/l . \tag{63}$$

Die Energie des Magnetfeldes sitzt zum größten Teil im Innern der Spule. Sie ergibt sich analog zur Energie des elektrischen Feldes, Gl. (48), zu:

$$magn. \; Energie \; W_m = \frac{1}{2} \; magn. \; Spannung \; \Theta \times magn. \; Ind.\text{-}fluß \; \Phi . \tag{64}$$

Mit Gl. (59) und (62)

$$W_m = \frac{1}{2} \cdot I^2 \cdot w^2 \, \mu_0 \, F/l . \tag{65}$$

Wenn man die Stromstärke I durch die Spule ändert, so ändert sich nach Gl. (62) der Induktionsfluß Φ. In einer Drahtschleife, die von diesem sich ändernden Fluß durchflossen wird, wird dabei nach dem Induktionsgesetz eine Spannung U induziert. Es gilt:

$$U_{ind} = -\frac{d\Phi}{dt} . \tag{66}$$

In der Praxis sind zwei Fälle zu unterscheiden:

1. **Die zwischen den Drahtenden der felderzeugenden Spule auftretende Induktionsspannung:** Da die Spule w Windungen hat, ist sie

$$U_{ind} = -w \, \frac{d\Phi}{dt} \tag{66a}$$

oder nach Gl. (62) (w, μ_0, F und l konstant)

$$U_{ind} = -w^2 \, \mu_0 \cdot F/l \, \frac{dI}{dt} . \tag{67}$$

Man schreibt nun

$$L = w^2 \, \mu_0 \cdot F/l . \tag{68}$$

L hängt nur von Eigenschaften der Spule ab, ist also eine Apparatekonstante. Man bezeichnet sie als *magn. Induktivität* oder als *Selbstinduktion*. Die Einheit der Selbstinduktion ist

$$1 \text{ Henry (H)} = 1 \frac{V \cdot s}{A} .$$

Für die induzierte Spannung ergibt sich dann

$$U_{ind} = -L \cdot \frac{dI}{dt} . \tag{69}$$

2. **Die in einer fremden Spule auftretende Induktionsspannung:** Mit Rücksicht auf eine spätere Anwendung kennzeichnen wir die Größen w, F, I und l der felderzeugenden Spule mit dem Index 2, schreiben also w_2, F_2, I_2 und l_2. Die fremde Spule soll sich im Innern der felderzeugenden Spule befinden, einen (kleineren) Querschnitt F_{12} und die Windungszahl w_1 haben. Diese Spule wird dann von dem Bruchteil F_{12}/F_2 des Flusses Φ durchflossen, und demgemäß erhält man an den Enden ihrer w_1 Windun-

gen die induzierte Spannung

$$U_{ind} = w_1 \cdot F_{12}/F_2 \cdot \frac{d\Phi}{dt}$$

oder nach Gl. (67)

$$U_{ind} = w_1\, F_{12}/F_2 \cdot w_2\, \mu_0\, F_2/l_2 \cdot \frac{dI_2}{dt}\; . \tag{70}$$

Man schreibt jetzt analog zu Gl. (68)

$$M_{21} = w_1\, w_2\, F_{12} \cdot \mu_0/l_2\; . \tag{71}$$

Diese Größe hängt nur von den Eigenschaften der Spulen und ihrer gegenseitigen Anordnung ab, ist also wieder eine Apparatekonstante. Man nennt sie die *Gegeninduktivität* der beiden Spulen. Für die in der Spule 1 induzierte Spannung gilt:

$$U_{ind} = M_{21}\, \frac{dI_2}{dt}\; . \tag{72}$$

Allgemein versteht man unter Gegeninduktivität das Verhältnis des beide Windungsflächen durchsetzenden gemeinsamen Teilflusses zu dem den Gesamtfluß umschlingenden Strom.

Bestimmung der Induktionskonstanten μ_0 mit der Stromwaage[1] : Zwei langgestreckte, einlagige Spulen (Abb. 75a) mit der Länge l und den Quer-

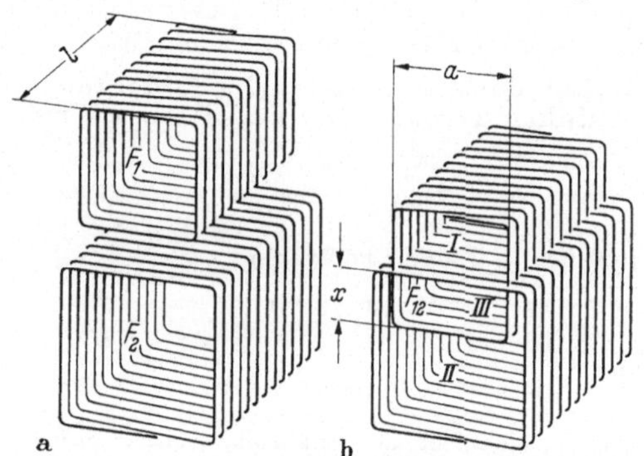

Abb. 75. Spulen einer Stromwaage.

schnitten F_1 und F_2 werden ineinandergetaucht (Abb. 75b), so daß sie den gemeinsamen Querschnitt

$$F_{12} = a\,x \tag{73}$$

haben. Sie haben je w Windungen und werden von den Strömen I_1 und I_2 durchflossen. Vernachlässigen wir die Felder außerhalb der Spulen, so ergeben sich nach Gl. (65) für die Spulenabschnitte I und II folgende Feldenergien:

$$W_I = \frac{\mu_0}{2\,l}\, w^2\, (F_1 - F_{12})\, I_1^2\; , \tag{74}$$

$$W_{II} = \frac{\mu_0}{2\,l}\, w^2\, (F_2 - F_{12})\, I_2^2\; . \tag{75}$$

---

[1] Seit dem 1. Januar 1948 wird das Ampere international nach dem Prinzip der Stromwaage aus der Induktionskonstanten μ_0 und der Krafteinheit Newton definiert durch die Beziehung $1\ \text{A} = \sqrt{4\,\pi \cdot 10^{-7}\ \text{N}/\mu_0}$.

In beiden Fällen wurde also von den Spulenquerschnitten F_1 und F_2 der gemeinsame Querschnitt F_{12} abgezogen. Der gemeinsame Abschnitt III wird zugleich von den Strömen I_1 und I_2 umflossen. Er enthält also die Energie:

$$W_{III} = \frac{\mu_0}{2\,l} \cdot w^2\, F_{12}\,(I_1 + I_2)^2\,. \tag{76}$$

Die Gesamtenergie des Spulensystems ist

$$W = W_I + W_{II} + W_{III} = \frac{\mu_0\, w^2}{2\,l}\,(F_1\, I_1^2 + 2\, F_{12}\, I_1\, I_2 + F_2\, I_2^2)\,.$$

Die Kraft P, mit der sich die beiden Spulen anziehen oder abstoßen, ergibt sich analog zu Gl. (55) zu

$$P = \frac{\partial W}{\partial x}\,,$$

wobei $\mu_0 \cdot w$, l, F_1, F_2, I_1 und I_2 konstant sind[1]. Also

$$P = \frac{\partial W}{\partial x} = \frac{\mu_0 \cdot w^2\, I_1\, I_2}{l}\, \frac{\partial F_{12}}{\partial x}\,. \tag{77}$$

Da nach Gl. (73) $F_{12} = a\,x$, wird $\dfrac{\partial F_{12}}{\partial x} = a$ und

$$P = \mu_0/l \cdot w^2\, I_1 \cdot I_2 \cdot a\,. \tag{78}$$

Diese Gleichung läßt sich wie folgt umschreiben:

$$P = \mu_0 \cdot \frac{w_2}{l_2}\, I_2 \cdot w_1\, I_1\, a\,, \tag{79}$$

wobei wir für die zweite Spule für das Verhältnis $w/l = w_2/l_2$ und für die erste Spule $w = w_1$ setzen.

Nun ist aber nach Gl. (63)

$$\mu_0 \cdot \frac{w_2}{l_2}\, I_2 = \boldsymbol{B} \tag{80}$$

die magn. Flußdichte in der zweiten Spule. Es ist ferner $w_1\, I_1$ gleich dem Gesamtstrom I, der die Drähte der Spule 1 quer zur Flußrichtung und quer zur Bewegungsrichtung durchströmt. Aus Gl. (79) wird dann

$$P = B \cdot I \cdot a\,, \tag{81}$$

d. h.: **Die Kraft, die ein Magnetfeld der Flußdichte $\boldsymbol{B}$ auf einen stromdurchflossenen Leiter der Länge a ausübt, ist gleich dem Produkt aus Flußdichte, Stromstärke und Länge des Leiters.** Dabei ist vorausgesetzt, daß der Leiter senkrecht zur Feldrichtung steht.

Eine andere Schreibweise ergibt sich, wenn man nach Gl. (71) den Begriff der Gegeninduktivität M_{21} einführt, also in Gl. (77)

$$\frac{\mu_0 \cdot w^2}{l}\, \frac{\partial F_{12}}{\partial x} = \frac{\partial M_{21}}{\partial x}$$

setzt. Die Kraft zwischen den beiden Spulen ergibt sich damit zu

$$P = I_1 \cdot I_2\, \frac{\partial M_{21}}{\partial x}\,. \tag{82}$$

---

[1]   Siehe auch Fußnote 1, S. 67.

Die Gl. (79) läßt sich zur Bestimmung der Induktionskonstante μ_0 oder zur absoluten Strommessung mit einer Stromwaage ausnutzen. Dazu eignet sich eine normale Präzisionswaage, bei der auf einer Seite statt der Waagschale die Spule 1 aufgehängt ist (Abb. 76). Die obere Seite der Spule ist in eine Isolierplatte eingebettet, die zwei Anschlußklemmen trägt. Von diesen Klemmen führen Messingbügel bis zur Höhe der Seitenschneide. Sie sind mit je 6 breiten, dünnen Metallbändern mit den festen Anschlußklemmen vor und hinter der Mittelschneide verbunden. Die Messingbügel sind durch zwei Stäbchen aus Isoliermaterial verbunden. Das obere ist mit dem Waagengehänge verstiftet.

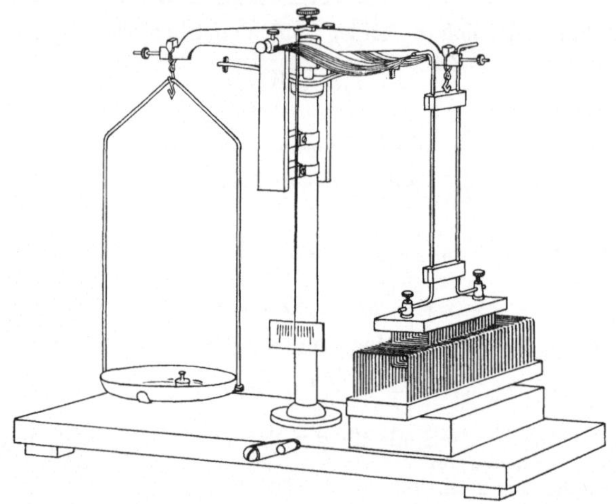

Abb. 76. Stromwaage zur Bestimmung der Induktionskonstanten μ_0
oder zur absoluten Strommessung.

Die untere, feste Spule ist mit ihrer Unterseite eingebettet. Sie ist wesentlich länger als die obere. Da in die Gl. (79) nur das Verhältnis w_2/l_2, d. h. Windungszahl zu Länge eingeht, bleibt sie auch für eine beliebig lange Spule gültig. Andererseits fallen bei einer genügend langen festen Spule die Randverluste weg, weil die Spulenenden der festen Spule weit außerhalb der beweglichen Spule liegen, das Feld also auf die volle Länge dieser Spule homogen ist. Die Randverluste der beweglichen Spule fallen ebensowenig ins Gewicht, weil sich der wirksame Teil im Innern der festen Spule befindet. Beide Spulen sind so gewickelt, daß die einander zugekehrten U-förmigen Teile in einer Ebene senkrecht zur Spulenachse verlaufen.

Die Stromwaage wird in einen Stromkreis nach Abb. 77 eingeschaltet. Die stromlose Waage wird zunächst ins Gleichgewicht gebracht. Dann nimmt man von den Gewichten auf der Waagschale Gewichtstücke weg oder fügt welche hinzu, schaltet den Strom ein und ändert mit Hilfe des Schiebewiderstands und des Stromwenders die Stromstärke oder Stromrichtung, bis die Waage wieder ihre Nullstellung erreicht hat. Aus den Daten der Spule, der Stromstärke und der Gewichtsdifferenz erhält man nach Gl. (79) die Induktionskonstante μ_0. Bei gegebenem μ_0 kann man umgekehrt eine absolute Strommessung durchführen und das Amperemeter eichen.

Als Beispiel seien folgende Abmessungen und Versuchsdaten genannt: Drahtdurchmesser 1,1 mm, mittlerer Abstand der Windungen 5 mm. Obere Spule: $F_1 = 9$ cm², $a = 3{,}15$ cm, $w_1 = 22$. Untere Spule: $F_2 = 16$ cm², $w_2 = 43$. Für $I_1 = I_2 = 6$ A ergibt sich $\boldsymbol{B} = 1{,}5 \cdot 10^{-3} \dfrac{\text{V} \cdot \text{s}}{\text{m}^2} \mathrel{\hat{=}} 15$ Gauß, $I = 132$ A, $P = 6{,}26 \cdot 10^{-5}$ Newton (N). Da 1 N $= 0{,}102$ kp, ist $P = 639 \cdot 10^{-6}$ kp $= 639$ mp (Milligrammgewicht).

Die Wägung läßt sich trotz der Beeinträchtigung durch die Stromzuführungen auf etwa 5 mp genau ausführen. Da sich aber die Stromzuführungen etwas erwärmen und dadurch einen kleinen Auftrieb bewirken, tritt ein Fehler auf. Dieser systematische Fehler läßt sich kompensieren, indem man eine Reihe von Einzelmessungen durchführt, bei der man die Stromrichtung in der einen Spule wechselt. Man mißt also das eine Mal die Kraft, mit der die obere Spule in die untere hineingezogen wird, das andere Mal die Kraft, mit der sie herausgestoßen wird. Man bildet den

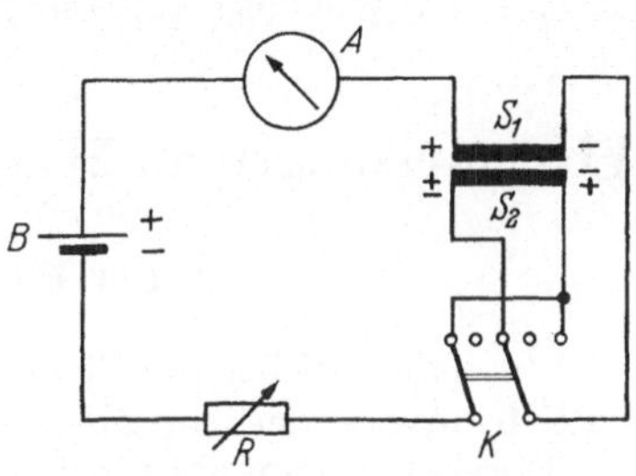

Abb. 77. Schaltung der Stromwaage; B Batterie, A Amperemeter, S_1 Obere Spule, S_2 Untere Spule, K Stromwender, R Schiebewiderstand.

Mittelwert über eine gerade Zahl von Meßergebnissen. Die Induktionskonstante μ_0 läßt sich so bequem bis auf etwa 2% genau bestimmen.

Messung der Anziehung eines Elektromagneten: Der magnet. Fluß läßt sich erheblich verstärken, wenn man eine Spule mit Eisen armiert. Zweckmäßig ist dabei die Hufeisenform (Abb. 78). Stellt man dem Hufeisen-

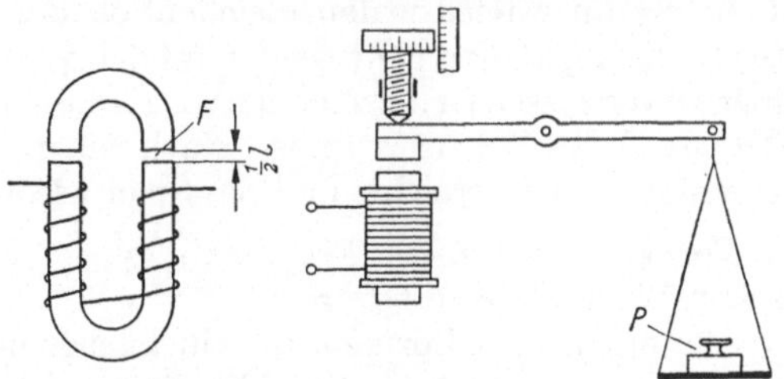

Abb. 78. Messung der Anziehungskraft eines Elektromagneten.

magnet einen eisernen Anker gegenüber, so tritt praktisch die gesamte magnetische Spannung und damit auch die magnetische Energie im Luftspalt auf. Sie ergibt sich aus Gl. (65), wo $\dfrac{l}{2}$ jetzt die Dicke eines Luftspalts bedeutet.

Die Kraft P, mit der der Anker vom Elektromagnet angezogen wird, ergibt sich analog zu S. 67 zu

$$P = 2 \left(\frac{\partial W}{\partial l} \right) = 2 \left(- \frac{1}{2}\, I^2\, w^2 \cdot \mu_0 \cdot F \cdot \frac{1}{l^2} \right),$$

$$P = -\, I^2\, w^2 \cdot \mu_0 \cdot F \cdot \frac{1}{l^2} \,. \tag{83}$$

Zur Messung der Anziehungskraft P benutzen wir die magnet. Waage Abb. 78. Der Waagebalken trägt auf der linken Seite den Eisenanker, auf der rechten Seite eine Waagschale. Dem Eisenanker steht der Elektromagnet gegenüber. Mit einer Mikrometerschraube, die zugleich als Anschlag dient, bestimmt man den Abstand $l/2$ von Anker und Magnet. Man kann nun die Gültigkeit von Gl.(83) nachprüfen, indem man die Kraft P als Funktion der Stromstärke I oder des Abstands $l/2$ bestimmt. (Polfläche F und Windungszahl w sind als bekannt vorausgesetzt.)

VIII. Messungen an Wechselströmen und Elektronik

Der Wechselstrom

Wir haben bisher nur Stromquellen kennengelernt, welche eine zeitlich unveränderliche Spannung besitzen (Gleichspannung). In der Praxis kommen aber meistens solche Stromquellen zur Anwendung, deren Spannung sowohl nach Größe als auch nach Richtung (Vorzeichen) sich periodisch ändert (Wechselspannung). Verbindet man die Pole einer solchen Wechselstromquelle, so fließt in der Leitung ein Wechselstrom. Entsprechend der wechselnden Spannung steigt der Strom vom Wert 0, den er zu einer bestimmten Zeit hat, welche wir zum Nullpunkt unserer Zeitmessung machen, bis zu einem Maximalwert, dem *Scheitelstrom* I_0 an, nimmt dann wieder auf 0 ab, kehrt seine Richtung um, wächst zu dem gleichen Scheitelwert in entgegengesetzter Richtung an und geht wieder auf den Wert 0 zurück. Die Zeit, die hierbei verflossen ist, bezeichnen wir als die *Schwingungsdauer* oder *Periode T* des Wechselstroms. Nach einer Periode ist der Anfangszustand wieder erreicht, und das Spiel wiederholt sich.

Die Zahl der Perioden in 1 s, die *Frequenz v*, ist $\frac{1}{T}$. Sie beträgt beim technischen Wechselstrom 50 pro s.

Unter den mannigfaltigen Formen, die ein solcher periodischer Stromverlauf zeigen kann, ist der in der Abb. 79 gezeichnete sinusförmige Verlauf von besonderer Bedeutung. Bei ihm läßt sich die Stromstärke als Funktion der Zeit t durch

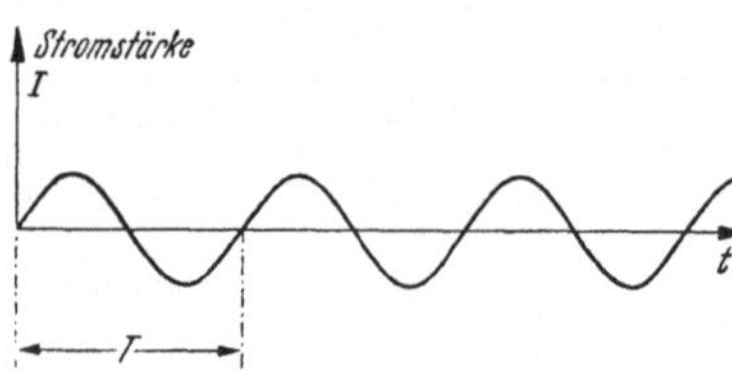

Abb. 79. Sinusförmiger Wechselstrom.

$$I = I_0 \cdot \sin\left(2\,\pi\,\frac{t}{T}\right) \quad (84)$$

oder

$$I = I_0 \cdot \sin\left(2\,\pi\,v\,t\right) \quad (85)$$

angeben.

Man sieht also, daß für alle Zeiten, die ganzzahlige Vielfache von T sind, der Strom 0 wird ($\sin(n \cdot 2\,\pi)$ ist 0 für ganzzahliges

n) und daß für zwei Zeiten, die um die Schwingungsdauer T auseinanderliegen, der Strom immer denselben Wert hat und denselben Verlauf zeigt. Momentanwert und Verlauf des Stromes werden also durch den Wert bestimmt, um den $2\,\pi\,\nu\,t$ das nächst kleinere ganzzahlige Vielfache von $2\,\pi$ überschreitet. Diesen Wert bezeichnet man als *Phase*. Ein Wechselstrom, der durch

$$I = I_0 \sin (2\,\pi\,\nu\,t - \varphi) \qquad (86)$$

gegeben ist, unterscheidet sich von dem obengenannten weder durch den Scheitelwert des Stromes noch durch die Frequenz, doch erreicht er den Wert 0 bzw. den Scheitelwert zu einer um $\frac{\varphi}{2\pi} \cdot T$ späteren Zeit. Denn aus (85) folgt $I = 0$ für $t = 0$, aus (86) $I = 0$ für $(2\,\pi\,\nu\,t - \varphi) = 0$ oder $t = \frac{\varphi}{2\,\pi\,\nu} = \frac{\varphi}{2\,\pi}\,T$. Man bezeichnet φ als die *Phasenverschiebung* zwischen den beiden Strömen.

Die entsprechenden Bezeichnungen verwenden wir für die Darstellung der Wechselspannung:

$$U = U_0 \sin \left(2\,\pi\,\frac{t}{T}\right) \quad \text{bzw.} \quad U = U_0 \sin (2\,\pi\,\nu\,t)\,.$$

Obwohl Stromstärke und Spannung sich zeitlich ändern, pflegt man auch bei Wechselströmen Spannung und Stromstärke durch je einen Meßwert zu charakterisieren und meint damit den Effektivwert (S. 82).

Für Wechselstrommessungen sind die Drehspulinstrumente nicht direkt geeignet. Durch Einbau von Gleichrichtern, die den Strom vorzugsweise nur in einer Richtung durchlassen, macht man sie auch dafür verwendbar. Außer dem so abgeänderten Drehspulinstrument werden aber auch sogenannte *Weicheiseninstrumente* und *Hitzdrahtinstrumente* benutzt, deren Ausschlag von der Richtung des Stromdurchganges unabhängig ist. Sie sind bei gleicher Eichung sowohl für Wechselstrom als auch Gleichstrom brauchbar. Ihr Ausschlag ist angenähert dem Quadrat der Stromstärke proportional.

Durchgang des Wechselstroms durch einen Ohmschen Widerstand: Wir legen nacheinander an einen Widerstand aus Konstantandraht eine Gleichspannung von 220 V und eine Wechselspannung von 220 V_{eff}. Im Stromkreis liegt wechselweise ein Amperemeter für Gleichstrom bzw. Wechselstrom. Der Versuch ergibt für das Verhältnis aus Spannung und Stromstärke für Gleichstrom und für Wechselstrom beidemal dasselbe. Es sind also Begriff und Maßeinheit für den Widerstand für beide Stromarten genau die gleichen.

Auch das Oнмsche Gesetz (s. S. 57) gilt hier unverändert. In Abb. 80 (a) ist der zeitliche Verlauf der Spannung, in (b) der zeitliche Verlauf des Stroms, in (c) ist der zeitliche Verlauf der Leistung in Watt (Produkt Stromstärke × Spannung) für den Versuch mit Gleichstrom aufgetragen. Die in der Zeit t geleistete Arbeit ist das Produkt aus Leistung mal Zeit in Ws und wird daher durch den Flächeninhalt des schraffierten Rechteckes in (c) dargestellt.

Entsprechende Darstellungen von Spannung, Strom und Leistung für den Wechselstrom enthält die rechte Seite der Abb. 80. Die Leistung ist also beim Wechselstrom nicht konstant, die in der Zeit geleistete Arbeit ist aber wie beim Gleichstrom durch den Inhalt der schraffierten Fläche gegeben. Dieser schraffierte Teil ist halb so groß wie das Rechteck aus dem Maximalwert der Leistung und der Zeit, also gerade so groß wie das Rechteck, das die Gleichstromarbeit darstellt. Definiert man nun als Effektivwerte

$$I_{eff} = \frac{I_0}{\sqrt{2}} \qquad (87)$$

und

$$U_{eff} = \frac{U_0}{\sqrt{2}}, \qquad (88)$$

so ergibt sich die Leistung des Wechselstroms, wenn man das Produkt der Effektivwerte von Spannung und Strom bildet.

Für die eben angestellte Überlegung ist es wichtig, daß die Phase des durch den Widerstand fließenden Stromes mit der Phase

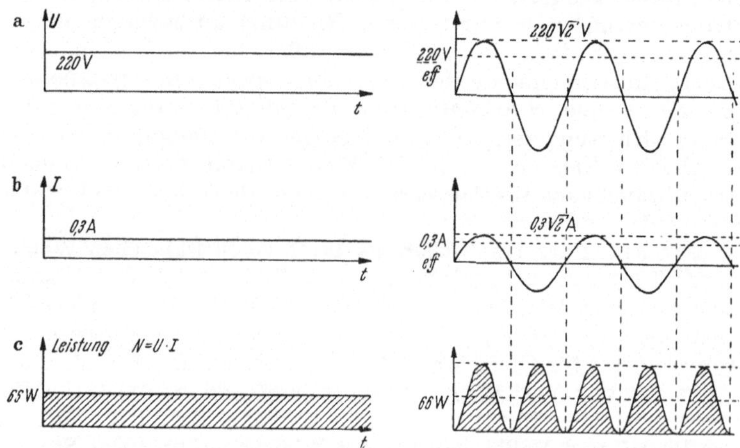

Abb. 80. Zeitlicher Verlauf von Spannung, Stromstärke und Leistung für Gleichstrom und für Wechselstrom.

der Spannung übereinstimmt, das bedeutet, daß Strom und Spannung gleichzeitig 0 sind bzw. ihren Maximalwert annehmen. Widerstände, in denen die Wechselströme mit den sie erzeugenden Wechselspannungen „in Phase" sind, bezeichnen wir als „OHMsche Widerstände". Im allgemeinen tritt jedoch zwischen Strom und Spannung in Wechselstromkreisen eine Phasenverschiebung auf, die uns nötigt, für den Wechselstrom neue Widerstandsbegriffe einzuführen.

Induktiver Widerstand: Bei Änderung der Stromstärke I ist die induzierte Spannung einer Spule nach Gl. (66a) und (69)

$$U_{induz.} = -w\frac{\mathrm{d}\Phi}{\mathrm{d}t} = -L\frac{\mathrm{d}I}{\mathrm{d}t} . \qquad (89)$$

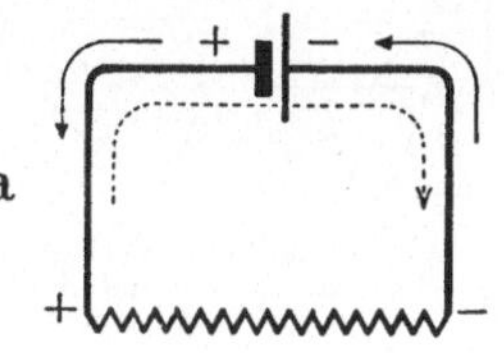

Um zu verstehen, daß eine wechselstromdurchflossene Spule sich wie ein Widerstand verhält, betrachten wir zunächst einmal einen OHMschen Widerstand in einem Gleichstromkreis (Abb. 81a). An den Enden des vom Strom durchflossenen OHM-schen Widerstandes herrscht eine Spannung, welche dem Betrage nach gleich der Batteriespannung, aber ihr entgegengerichtet ist, d.h. daß dann, wenn wir diesen Widerstand als ein stromlieferndes Element

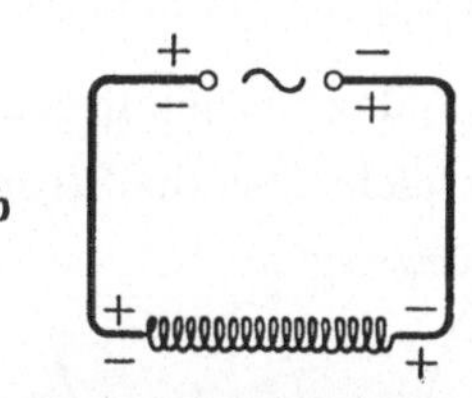

Abb. 81. Selbstinduktion als Widerstand im Wechselstromkreis.

gleicher Polung auffassen dürften, der Strom in der entgegengesetzten Richtung fließen würde (punktierte Pfeilrichtung).

An den Enden der vom Wechselstrom durchflossenen Spule herrscht ebenso eine Spannung (Abb. 81 b), nämlich die induzierte Spannung, welche der angelegten Spannung dem Betrage nach gleich, aber nach dem LENZschen Gesetz entgegengerichtet ist. Die Spule verhält sich also in einem Wechselstromkreis wie ein Widerstand. Wir bezeichnen ihn als *induktiven Widerstand*.

Bei der Verwendung von sinusförmiger Wechselspannung ist der Zusammenhang zwischen Stromstärke und Spannung, Frequenz und Selbstinduktion gegeben durch

$$I_{\text{eff}} = \frac{U_{\text{eff}}}{2\pi\nu \cdot L}. \qquad (90)$$

In Analogie zum OHMschen Gesetz für Gleichstrom bezeichnet man $2\pi\nu L$ als den induktiven Widerstand. Obwohl also der OHMsche Widerstand der Spule praktisch 0 sein kann, ergibt sich bei endlicher Wechselspannung nicht ein unendlich großer

Strom, sondern ein Strom, der um so kleiner wird, je größer die Selbstinduktion und je größer die Frequenz ist.

Dieser Strom ist aber gegen die Spannung in seiner Phase um $\frac{\pi}{2}$ verschoben, d. h. er hinkt um die Zeit $\frac{T}{4}$ hinter der Spannung her. Aus Abb. 82 sieht man, daß die zeitliche Änderung der Stromstärke zu den Zeiten $t = 0$, $\frac{T}{2}$, T usw. am stärksten ist und der Strom sich praktisch zu den Zeiten $\frac{1}{4} T$, $\frac{3}{4} T$ usw. nicht ändert. Die induzierte Spannung und damit auch die aufgeprägte Spannung müssen

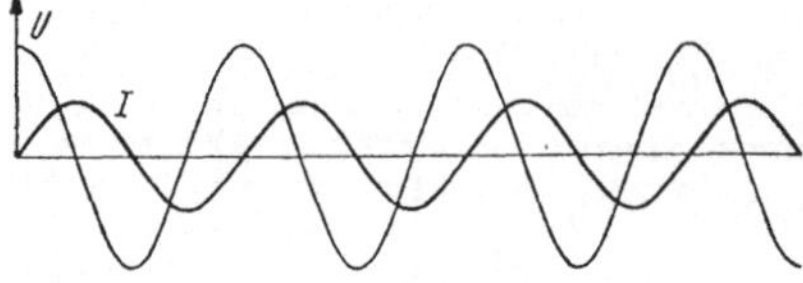

Abb. 82. Zeitlicher Verlauf von Spannung und Strom bei der Selbstinduktion (Phasenverschiebung $\pi/2$).

also ihren Maximalwert zu den Zeiten $t = 0$, $\frac{T}{2}$ usw. haben und in den dazwischen liegenden Zeiten $t = \frac{1}{4} T, \frac{3}{4} T$ usw. $= 0$ sein. Es erreicht also die Stromstärke zu einer Zeit ihr Maximum, die um den Betrag $\frac{1}{4} T$ später liegt, als das Maximum der Spannung. Der Strom hinkt also hinter der Spannung her.

In Abb. 83 ist die Leistung dieses durch eine Selbstinduktion fließenden Wechselstroms dargestellt. Wie in Abb. 80 ergeben die schraffierten Flächen die von der Stromquelle geleistete Arbeit. Es treten hier also neben positiven auch negative Energiebeträge auf. Während positive Energiebeträge von der Stromquelle hergegeben werden, werden die negativen Energiebeträge wieder dem Energievorrat der Stromquelle zurückerstattet. Die von der Stromquelle abgegebene Energie wird zum Aufbau des Magnetfeldes in der

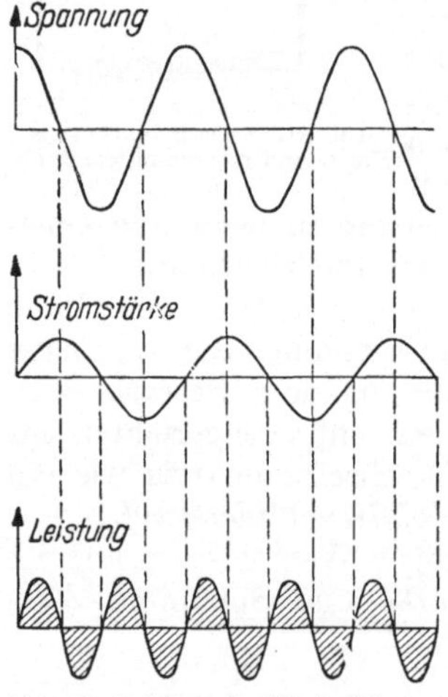

Abb. 83. Leistung im Wechselstromkreis mit Selbstinduktion.

Selbstinduktion verwendet. Beim Abbau dieses Feldes wird sie wieder an die Stromquelle zurückgegeben. Die Zeichnung ergibt, daß beide Anteile einander gleich sind, daß also die gesamte geleistete Arbeit gleich 0 ist (*wattloser Strom*).

Kapazitiver Widerstand: Wenn wir einen Kondensator an eine Gleichstromquelle (z. B. Akkumulator) legen (Abb. 84), so fließt in den Verbindungsdrähten solange ein Strom, bis der Kondensator auf die Spannung der Stromquelle aufgeladen ist; die durch die Leitung transportierte Elektrizitätsmenge ist gleich der Ladung, die auf dem Kondensator sitzt, also $Q = C \cdot U$. Dann ist die Stromstärke 0 geworden und nach dem OHMschen Gesetz für Gleichstrom der Widerstand unendlich groß.

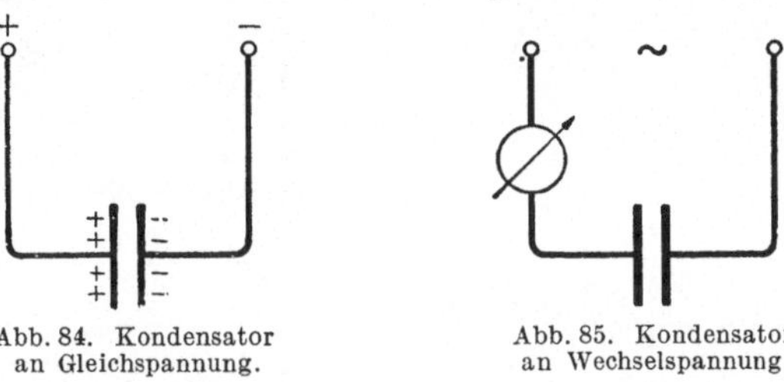

Abb. 84. Kondensator an Gleichspannung.

Abb. 85. Kondensator an Wechselspannung.

Bei einer Wechselspannung (Abb. 85) kann die Stromstärke niemals dauernd gleich 0 sein, weil entsprechend der wechselnden Polarität der Stromquelle auch der Kondensator seine Aufladung dauernd ändern muß. Die in der Zeiteinheit durch die Leitung transportierte Elektrizitätsmenge (Stromstärke) muß der Aufladung des Kondensators, also $C \cdot U$, und der Frequenz der Wechselspannung ν proportional sein. Für einen sinusförmigen Wechselstrom ist

$$I = 2\,\pi\,\nu \cdot C \cdot U = \frac{U}{\dfrac{1}{2\,\pi\,\nu \cdot C}}. \tag{91}$$

In Analogie zum OHMschen Gesetz bezeichnet man $\dfrac{1}{2\,\pi\,\nu \cdot C}$ als den *kapazitiven Widerstand*.

Zwischen dem Strom und der Spannung ist auch hier eine Phasenverschiebung, denn wenn der Kondensator seine maximale Spannung erreicht hat, ist die Stromstärke 0; der größte Ladungstransport, also die größte Stromstärke, ist aber dann, wenn die Spannung am Kondensator 0 ist. In diesem Falle eilt der Strom der Spannung um die Zeit $\dfrac{T}{4}$ voraus. Daß wir auch hier einen wattlosen Strom haben, entnimmt man der Abb. 86. Auch hier wird die in den Kondensator hineingesteckte elektrische Energie der Stromquelle zurückgegeben.

Messung induktiver und kapazitiver Widerstände: Zur Messung der induktiven und kapazitiven Widerstände benützen wir die in

Abb. 87 gezeichnete Anordnung: An einem Potentiometer (Ohmscher Widerstand ohne wesentliche Selbstinduktion) greift man verschiedene Spannungen ab und legt sie an die zu messende Selbstinduktion (oder Kapazität). Ein Voltmeter V mißt die an der Selbstinduktion liegende Spannung, ein Amperemeter A die hindurchfließende Stromstärke. Wir messen die Abhängigkeit der

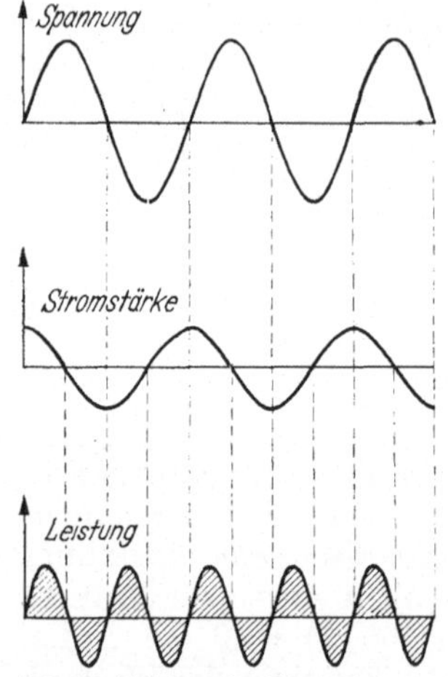

Abb. 86. Leistung im Wechselstromkreis mit Kapazität.

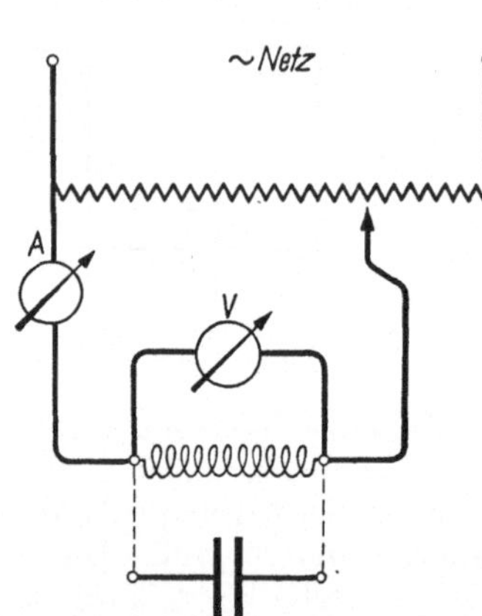

Abb. 87. Anordnung zur Messung induktiver und kapazitiver Widerstände.

Stromstärke von der Spannung und berechnen aus dem Verhältnis von Spannung und Stromstärke den Wechselstromwiderstand. Diese Messungen werden für 50-periodigen und 500-periodigen Wechselstrom durchgeführt. Steckt man in die Spule einen lamellierten Eisenkern, so erhöht sich der induktive Widerstand, da die Selbstinduktion infolge der Verstärkung des Kraftflusses durch das Eisen anwächst.

Aus den gemessenen Wechselstromwiderständen berechnen wir die Selbstinduktion zu

$$L = \frac{W_{induktiv}}{2\,\pi\,v}$$

und die Kapazität

$$C = \frac{1}{W_{kap}\,2\,\pi\,v}.$$

Die hier durchgeführten Versuche stellen Spezialfälle vor, bei denen der rein Ohmsche Widerstand des Stromkreises so gering ist, daß wir ihn neben den Wechselstromwiderständen vernachlässigen können. Im allgemeinen befinden sich aber in Wechselstromkreisen auch OHMsche Widerstände von gleicher Größenordnung. In einem stromdurchflossenen OHMschen Widerstand wird aber Energie verbraucht, und es muß infolgedessen jetzt eine von $\frac{\pi}{2}$ verschiedene Phasenverschiebung φ zwischen dem Strom und der Spannung vorhanden sein. Die Abb. 88 zeigt für eine Phasenverschiebung φ kleiner als $\frac{\pi}{2}$ das Überwiegen der im Stromkreis verbrauchten Energie über die zurückerstattete Energie. Die Leistung ist jetzt

$$\text{Leistung} = I_{eff} \cdot U_{eff} \cdot \cos\varphi. \quad (92)$$

$\left(\text{Für } \varphi = \frac{\pi}{2} \text{ wird die Leistung} = 0,\right.$

$\left.\text{da } \cos\frac{\pi}{2} = 0.\right)$

In einem Wechselstromkreis, in dem OHMscher Widerstand R und Wechselstromwiderstände hintereinander geschaltet sind, ist der Gesamtwiderstand Z nicht gleich der Summe der Einzelwiderstände. Vielmehr ist

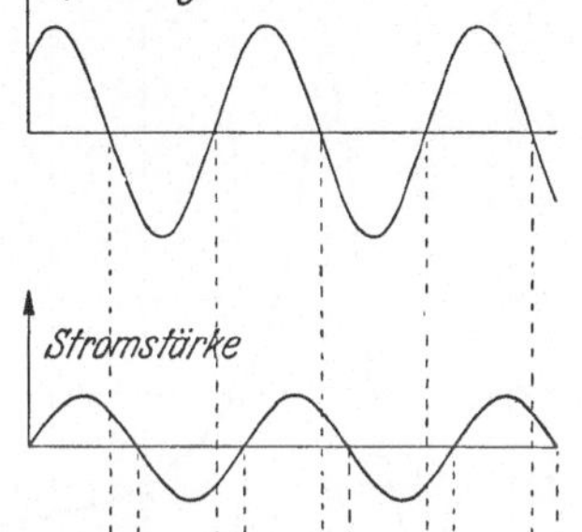

Abb. 88. Spannung, Strom und Leistung bei einer Phasenverschiebung $\varphi < \frac{\pi}{2}$.

$$Z = \sqrt{R^2 + \left(2\pi\nu L - \frac{1}{2\pi\nu C}\right)^2}. \quad (93)$$

Elektrische Schwingungen: Wenn man in einem Gleichstromkreis den Widerstand anwachsen läßt, so nimmt die Stromstärke ständig ab. Völlig anders kann sich ein Wechselstromkreis verhalten, in dem neben dem OHMschen Widerstand Selbstinduktion und Kapazität enthalten sind (Abb. 89). Der Gesamtwiderstand ist nach Gl. (93) am kleinsten, wenn

$$2\pi\nu L - \frac{1}{2\pi\nu C} = 0 \quad (94)$$

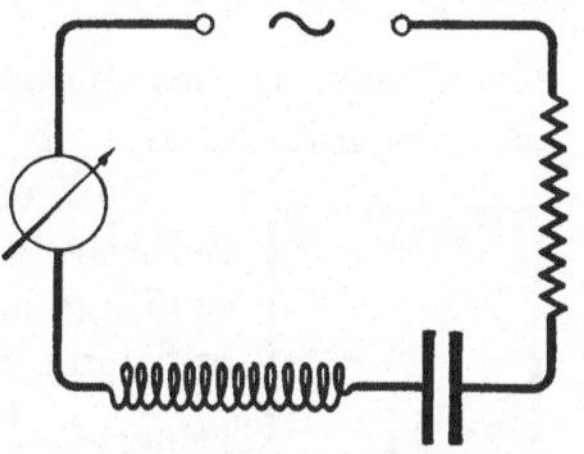

Abb. 89. Wechselstromkreis mit OHMschem Widerstand, Selbstinduktion und Kapazität.

ist, also induktiver Widerstand und kapazitiver Widerstand einander gleich sind. Wenn man also den kapazitiven Widerstand $\frac{1}{2\pi\nu C}$ von sehr großen Werten abnehmen läßt, indem man nacheinander immer größere Kapazitäten C einschaltet, dann nimmt hier zunächst erwartungsgemäß die Stromstärke zu, erreicht ein Maximum, und nun nimmt aber die Stromstärke mit abnehmendem kapazitiven Widerstand $\dfrac{1}{2\,\pi\,\nu\,C}$ ab (Abb. 90). Ordnen wir einem aus Kapazität und Selbstinduktion bestehenden Kreis eine elektrische Eigen-

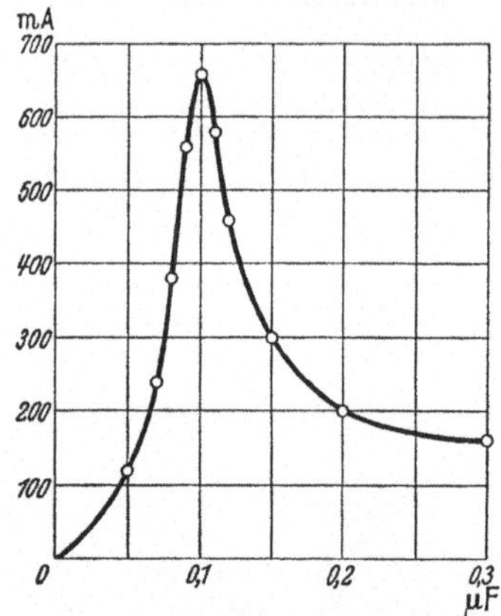

Abb. 90. Stromstärke in einem Wechsel-stromkreis nach Abb. 89 in Abhängigkeit von der Kapazität.

schwingung zu, so können wir die Abb. 90 als eine Resonanzkurve deuten, deren Maximum derjenigen Zusammenstellung des Stromkreises zuzuordnen ist, bei der die Eigenschwingung mit der Schwingung der Wechselstromquelle übereinstimmt. Diese Eigenfrequenz ist durch die Bedingung Gl. (94) gegeben, aus der

$$\nu = \frac{1}{2\,\pi} \cdot \frac{1}{\sqrt{LC}} \qquad (95)$$

oder die Schwingungsdauer

$$T = 2\,\pi\,\sqrt{LC} \qquad (96)$$

(*Thomsonsche Formel*)

folgt.

In unserem Beispiel (Selbstinduktion 1 Henry) liegt das Maximum bei einer Kapazität von $0{,}1\,\mu\mathrm{F} = 10^{-7}$ Farad. Hieraus folgt für die Frequenz

$$\nu = \frac{1}{2\,\pi} \cdot \frac{1}{\sqrt{1 \cdot 10^{-7}}}\,\mathrm{s}^{-1} = \frac{1}{2\,\pi\sqrt{10}} \cdot 10^{4}\,\mathrm{s}^{-1} = 500 \text{ pro s.}$$

Eigenfrequenz des Kreises und Wechselstromfrequenz stimmen also hier miteinander überein (Resonanz).

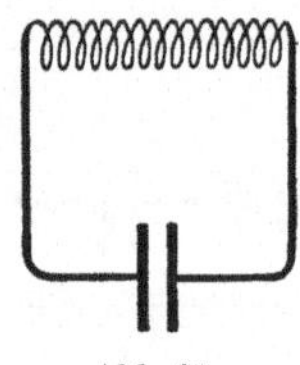

Abb. 91.
Schwingungskreis.

Daß ein Kreis, bestehend aus Kapazität und Selbstinduktion (Abb. 91), zu Eigenschwingungen befähigt ist, zeigt folgende Überlegung. Wenn ein auf eine Spannung U aufgeladener Kondensator (Energie $\dfrac{1}{2}\,C\,U^2$) (S. 66) durch eine Selbstinduktion entladen wird, so fließt in dieser ein Strom, und es entsteht in ihr ein Magnetfeld. Die zum Aufbau dieses Feldes aufzuwendende Energie stammt aus dem Kondensator. Nach völliger Entladung des Kondensators hat das Magnetfeld die volle Energie übernommen, also seinen größten

Wert erreicht $\left(\frac{1}{2}\,L\,I^2\right)$ (S. 75). Nun wird der Strom nicht mehr aus dem Kondensator gespeist, sondern seine Energie stammt aus der magnetischen Feldenergie der Selbstinduktion. Durch das abnehmende Feld wird an den Enden der Spule eine Spannung induziert, und der Strom fließt solange in unveränderter Richtung, bis das Feld in der Spule 0 geworden ist. Dieser Strom lädt den Kondensator mit entgegengesetzter Polung auf, und der Vorgang verläuft nun in entgegengesetzter Richtung. Strom und Spannung sind also in ihrer Phase um $\frac{\pi}{2}$ verschoben.

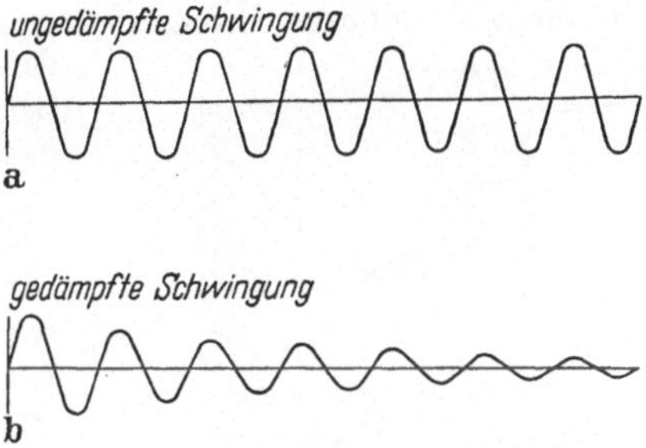

Dieses Spiel würde sich unendlich oft wiederholen, wenn nicht durch den unvermeidlichen Ohmschen Widerstand der Selbstinduktion Joulesche Wärme entwickelt würde und dadurch dem Kreis Energie entzogen wird. Es muß also nach jeder Periode die Spannung am Kondensator abnehmen. Wir haben eine *gedämpfte Schwingung* (Abb. 92b).

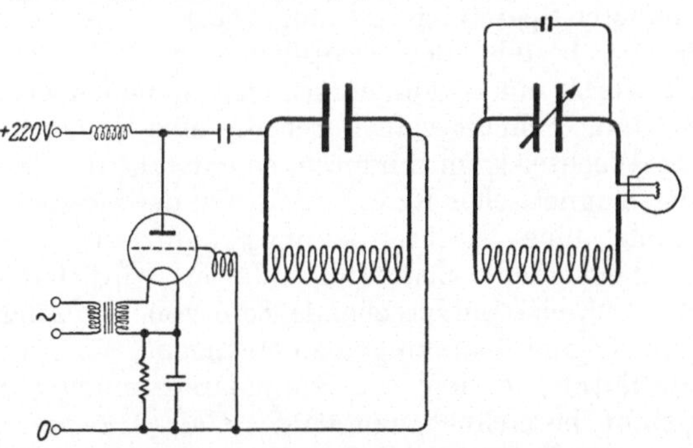

Abb. 92. Zeitlicher Verlauf von Spannung oder Stromstärke ubei ngedämpfter und gedämpfter Schwingung.

Abb. 93. Erzeugung ungedämpfter Schwingungen mit der Elektronenröhre und Übertragung auf einen angekoppelten Schwingungskreis.

Zur Erzeugung *ungedämpfter* Schwingungen (Abb. 92a) muß dafür gesorgt werden, daß die als Wärme verbrauchte Energie in jeder Periode dem Kreis nachgeliefert wird. Dazu dient eine Elektronenröhre, die man in geeigneter Weise an den Schwingungskreis anschaltet (Abb. 93). Sie führt der einen Kondensatorplatte gerade dann, wenn sie negativ ist, negative Ladungen (Elektronen) zu, so daß die Spannungsverluste ausgeglichen werden.

Wenn man neben einem solchen Schwingungskreis einen zweiten Kreis aufstellt, so werden durch die aus der Spule des ersten Kreises austretenden Kraftlinien in der Spule des zweiten Kreises Wechselspannungen induziert. Wenn nun die Eigenfrequenz des zweiten Kreises mit der Frequenz dieser Spannung, d. h. mit der Frequenz des ersten Kreises übereinstimmt, so tritt Resonanz auf,

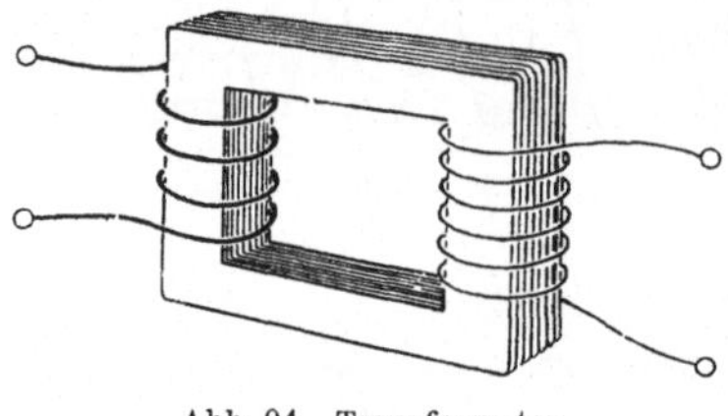

Abb. 94. Transformator.

d. h. im zweiten Kreis fließt ein beträchtlicher Strom, der ein eingeschaltetes Glühlämpchen zum Leuchten bringt. Als Kondensator des zweiten Kreises verwenden wir einen geeichten Drehkondensator, dessen Kapazität wir stetig verändern und deren Wert wir an einer Skala ablesen können. Wir benutzen den Kreis zur Messung der unbekannten Kapazität eines Kondensators, den wir dem Drehkondensator parallel schalten. Die Resonanz tritt dann bei einer Kapazität des Drehkondensators auf, welche um den Betrag der gesuchten Kapazität verkleinert ist.

Der Transformator: Der Hauptvorteil des Wechselstroms liegt in seiner Transformierbarkeit. Darunter versteht man die Möglichkeit, Wechselstrom von niederer Spannung umzuwandeln in solchen von höherer Spannung und umgekehrt.

Im Prinzip besteht der Transformator (Abb. 94) aus zwei Spulen, die durch einen rahmenförmigen, lamellierten Eisenkern verbunden sind. Schickt man durch die eine Spule, die Primärspule, einen Wechselstrom hindurch, so entsteht im Eisenkern ein wechselnder magnetischer Kraftfluß, der in der zweiten Spule, der Sekundärspule, eine Wechselspannung induziert. Da in jeder Windung dabei dieselbe Spannung induziert wird, hat man es in der Hand, durch eine entsprechende Zahl von Windungen höhere oder auch niedrigere Spannungen zu erzeugen.

Das Verhältnis, in dem die Sekundärspannung zur Primärspannung steht, bezeichnet man als das *Übersetzungsverhältnis* des Transformators. Es ist gleich dem Verhältnis der Sekundärwindungszahl zur Primärwindungszahl.

Solange die Klemmen der Sekundärspule nicht miteinander verbunden sind, fließt in ihr kein Strom. Man beobachtet nun, daß dann in der Primärspule nur ein minimaler Strom, der sogenannte *Leerlaufstrom* fließt. Die Stärke dieses Stromes entspricht der Selbstinduktion der Primärspule.

Verbindet man aber die Klemmen der Sekundärspule durch einen Stromverbraucher, z. B. durch eine Glühlampe, so würde der durch diese fließende Wechselstrom eine Änderung des magnetischen Kraftflusses bewirken, welche nach dem LENZschen Gesetz einer Schwächung des Kraftflusses entsprechen würde. Nach S. 83 muß jedoch die zeitliche Änderung des Kraftflusses stets die Netzspannung kompensieren. Es muß also im Primärkreis eine Zunahme des Stromes auftreten, dessen Beitrag zur Vermeh-

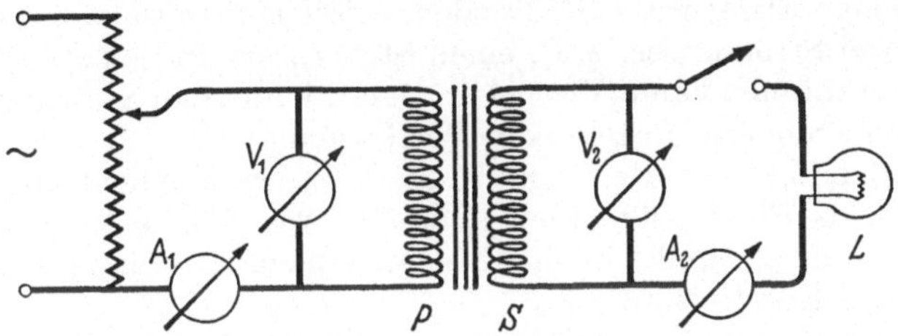

Abb. 95. Anordnung zur Messung des Wirkungsgrades eines Transformators.

rung des Kraftflusses gerade die Kraftflußschwächung durch den Strom im zweiten Kreise aufhebt. Mit dieser Stromerhöhung ist aber auch eine Abnahme der Phasenverschiebung verknüpft, so daß nunmehr auch der Wechselstromquelle Energie entzogen wird. Auf der Sekundärseite ist die verbrauchte Energie gleich $I_2 \cdot U_2 \cdot t$. Bei der vollen zulässigen Belastung des Transformators ist die Phasenverschiebung zwischen Primärstrom und Primärspannung praktisch 0 geworden, so daß die der Wechselstromquelle entzogene Energie zu $I_1 \cdot U_1 \cdot t$ berechnet werden darf ($\cos \varphi \approx 1$). Nach dem Energiesatz müßte

$$I_2 \cdot U_2 \cdot t = I_1 \cdot U_1 \cdot t$$

sein. Ein Versuch ergibt für den Quotienten $\dfrac{I_2 \cdot U_2}{I_1 \cdot U_1}$, den man als den *Wirkungsgrad* η bezeichnet, einen Wert, der etwas kleiner als 1 ist. Die verlorene Energie findet sich als Wärme wieder.

Mit einer Anordnung nach Abb. 95 kann man Leerlaufstrom, Übersetzungsverhältnis und Wirkungsgrad des Transformators messen. An dem Potentiometer links greift man nacheinander verschiedene Wechselspannungen für die Primärspule P ab. Diese Primärspannung zeigt das Voltmeter V_1 an, die entstehende Sekundärspannung das Voltmeter V_2. In $\dfrac{U_2}{U_1}$ hat man das Übersetzungsverhältnis. Solange die Lampe L noch nicht eingeschaltet ist, also sekundär kein Strom fließt, gibt das Amperemeter A_1 den fast unmeßbar kleinen Leerlaufstrom an.

Elektronik

Bei bestimmten zweipoligen Schaltelementen, z. B. Dioden, hängt der Widerstand in ausgeprägter Form von der Spannung oder Polung ab. Solche „nichtlinearen Schaltelemente" lassen sich zum Messen oder Gleichrichten verwenden. Aus ihnen sind mehrpolige Elemente, z. B. Trioden, entwickelt worden, mit denen man zwei Stromkreise, z. B. einen Steuerkreis und einen Arbeitskreis verknüpfen kann (Vierpole). Damit kann man Schwingungen erzeugen, Steuern, Regeln oder Verstärken.

Man bezeichnet die Technik, die all diese Möglichkeiten ausschöpft, als Elektronik. Sie spielt eine wesentliche Rolle in der Hochfrequenztechnik, in der Niederfrequenztechnik und in der Meß- und Regeltechnik.

Wir betrachten im folgenden die Diode und die Triode und ihre wichtigsten Anwendungen; den Gleichrichter und den Verstärker.

Die Röhrendiode: Abb. 96a zeigt den Aufbau, Abb. 96b die technische Ausführung. In einem evakuierten Glaskolben sitzen drei voneinander isolierte Elektroden: 1. ein Heizfaden aus Wolfram (F), 2. ein mit Bariumoxyd belegtes Metallröhrchen, die Kathode (K) im Wärmekontakt mit dem Heizfaden, 3. ein Metallzylinder, die Anode (A). Die Elektroden sind mit Kontaktstiften am Sockel der Röhre verbunden. Die Abb. 96c und 96d zeigen Schaltzeichen einer Diode mit einer Anode und einer Diode mit

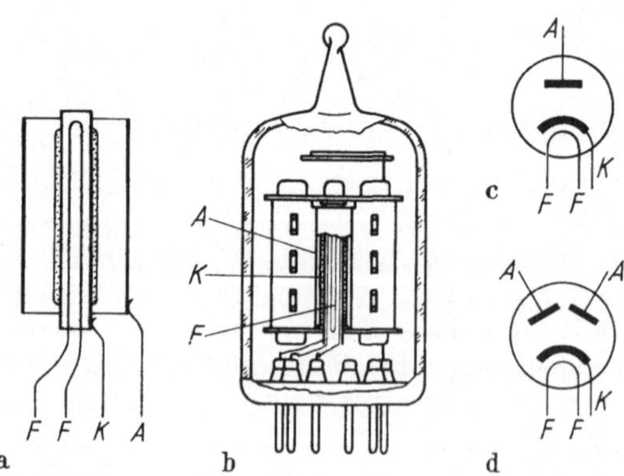

Abb. 96. Röhrendiode; a) Aufbau: F Heizfaden, K Kathode, A Anode, b) handelsübliche technische Ausführung, c) Schaltzeichen einer Röhrendiode, d) Schaltzeichen einer Röhrendiode mit zwei Anoden für Doppelweggleichrichtung.

zwei Anoden. Ein Strom durch den Heizfaden erhitzt die Kathode. Schon bei einer Temperatur von 900 °C gewinnen ihre Leitungselektronen so viel kinetische Energie, daß sie bei der niederen Austrittsarbeit des Bariumoxyds in ausreichender Zahl in das Vakuum austreten.

Legt man die Kathode an den negativen Pol einer Spannungsquelle, die Anode an den positiven Pol, so fliegen diese Elektronen von der Kathode zur Anode, d. h., sie stellen einen Stromdurchgang durch die Röhre her. Bei der entgegengesetzten Polung werden die Elektronen zur Kathode zurückgetrieben. Sie gelangen also nicht zur Anode; die Röhre sperrt.

Bei positiver Polung der Anode hängt die Stromstärke I_a in einer für die Röhre typischen Weise von der Spannung U_a ab. Die graphische Darstellung von I_a als Funktion von U_a bezeichnet man als Kennlinie einer Diode. Sie läßt sich experimentell mit Hilfe der Anordnung Abb. 97 aufnehmen. Über ein Potentiometer P entnimmt man der Batterie B verschiedene Spannungen, die mit dem Voltmeter U_a gemessen werden. Der Strom,

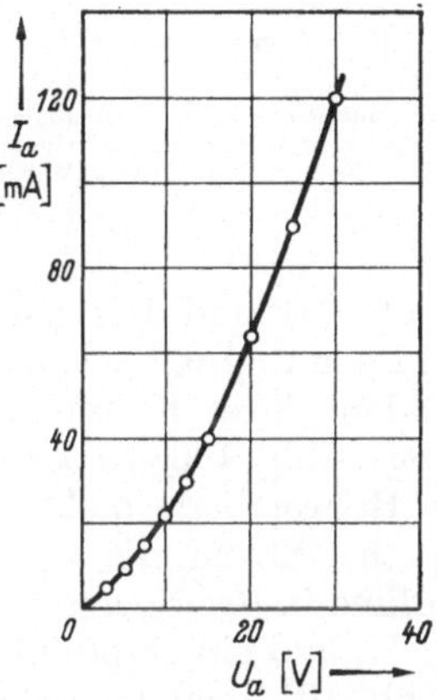

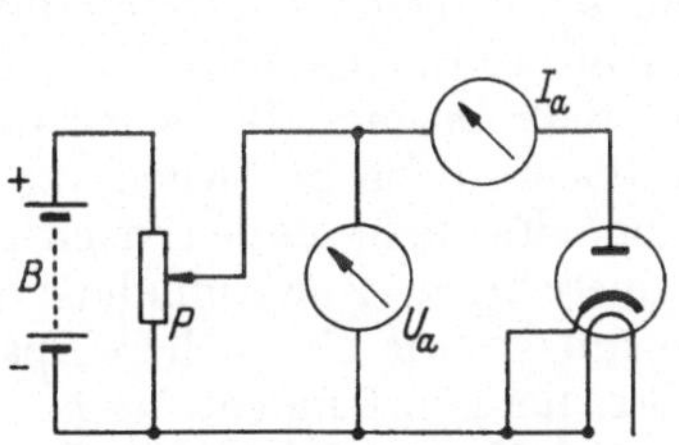

Abb. 97. Anordnung zur Aufnahme der Kennlinie einer Röhrendiode; B Batterie, P Potentiometer, U_a Voltmeter, T_a Milliamperemeter.

Abb. 98. Kennlinie einer Röhrendiode.

der bei konstanter Heizspannung bei verschiedenen Werten für U_a auftritt, wird mit dem Milliamperemeter I_a gemessen. Er ist in Form einer Kennlinie in Abb. 98 dargestellt.

Die Halbleiterdiode: Halbleiterdioden enthalten Silizium- oder Germaniumkristalle. Bei der Spitzendiode (Abb. 99a) ist eine Kontaktspitze auf den Kristall aufgesetzt. Bei der Flächendiode (Abb. 99b) sind zwei Kristalle, z. B. Germaniumkristalle, zusammengesetzt, von denen der eine einen Überschuß an Elektronen enthält (n-Germanium), der andere einen Mangel an Elektronen

(p-Germanium). Beides erreicht man durch Beimischung einer winzigen Spur bestimmter Fremdatome.

Zwischen der Kontaktspitze und dem Kristall und zwischen n- und p-Kristallen bildet sich eine Sperrschicht aus, derart, daß, wenn der positive Pol einer Stromquelle an die Kontaktspitze oder an den p-Kristall gelegt wird, ein starker Strom fließt (Durchlaßrichtung), bei der entgegengesetzten Polung nur ein sehr schwacher Strom (Sperrichtung).

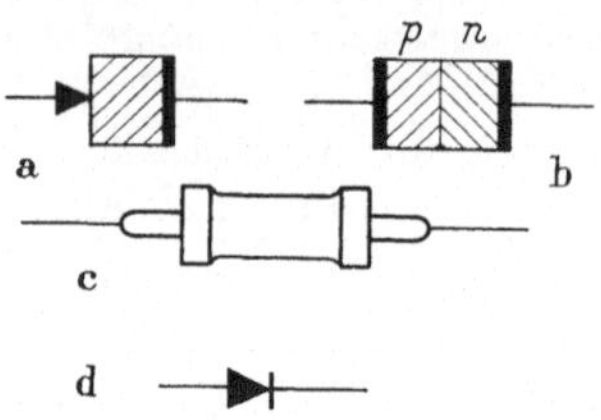
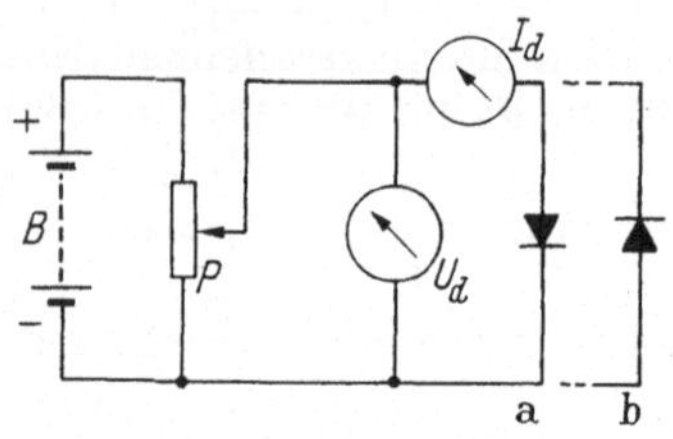

Abb. 99. Halbleiterdiode; a) Aufbau einer Spitzendiode, b) Aufbau einer Flächendiode, c) techn. Ausführung, d) Schaltzeichen.

Abb. 100. Anordnung zur Aufnahme der Kennlinien einer Halbleiterdiode; a) in Durchlaßrichtung, B Batterie, P Potentiometer, I_d Milliamperemeter, U_d Voltmeter, b) in Sperrichtung.

Abb. 99 c und d zeigen die technische Ausführung einer Halbleiterdiode und ihr Schaltzeichen, Abb. 100 a eine Anordnung zur Aufnahme ihrer Kennlinie in Durchlaßrichtung. Bei einer Umpolung (Abb. 100 b) sperrt die Halbleiterdiode im Gegensatz zu einer Röhrendiode nicht vollständig. Es fließt immer noch ein schwacher Strom, der sogenannte Sperrstrom. Zur Aufnahme der Kennlinie in der Sperrschaltung benutzen wir eine höhere Spannung U_d und ein empfindlicheres Strommeßinstrument für I_d.

Abb. 101 zeigt typische Kennlinien für die Durchlaßrichtung und für die Sperrichtung. Man sieht, daß oberhalb 50 Volt der Sperrstrom stark ansteigt.

Anwendung einer Diode zur Gleichrichtung von Wechselspannung: Auf Grund ihrer einseitigen Sperrwirkung können Dioden zur Gleichrichtung von Wechselströmen benutzt werden. Wie Abb. 79 zeigt, ändert sich bei Wechselspannung die Polung nach jeder halben Periode. Das bedeutet, daß eine Diode jeweils nur eine halbe Periode durchläßt, die andere halbe Periode aber sperrt. Eine Wechselspannung (Abb. 102 a) wird also in einem Stromkreis, in den eine Diode eingeschaltet ist, einen pulsierenden Gleichstrom (Abb. 102 b) erzeugen. Lädt man mit diesem pulsierenden Gleichstrom Kondensatoren hoher Kapazität auf und sorgt man dafür, daß sie nur über relativ hohe Widerstände entladen werden, so wird der pulsierende Gleichstrom geglättet, d. h. seine Welligkeit so weit herabgesetzt, daß sie den Verbraucher nicht mehr stört (Abb. 102c).

Eine typische Gleichrichterschaltung dieser Art zeigt Abb. 103. Ein Transformator, der über eine Sicherung Si an das Wechsel-

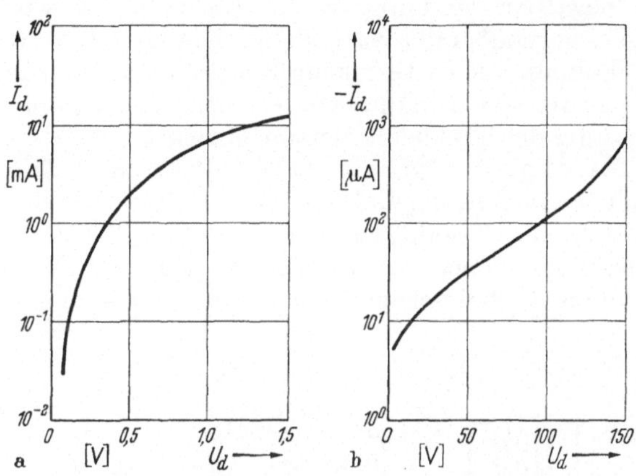

Abb. 101. Kennlinien der Halbleiterdiode; a) in Durchlaßrichtung, b) in Sperrichtung.

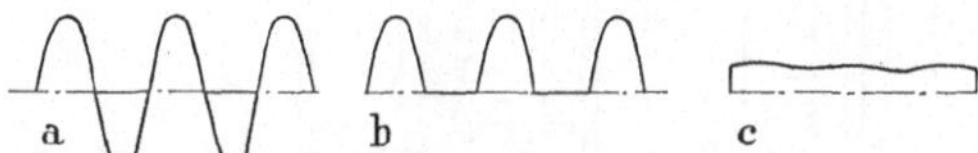

Abb. 102. Gleichrichtung einer Wechselspannung durch eine Diode; a) Wechselspannung, b) pulsierender Gleichstrom, c) geglätteter Gleichstrom.

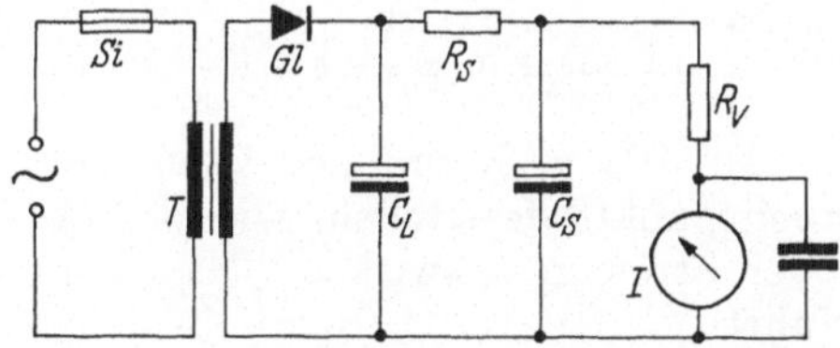

Abb. 103. Anwendung einer Halbleiterdiode zur Gleichrichtung einer Wechselspannung.

stromnetz angeschlossen ist, transformiert die Netzspannung auf $6{,}3\ \mathrm{V}_{eff}$ herab. Sie wird mit der Diode Gl gleichgerichtet und mit den beiden Kondensatoren C_L, C_S und dem Siebwiderstand R_S geglättet. Als Verbraucher ist ein Widerstand R_V angeschaltet. Mit dem Drehspulinstrument I wird der geglättete Gleichstrom nachgewiesen und gemessen.

Die Triode: Wenn man zwischen Kathode und Anode einer Röhrendiode eine dritte, gitterförmige Elektrode anordnet, so kann man mit dem Potential dieses „Gitters" das Feld an der Kathode beeinflussen und damit den Anodenstrom steuern. Der aus der Kathode austretende Elektronenstrom wird um so stärker abgebremst, je negativer das Potential des Gitters ist. Er wird zunehmen, wenn es gegenüber der Kathode weniger negativ wird. Da bei negativer Polung des Gitters kein Elektronenstrom zum Gitter fließt, erfolgt die Steuerung praktisch leistungslos. Darauf beruht die Anwendung der Triode als Verstärkerröhre.

Abb. 104 zeigt den prinzipiellen Aufbau einer Triode, eine handelsübliche Ausführung und das Schaltzeichen. Die elektrischen Eigenschaften einer Triode lassen sich aus einer Schar von Kennlinien ablesen, in denen der Anodenstrom I_a als Funktion der Gitterspannung U_g bei verschiedenen Anodenspannungen U_a auf-

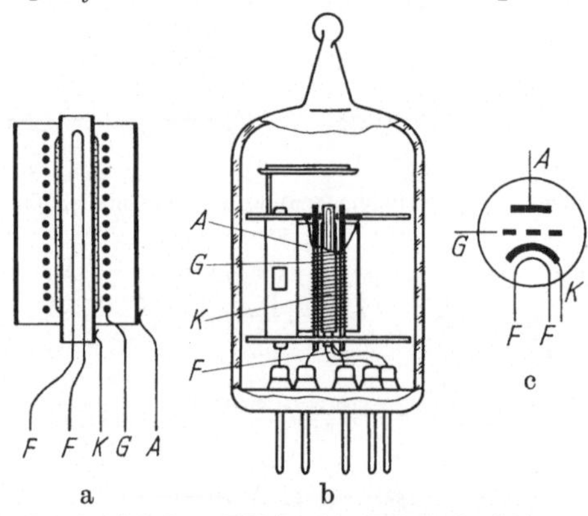

Abb. 104. Triode; a) Aufbau: F Heizfaden, K Kathode, G Gitter, A Anode, b) handelsübliche Ausführung, c) Schaltzeichen.

genommen ist. Aus diesen Kennlinien kann man für einen bestimmten „Arbeitspunkt" feststellen, wie sich Änderungen von Spannungen oder Strömen auswirken. Man hat dazu folgende Begriffe eingeführt:

Die **Steilheit** $S = \dfrac{\partial I_a}{\partial U_g}$ $(U_a = \text{const})$.   (97)

Sie gibt an, wie sich eine Änderung ∂U_g der Gitterspannung als eine Änderung ∂I_a des Anodenstroms auswirkt.

Der **Durchgriff** $D = \dfrac{\partial U_g}{\partial U_a}$ $(I_a = \text{const})$.   (98)

Er gibt an, wie eine Änderung ∂U_a der Anodenspannung die Steuerwirkung beeinflußt, sich also so auswirkt, als ob die Gitterspannung um den Wert ∂U_g geändert würde. Dieser Einfluß rührt daher, daß das Feld der Anode zu einem Teil durch das Gitter „hindurchgreift".

Der **Innere Widerstand** $\qquad R_i = \dfrac{\partial U_a}{\partial I_a} \qquad (U_g = \text{const}).$ (99)

Bei konstanter Gitterspannung benimmt sich die Triode bei einer kleinen Stromänderung ∂I_a wie ein OHMscher Widerstand R_i, indem sie eine diesem Widerstand entsprechende Spannungsänderung ∂U_a bewirkt.

Aus den Gl. (97), (98) und (99) ergibt sich die BARKHAUSENsche Röhrenformel:

$$S \cdot D \cdot R_i = 1 \,. \tag{100}$$

Wir begnügen uns mit der Aufnahme einer Kennlinie, die bei konstanter Anodenspannung U_a den Anodenstrom I_a als Funktion der Gitterspannung U_g wiedergibt, aus der sich also die Steilheit S entnehmen läßt. Abb. 105 zeigt die Anordnung. Sie enthält links eine Batterie und ein Potentiometer, an dem sich verschiedene Gitterspannungen abgreifen lassen, die mit dem Voltmeter U_g gemessen werden. Rechts steht die Anodenbatterie, der sich mit Hilfe eines zweiten Potentiometers eine bestimmte Anodenspannung entnehmen läßt. Sie wird vom Voltmeter U_a angezeigt. Das Amperemeter I_a mißt den Anodenstrom.

Eine so gemessene Kennlinie ist in Abb. 106 aufgezeichnet. Sie erstreckt sich nur über den Bereich der negativen Gitterspannung.

Der Transistor: Der Transistor kann aufgefaßt werden als eine Gegeneinanderschaltung zweier Halbleiterdioden (Abb. 107a), von denen die eine im Durchlaßbereich arbeitet, die andere im Sperrbereich. Man nennt die Eingangselektrode den Emitter E, die Ausgangselektrode den Kollektor C und die den beiden Dioden gemeinsame Elektrode die Basis B. Entsprechend

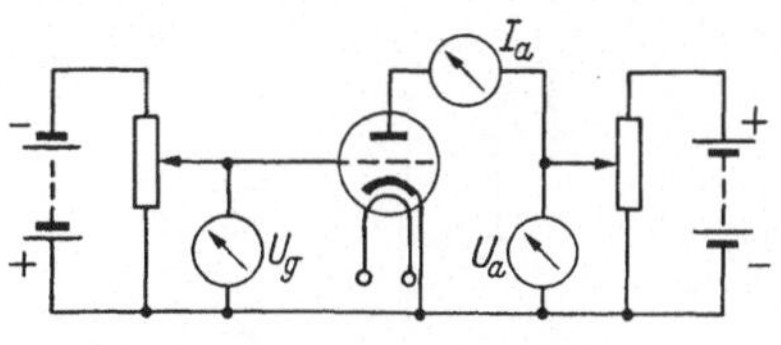

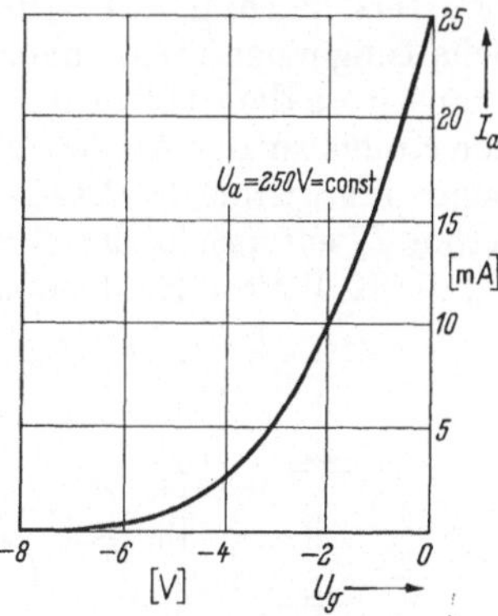

Abb. 105. Anordnung zur Aufnahme der Trioden-Kennlinie.

Abb. 106. Anodenstrom-Gitterspannung. Kennlinie einer Triode.

dem Aufbau einer Flächendiode (Abb. 99b) erhält man einen Flächentransistor, wenn man an einen p-Kristall einen n-Kristall ansetzt und an diesen einen p-Kristall (Abb. 107b). Abb. 107c und d zeigen die technische Ausführung eines solchen Transistors, Abb. 107e das Schaltzeichen.

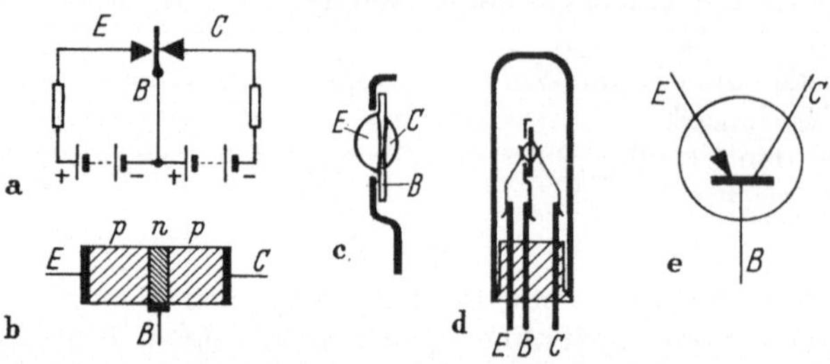

Abb. 107. Der Transistor; a) Prinzip: E Emitter, B Basis, C Kollektor, b) Aufbau, c) techn. Ausführung: E und C Indiumpillen, die auf das Plättchen B aus n-Germanium auflegiert werden. Zwischen Indium und n-Germanium bilden sich p-Germanium-Zonen, d) in Glas eingebaut, e) Schaltzeichen.

Der Transistor läßt sich ähnlich wie die Triode zur Verstärkung elektr. Signale ausnutzen. Dazu schaltet man ihn ähnlich wie die Triode in zwei Stromkreise ein. Je nachdem dabei die Basis, der Emitter oder der Kollektor beiden Stromkreisen angehört, spricht man von Basis-, Emitter- oder Kollektorschaltung.

Ähnlich wie für die Triode stellt man auch für den Transistor Kennlinien auf, und zwar sind zu seiner Kennzeichnung zwei Kennlinienfelder erforderlich.

Wir beschränken uns auf die Aufnahme einer Kennlinie in der Emitterschaltung Abb. 108. Sie hat große Ähnlichkeit mit der Schaltung einer Triode nach Abb. 105. Es entspricht die Basis des Transistors dem Gitter der Triode, der Emitter der Kathode und der Kollektor der Anode. Statt der Gitterspannung U_g haben wir beim Transistor die Basis-Emitterspannung U_{EB}, dem Anodenstrom I_a entspricht der Kollektorstrom I_C, der Anodenspannung U_a die Kollektor-Emitterspannung U_{CE}.

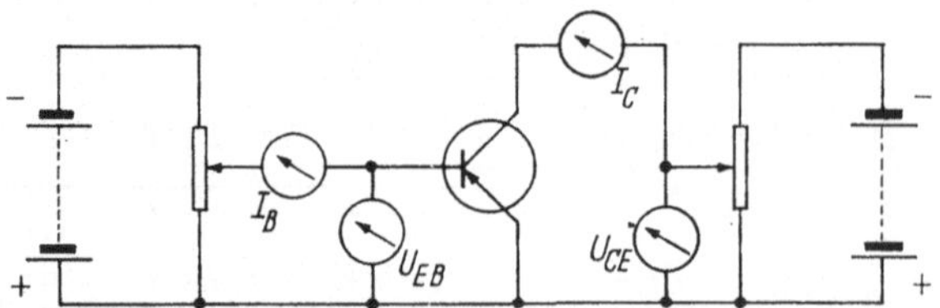

Abb. 108. Anordnung zur Aufnahme einer Transistor-Kennlinie $I_C = f(I_B)$.

Man beachte jedoch die wesentlichen Unterschiede gegenüber der Röhre. Die Steuerung erfolgt beim Transistor mit einem Strom, bei der Triode mit einer Spannung. Sie erfolgt also nicht leistungslos. Es fließt ein kleiner Basisstrom I_B. Zu seiner Messung ist in der Anordnung Abb. 108 ein Mikroamperemeter I_B eingeschaltet. Die Kollektorspannung ist im Gegensatz zur Anodenspannung negativ und beträgt nur wenige Volt.

Die physikalischen Vorgänge lassen sich in unserem Falle etwa wie folgt beschreiben: Eine schwache Änderung des Basisstromes bewirkt eine Änderung des Emitterstromes (d. h. eines Stromes von positiven Ladungsträgern, den sogenannten Defektelektronen) im gleichen Verhältnis. Sie gelangen zum größten Teil durch die Basis hindurch zum Kollektor und bewirken so eine Änderung des Emitter-Kollektorstromes in demselben Verhältnis. Da der Emitter-Kollektorstrom sehr viel stärker ist als der Basisstrom, kommt eine Stromverstärkung zustande.

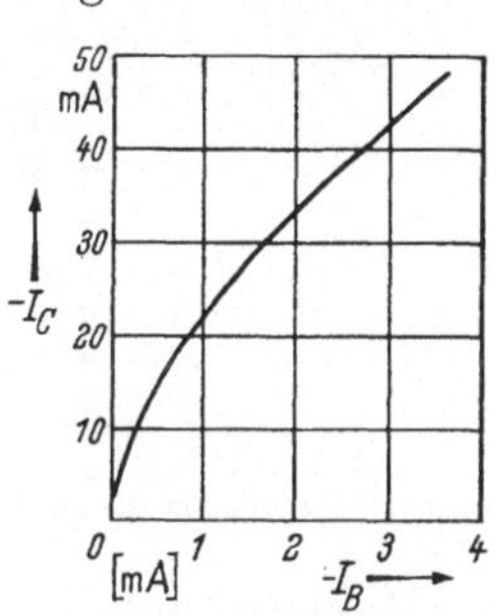

Abb. 109. Transistor-Kennlinie $I_C = f(I_B)$.

Wir messen mit der Anordnung Abb. 108 den Kollektorstrom I_C als Funktion des Basisstroms I_B. Das Ergebnis einer solchen Meßreihe ist in Abb. 109 dargestellt.

Anwendung einer Triode zur Verstärkung einer Wechselspannung: Entsprechend der Kennlinie einer Triode (Abb. 106) bewirkt eine Wechselspannung mit der Scheitelspannung ΔU_g, die wir der Gitterspannung u_g im Arbeitspunkt überlagern, einen Anodenwechselstrom mit der Scheitelstromstärke ΔI_a, der sich dem Anodenstrom i_a überlagert (Abb. 110).

Wird nun die Anode der Röhre, wie das Abb. 111 zeigt, über einen Widerstand R_a mit dem Pluspol der Anodenbatterie verbunden, so daß der Anodenwechselstrom auch durch diesen Widerstand fließt, so entsteht nach dem Oʜᴍschen Gesetz an diesem Widerstand und damit

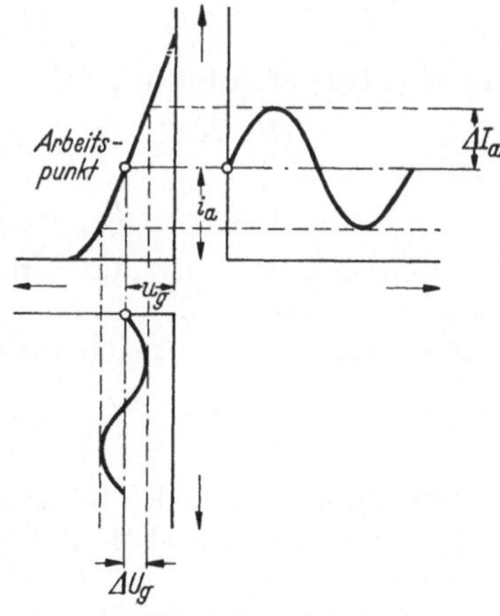

Abb. 110. Die Entstehung eines Anodenwechselstroms aus einer Gitterwechselspannung.

7*

natürlich auch an der Anode eine Spannungsänderung

$$\Delta U_a = R_a \cdot \Delta I_a \, . \tag{101}$$

Die Änderung des Anodenstroms ΔI_a können wir mit Hilfe der Steilheit S nach Gl. (97) aus der Änderung ΔU_g der Gitterspannung berechnen. Dabei müssen wir aber berücksichtigen, daß sich die nach Gl. (101) erzeugte Änderung ΔU_a der Anodenspannung in einem bestimmten Grade, der durch den Durchgriff D nach Gl. (98)

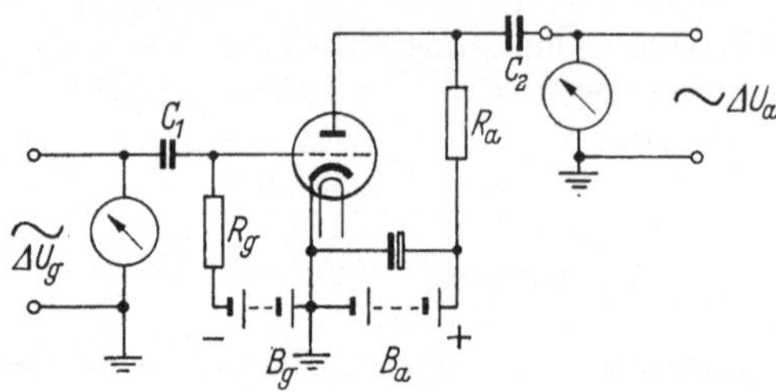

Abb. 111. Anordnung zur Messung der Verstärkung einer Wechselspannung mit einer Triode

bestimmt ist, auf die effektive Gitterspannung auswirkt. Nimmt nämlich die Gitterspannung zu, d. h. wird das Gitter weniger negativ, dann nimmt zwar der Anodenstrom zu, dadurch fällt aber die Anodenspannung, und diese Spannungsverminderung reduziert die Zunahme des Anodenstroms gerade so, als ob die Gitterspannung um den Betrag $D \, \Delta U_a$ erniedrigt worden wäre. Es ergibt sich also für die Anodenstromänderung:

$$\Delta I_a = S \left(\Delta U_g - D \cdot \Delta U_a \right) . \tag{102}$$

Mit Gl. (101) erhalten wir für

$$\Delta U_a = R_a \cdot S \cdot \Delta U_g - R_a \cdot S \cdot D \cdot \Delta U_a$$

oder

$$\Delta U_a \left(1 + R_a \cdot S \cdot D \right) = \Delta U_g \cdot R_a \cdot S \, . \tag{103}$$

Die Verstärkung V ist nun definiert als das Verhältnis der Spannungsänderung an der Anode ΔU_a zur Spannungsänderung am Gitter ΔU_g. Sie ergibt sich aus Gl. (103) zu:

$$V = \frac{\Delta U_a}{\Delta U_g} = S \, \frac{R_a}{1 + R_a \cdot S \cdot D} \, . \tag{104}$$

Wir setzen nun nach der Röhrenformel Gl. (100) $S \cdot D = 1/R_i$ und multiplizieren in Gl. (104) Zähler und Nenner mit R_i. Es ergibt sich

$$V = S \, \frac{R_i \cdot R_a}{R_i + R_a} \, . \tag{105}$$

Bei einer Verstärkeranordnung (Abb. 111) ist nun dafür zu sorgen, daß die Röhre in einem geeigneten Arbeitspunkt betrieben wird. Dazu wird mit Hilfe einer Gitterbatterie B_g über einen Gitterableitwiderstand R_g eine Gitterspannung U_g an der Röhre eingestellt. Die Anodenbatterie B_a hält bei dieser Gitterspannung über den Anodenwiderstand die Anode auf dem Potential U_a. Beide Spannungen sind Gleichspannungen und lassen sich durch die Kopplungskondensatoren C_1 und C_2 von den äußeren Stromkreisen trennen. Für die Eingangswechselspannung (Scheitelwert ΔU_g) und die Ausgangswechselspannung (Scheitelwert ΔU_a) stellen diese Kondensatoren vernachlässigbar kleine Widerstände dar. Andererseits folgt das Gitter praktisch formgetreu der Eingangswechselspannung, da über den hohen Gitterableitwiderstand R_g nur wenig Ladung zur Gitterbatterie abgeleitet wird. Man bezeichnet dieses Aufbaus wegen einen Verstärker dieses Typs als Verstärker mit Widerstands-Kapazitäts-Kopplung.

Man bestimmt V in der Anordnung Abb. 111, indem man die Wechselspannungen am Ausgang und am Eingang mißt und das Verhältnis $\dfrac{\Delta U_a}{\Delta U_g}$ bildet.

Beispiel: Aus dem Kennlinienfeld der Röhre ECC 81 ergibt sich für den Arbeitspunkt:

$$U_a = 250\ \text{V}\ , \quad I_a = 10\ \text{mA}\ , \quad U_g = -\ 2\ \text{V}\ .$$

Die Steilheit ist (nach Abb. 106) $S = 5{,}0\ \text{mA/V}$, der innere Widerstand $R_i = 12\ \text{k}\Omega$. Für maximale Leistungsverstärkung ergibt sich $R_a = R_i$. Der Gitterableitwiderstand wird etwa 10mal so hoch gewählt. Für die Verstärkung ergibt sich

$$V = 5{,}0 \cdot 10^{-3}\ \frac{12 \cdot 10^3 \cdot 12 \cdot 10^3}{24 \cdot 10^3} = 30\ .$$

IX. Geometrische Optik

Das Brechungsgesetz: In einem homogenen Medium breitet sich das von einer Lichtquelle ausgehende Licht geradlinig aus. Wir beschreiben die Ausbreitung des Lichtes durch Lichtstrahlen. Ein Lichtstrahl, der auf einen Spiegel auftrifft, wird an diesem Spiegel so reflektiert, daß der Reflexionswinkel α gleich dem Einfallswinkel ist. Einfallender Strahl, Einfallslot und reflektierter Strahl liegen in einer Ebene (Abb. 112).

Tritt der Lichtstrahl aus dem Vakuum in ein lichtdurchlässiges Medium, so erleidet er an der Grenzfläche eine Brechung, so daß

der gebrochene Strahl in der Ebene des einfallenden Strahls und
des Einfallslotes liegt (Abb. 113). Es ist für jeden Einfallswinkel

$$\frac{\sin \alpha}{\sin \beta} = n \quad (\textit{Snelliussches Brechungsgesetz}). \tag{106}$$

n bezeichnet man als den *Brechungsindex* des Mediums. Er gibt
das Verhältnis der Ausbreitungsgeschwindigkeit des Lichtes im
Vakuum und in dem betreffenden Medium an.

$$n = \frac{c_{\text{Vakuum}}}{c_{\text{Medium}}} \ . \tag{107}$$

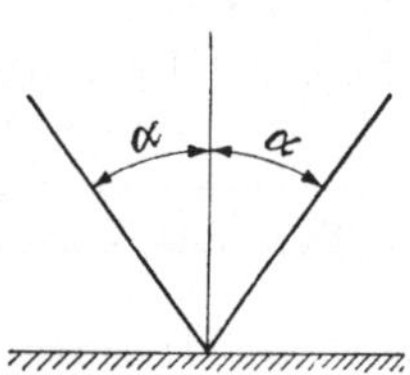

Abb. 112. Reflexionsgesetz.

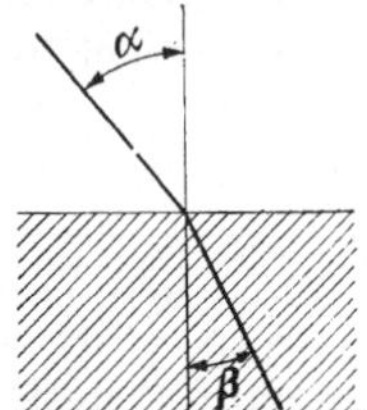

Abb. 113. Brechungsgesetz.

Er ist eine Materialkonstante und beträgt z. B. für Glas 1,5, für
Wasser 1,33, für Luft 1,00027. Wir bezeichnen dementsprechend
Glas als das optisch dichtere Medium gegenüber Wasser, und um-
gekehrt dieses als das optisch dünnere. Der Brechungsindex eines
Mediums ist für verschiedene Farben verschieden groß (*Dispersion*).
Für den Durchtritt eines Strahls durch die Grenzfläche zweier Me-
dien vom Brechungsindex n_a und n_b lautet das Brechungsgesetz

$$\frac{\sin \alpha}{\sin \beta} = \frac{n_b}{n_a} \ . \tag{108}$$

Wenn man die von einem leuchtenden Punkt ausgehenden
Strahlen durch spiegelnde oder brechende Flächen wieder so vereinigt, daß sie sich alle in einem Punkt schneiden, so bezeichnet
man diesen Punkt als sein *Bild* (*reelles Bild*). In erweitertem Sinne
spricht man auch dann von einem Bild, wenn die Strahlen nach
der Reflexion oder Brechung sich nicht schneiden, sondern einen

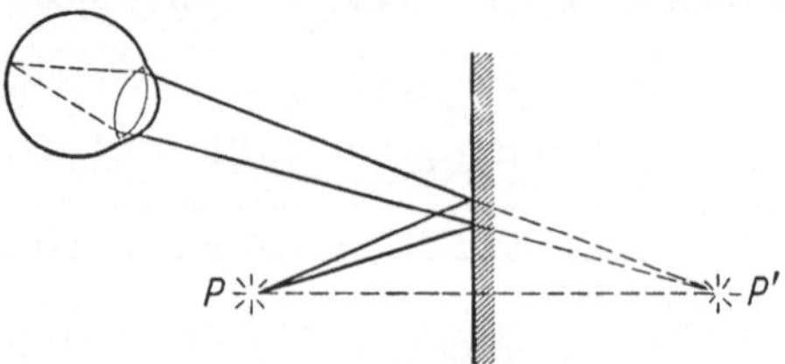

Abb. 114. Virtuelles Bild beim ebenen Spiegel.

Schnittpunkt (*virtuelles Bild*) nur in ihrer rückwärtigen Verlängerung aufweisen. Z. B. können die von einem leuchtenden Punkt ausgehenden Strahlen durch eine Linse zu einem reellen Bildpunkt vereinigt werden (s. Abb. 120), während ein Planspiegel dem Auge ein virtuelles Bild bietet (Abb. 114). Die in das Auge tretenden Strahlen scheinen vom Punkt P' zu kommen, welcher der Schnittpunkt der am Spiegel reflektierten, rückwärtig verlängerten Strahlen ist.

Linsen

Linsen sind durchsichtige Körper, welche von Kugelflächen oder Ebenen begrenzt sind. Man unterscheidet 6 Linsenformen. Abb. 115 zeigt sie im Schnitt. Sie lassen sich geometrisch in kon-

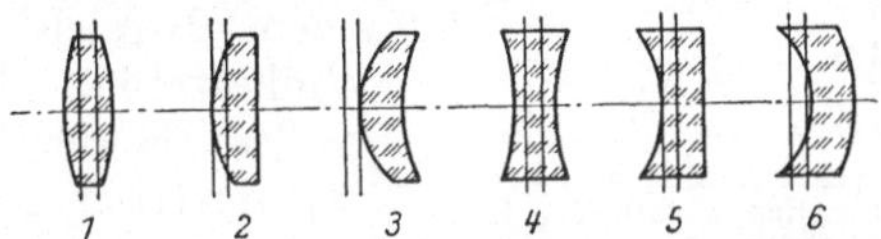

Abb. 115. Linsenformen und Lage der Hauptebenen.

1. bikonvex	3. konkavkonvex	5. plankonkav
2. plankonvex	4. bikonkav	6. konvexkonkav

zentrische Ringe zerlegen, und jeder dieser Ringe läßt sich durch radiale Schnitte in prismenähnliche Stücke aufteilen. In der Nähe der Linsenachse läßt sich die Ablenkung der Lichtstrahlen durch die Linse aus der Brechung des Lichtes an diesen Teilprismen ermitteln. Es ergeben sich daraus praktische Abbildungsformeln.

Bei der Berechnung der Ablenkung des Lichtes durch diese Teilprismen kann man sich auf kleine Winkel beschränken. Für kleine Winkel kann man im Brechungsgesetz Gl. (106) den Sinus durch den Bogen ersetzen. Es lautet dann:

$$\frac{\alpha}{\beta} = n \, . \tag{109}$$

Ablenkung eines Lichtstrahls durch ein Prisma: Beim Durchgang durch ein Prisma (Abb. 116) mit dem brechenden Winkel γ wird ein Lichtstrahl zweimal gebrochen und dabei insgesamt um den Winkel δ abgelenkt. Bei symmetrischem Durchgang ist δ Außenwinkel in einem gleichschenkligen Dreieck mit den Basiswinkeln $(\alpha - \beta)$. Es gilt also:

$$\delta = 2 \, (\alpha - \beta) \tag{110}$$

und nach Gl. (109)

$$\delta = 2 \, (n \, \beta - \beta) \, . \tag{111}$$

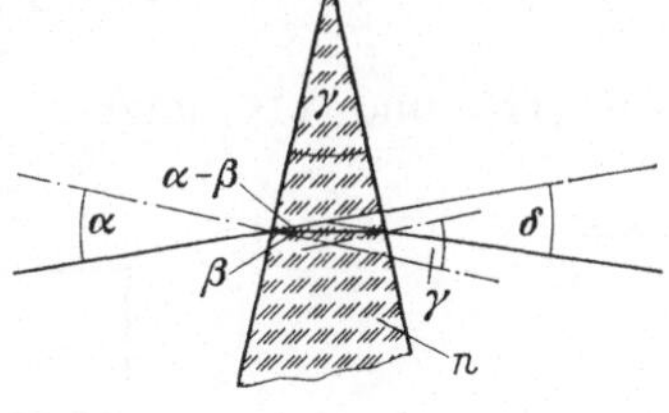

Abb. 116. Ablenkung δ eines Lichtstrahls durch ein Prisma mit dem brechenden Winkel γ und dem Brechungsindex n.

Einfallslot und Austrittslot bilden den Winkel γ miteinander. γ ist Außenwinkel im Dreieck mit den Basiswinkeln β. Es gilt also:

$$\gamma = 2\,\beta\,. \tag{112}$$

Für die Ablenkung des Lichtstrahls ergibt sich aus Gl. (111) und (112)

$$\boxed{\delta = (n-1)\,\gamma}\,. \tag{113}$$

Aus Symmetriegründen folgt, daß diese Ablenkung, als Funktion von α betrachtet, ein Minimum (oder ein Maximum) ist. Das bedeutet, daß die Ablenkung δ für diejenigen Einfallswinkel α praktisch gleich bleibt, die in einem Bereich von einigen Winkelgraden kleiner oder größer als der Winkel α für symmetrischen Durchgang sind.

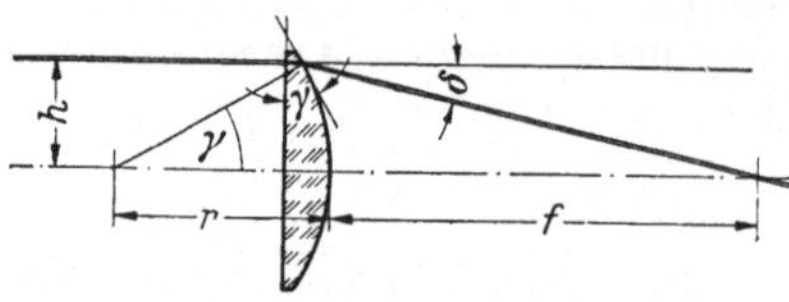

Abb. 117. Ablenkung eines parallel zur optischen Achse einer Plankonvexlinse einfallenden Lichtstrahls.

Ablenkung eines Lichtstrahls durch eine Plankonvexlinse: Die Ablenkung eines Lichtstrahls durch eine Plankonvexlinse zeigt Abb. 117. Er soll parallel und im Abstand h von der Achse auf die plane Linsenfläche auftreffen. In diesem Achsenabstand trifft er auf ein prismenähnliches Glasstück mit dem brechenden Winkel γ. Ist r der Krümmungsradius der gewölbten Linsenfläche, dann ist für kleine Winkel:

$$\gamma = \frac{h}{r}\,. \tag{114}$$

Nach Gl. (113) wird also der Lichtstrahl um den Winkel

$$\delta = (n-1)\,\frac{h}{r} \tag{115}$$

abgelenkt. Trifft er in der Entfernung f auf die Achse auf, so gilt ferner näherungsweise

$$\delta = \frac{h}{f}\,. \tag{116}$$

Aus (115) und (116) folgt

$$\frac{h}{f} = (n-1)\,\frac{h}{r}$$

oder

$$\boxed{\frac{1}{f} = (n-1)\,\frac{1}{r}}\,. \tag{117}$$

Fokussierung durch eine Plankonvexlinse: Unabhängig vom Achsenabstand h treffen also alle Lichtstrahlen, die parallel zur

Linsenachse auf die Linse auftreffen, nach der Ablenkung durch die Linse im Abstand f von der Linse die Achse. Eine solche Linse bezeichnet man als Sammellinse. Man bezeichnet diese Erscheinung als *Fokussierung*, man nennt den Treffpunkt auf der Achse *Fokus* oder *Brennpunkt*, und man bezeichnet seinen Abstand f von der Linse als *Brennweite*. Da alle Lichtstrahlen, die von einem unendlich weit entfernten Achsenpunkt ausgehend die Linse treffen, im Brennpunkt zusammengeführt werden, sagt man, der unendlich weit entfernte Achsenpunkt werde im Brennpunkt F abgebildet (Abb. 118).

Abb. 118. Fokussierung eines parallel zur optischen Achse einer Plankonvexlinse einfallenden Strahlenbündels und Definition des Brennpunktes.

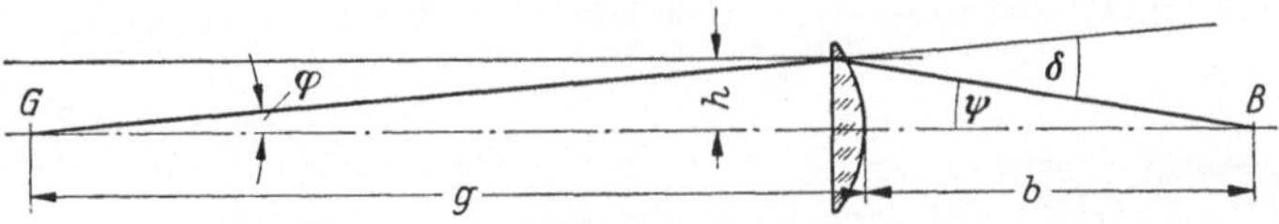

Abb. 119. Ablenkung eines von einem Achsenpunkt G ausgehenden Lichtstrahls durch eine Plankonvexlinse.

Abbildung von Achsenpunkten durch eine Plankonvexlinse: Achsenpunkte G, die in einem endlichen Abstand g von der Linse liegen (Abb. 119) werden ebenfalls abgebildet. Da nämlich die Ablenkung δ, wie bei Gl. (113) gezeigt, unabhängig vom Einfallswinkel ist, werden alle Strahlen, die im Abstand h von der Achse die Linse treffen, um den Winkel

$$\delta = \frac{h}{f}$$

abgelenkt. Nun ist aber, wie Abb. 119 zeigt, in diesem Fall δ Außenwinkel in einem Dreieck mit den Basiswinkeln $\varphi = \dfrac{h}{g}$ und $\psi = \dfrac{h}{b}$, wenn b den Abstand bedeutet, in dem der abgelenkte Strahl die Achse im Punkt B trifft. Es gilt also:

$$\delta = \varphi + \psi,$$

$$\frac{h}{f} = \frac{h}{g} + \frac{h}{b}$$

oder

$$\boxed{\frac{1}{f} = \frac{1}{g} + \frac{1}{b}}. \tag{118}$$

Das heißt, unabhängig von h werden alle Strahlen, die von G ausgehen, in B zusammengeführt: B ist das Bild des Punktes G (Abb. 120).

Abbildung von achsennahen Punkten durch eine Plankonvexlinse: Gl. (118) gilt auch für Punkte, die in der Nähe der optischen Achse liegen (Abb. 121 u. 122). Das bedeutet, daß die Linse von

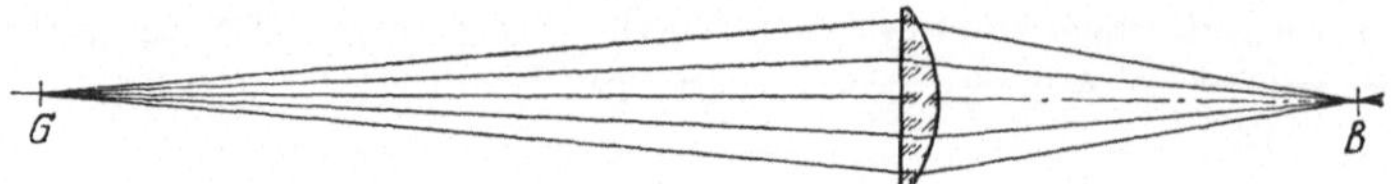

Abb. 120. Abbildung eines Achsenpunktes G durch eine Plankonvexlinse.

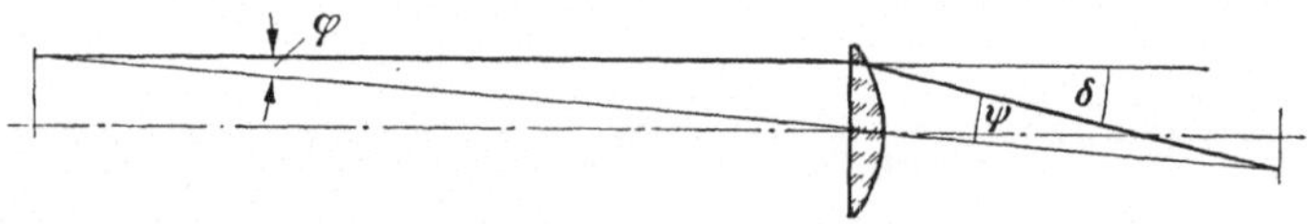

Abb. 121. Ablenkung eines von einem achsennahen Punkt ausgehenden Lichtstrahls durch eine Plankonvexlinse.

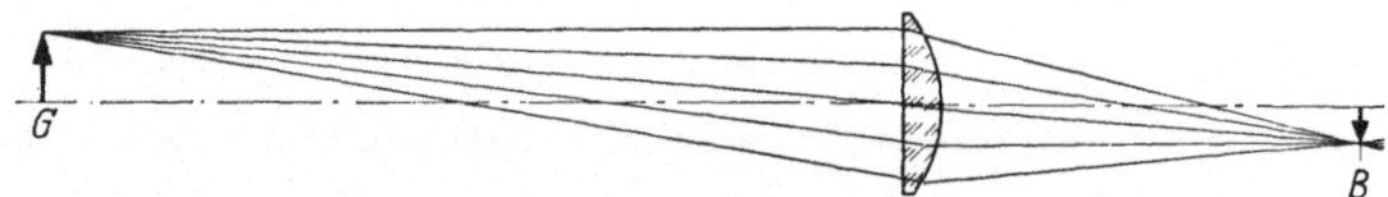

Abb. 122. Abbildung eines achsennahen Punktes durch eine Plankonvexlinse.

einem leuchtenden oder beleuchteten Gegenstand G endlicher Größe im Abstand g von der Linse ein Bild B im Abstand b hinter der Linse erzeugt. Dies gilt für alle einander zugeordneten Entfernungen von der Linse, die die Gl. (118) erfüllen. Man bezeichnet diese Gleichung deshalb als *Abbildungsgesetz*. Aus Abb. 122 folgt außerdem nach dem Strahlensatz für das Verhältnis von Bildgröße B zur Gegenstandsgröße G

$$\frac{B}{G} = \frac{b}{g} \, . \tag{119}$$

Abbildung durch beliebige Linsen: Aus dem Abbildungsgesetz Gl. (118) folgt, daß Gegenstand und Bild vertauschbar sind und die Abbildung unabhängig davon ist, ob die plane oder die konvexe Seite der Plankonvexlinse dem Gegenstand zugekehrt ist. Die Linse hat also auf jeder Seite einen Brennpunkt. Im übrigen gilt das Abbildungsgesetz für beliebige

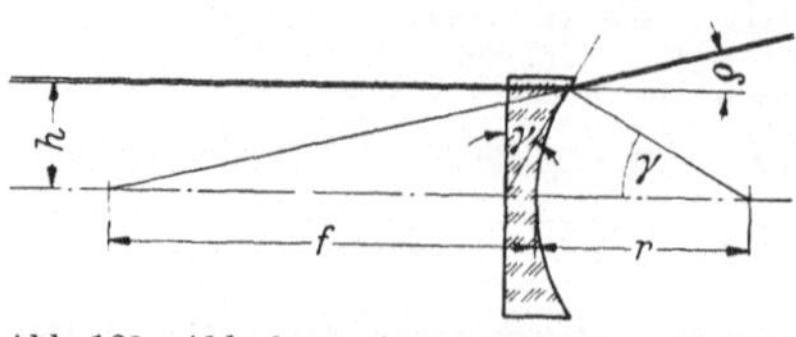

Abb. 123. Ablenkung eines parallel zur optischen Achse einer Plankonvexlinse einfallenden Lichtstrahls.

Linsenformen. Ihre Brennweiten können aus den Krümmungsradien der beiden Begrenzungsflächen berechnet werden. Wir betrachten zwei Beispiele:

Die Brennweite einer Plankonkavlinse (Abb. 123) läßt sich in
genau derselben Weise berechnen, wie die einer Plankonvexlinse,
also mit Hilfe der Gl. (114) bis (117). Da aber die Ablenkung δ eines
parallel zur Achse einfallenden Lichtstrahls nicht zur Achse, sondern
von der Achse weg erfolgt, tritt keine Fokussierung auf. Man bezeichnet eine solche Linse als Zerstreuungslinse. Es schneiden

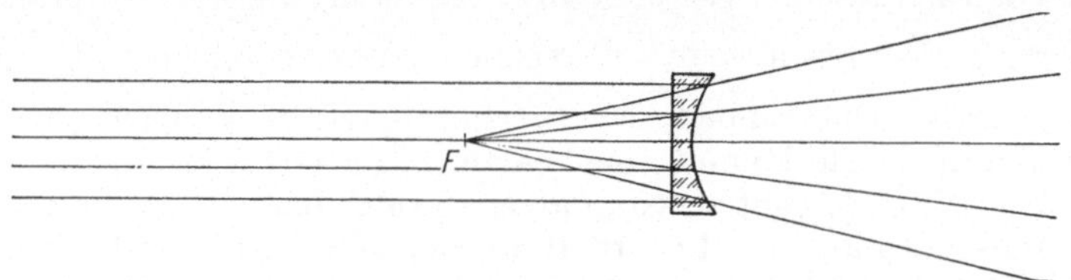

Abb. 124. Zerstreuung eines parallel zur optischen Achse einer Plankonvexlinse einfallenden
Lichtbündels.

sich jedoch die rückwärtigen Verlängerungen der aus der Linse
austretenden Strahlen in einem Achsenpunkt, und man bezeichnet
den Abstand dieses Punktes von der Linse wieder als Brennweite
(Abb. 124). Diese Brennweite ist negativ zu rechnen.

Die Brennweite einer Bikonvexlinse: Eine Bikonvexlinse mit den
Krümmungsradien r_1 und r_2 können wir uns aus zwei Plankonvexlinsen mit den Radien r_1 und r_2 zusammengesetzt denken. Die
eine lenkt einen Strahl mit dem Achsenabstand h nach Gl. (115) um

$$\delta_1 = (n-1)\frac{h}{r_1}$$

ab, die andere um

$$\delta_2 = (n-1)\frac{h}{r_2},$$

beide zusammen um den Winkel

$$\frac{h}{f} = \delta = \delta_1 + \delta_2 = (n-1)\,h\left(\frac{1}{r_1}+\frac{1}{r_2}\right),$$

für die Bikonvexlinse gilt also

$$\boxed{\frac{1}{f} = (n-1)\left(\frac{1}{r_1}+\frac{1}{r_2}\right)}. \tag{120}$$

Brennweite von Linsenzusammensetzungen: Wie aus den Gl.
(117) und (120) hervorgeht, ist die reziproke Brennweite $\frac{1}{f}$ einer

Bikonvexlinse gleich der Summe der reziproken Brennweiten $\frac{1}{f_1}$ und $\frac{1}{f_2}$ der beiden Plankonvexlinsen, aus denen wir uns die Bikonvexlinse zusammengesetzt denken können. Also

$$\boxed{\frac{1}{f} = \frac{1}{f_1} + \frac{1}{f_2}}.\tag{121}$$

Brechkraft von Linsen: Gl. (121) gilt allgemein für die Zusammensetzung von Linsen. Es ist deshalb zweckmäßig, mit dem reziproken Wert $\frac{1}{f}$ der Brennweite zu rechnen. Man bezeichnet ihn als Brechkraft. Die Einheit der Brechkraft ist die *Dioptrie* (Kurzzeichen dpt). Sie kommt einer Sammellinse von 1 m Brennweite zu. Aus Abb. 117 geht hervor, daß ein Strahl, der eine solche Linse im Achsenabstand von 1 cm trifft, um den Winkel $\delta = 0,01$ ($\approx 0,57$ Winkelgrade) abgelenkt wird. Eine Linse von 3 dpt Brechkraft würde einen solchen Strahl um $1,7°$ ablenken. Allgemein gilt

$$\text{Brechkraft in Dioptrien} = \frac{1}{\text{Brennweite in Metern}}$$

und: Die Brechkraft einer Linsenzusammensetzung ist gleich der Summe der Brechkräfte der einzelnen Linsen. Die Brechkraft der Sammellinsen ist positiv, die der Zerstreuungslinsen negativ.

Dicke Linsen: Bei dünnen Linsen rechnet man Brennweite, Gegenstandsweite und Bildweite von der Linsenmitte aus. Bei dicken Linsen oder Linsensystemen (Photoobjektiv) lassen sich eine gegenstandseitige und bildseitige Ebene, die sog. Hauptebenen angeben, von denen aus diese Abstände gerechnet werden müssen. Abb. 115 zeigt die ungefähre Lage der Hauptebenen bei den verschiedenen Linsenformen. Bei allen Berechnungen und Bildkonstruktionen denke man sich den Raum zwischen den beiden Hauptebenen herausgeschnitten und die Linse durch eine Ebene ersetzt, an die sich nach beiden Seiten der Strahlengang links und rechts der beiden Hauptebenen anschließt, genau so wie bei einer dünnen Linse derselben Brennweite.

Bestimmung der Brennweite von Linsen: Die Brennweite der Linsen bestimmt man auf der optischen Bank. Sie besteht aus einer Schiene, auf der ein beleuchtetes Objekt, z. B. ein Fadenkreuz, ein Linsenhalter und ein Bildschirm verschiebbar angeordnet sind. Man mißt für eine bestimmte Gegenstandsweite g die Entfernung b des Bildschirmes von der Linse, in der ein scharfes Bild erscheint. Aus Gl. (118) ergibt sich dann die Brennweite oder die Brechkraft der Linse.

Die Brechkraft $\dfrac{1}{f_z}$ einer Zerstreuungslinse und damit auch ihre Brennweite f_z bestimmt man dadurch, daß man sie mit einer Sammellinse von bekannter, ihrem Betrage nach größerer Brechkraft $\dfrac{1}{f_s}$ zusammensetzt und aus Gegenstands- und Bildweite die Brennweite f und damit die Brechkraft $\dfrac{1}{f}$ des zusammengesetzten Systems bestimmt. Diese ist nach Gl. (121) gleich der Summe der Brechkraft $\dfrac{1}{f_s}$ der Sammellinse und der unbekannten Brechkraft $\dfrac{1}{f_z}$ der Zerstreuungslinse, also

$$\frac{1}{f} = \frac{1}{f_s} + \frac{1}{f_z} \quad \text{oder} \quad \frac{1}{f_z} = \frac{1}{f} - \frac{1}{f_s}.$$

Bestimmung der Brennweite und der Hauptpunkte eines photographischen Objektivs: Die Brennweite eines photographischen Objektivs bestimmt man aus der Vergrößerung und dem Abstand von Bild und Gegenstand.

Abb. 125 zeigt die Anordnung auf der optischen Bank. Als Gegenstand dient die Millimeterskala G. Das Objektiv entwirft von ihr ein Bild auf einem Schirm S, der ebenfalls eine Millimeterskala trägt. Um Messung und Berechnung zu vereinfachen, ver-

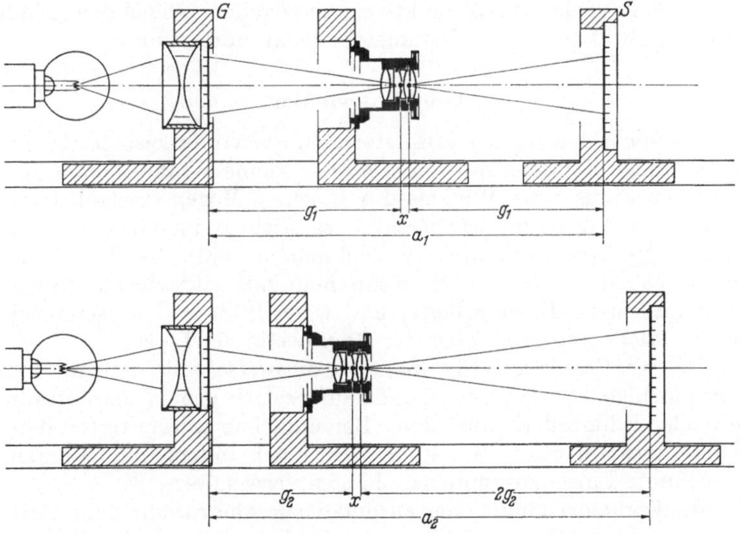

Abb. 125. Bestimmung der Brennweite und der Hauptpunkte eines photographischen Objektivs. G Millimeterskala als Objekt, S Mattscheibe mit Millimeterskala.

schieben wir Objektiv und Schirm so, daß wir Bilder mit den Abbildungsmaßstäben $B:G = 1:1$ und $B:G = 2:1$ erhalten (Beobachtung mit der Lupe).

Im ersten Falle läßt sich also das Bild der Skala G mit der Skala S zur Deckung bringen, und es ist $g = b = g_1$ (Gl. (119)), im zweiten Fall zeigt das Bild genau den doppelten Strichabstand von S, und es ist $g = g_2$, $b = 2 g_2$ (Gl. (119)).

Aus Gl. (118) folgt dann:

$$\frac{1}{f} = \frac{1}{g_1} + \frac{1}{g_1} = \frac{2}{g_1}\,, \tag{122}$$

$$\frac{1}{f} = \frac{1}{g_2} + \frac{1}{2 g_2} = \frac{3}{2 g_2}\,. \tag{123}$$

Bezeichnen wir den Abstand der Hauptpunkte mit x, die Abstände von Gegenstand und Bild mit a_1 bzw. a_2, so folgt ferner:

$$x + 2 g_1 = a_1\,, \tag{124}$$

$$x + 3 g_2 = a_2\,. \tag{125}$$

Aus den Gl. (122) bis (125) ergibt sich

$$f = 2\,(a_2 - a_1)\,. \tag{126}$$

Vom Ort des Gegenstandes oder des Bildes ausgehend läßt sich dann die Lage der Hauptpunkte genau angeben. Die Messung läßt sich auf Bruchteile eines Millimeters genau durchführen.

Abbildungsfehler

Bei der Ableitung der Linsenformeln war vorausgesetzt, daß die abbildenden Strahlen mit der Achse so kleine Winkel bilden, daß man den Sinus eines Winkels durch seinen Bogen ersetzen kann. Außerdem wurde die Dispersion des Lichtes im Glas vernachlässigt. Praktisch bedeutet das, daß man mit einfachen Linsen nur dann scharfe Bilder erhält, wenn man mit einfarbigem (monochromatischem) Licht arbeitet und wenn Bild- und Linsendurchmesser klein sind gegenüber der Brennweite der Linse.

In der Praxis möchte man vorzugsweise mit weißem, also mischfarbigem Licht arbeiten und häufig relativ große Linsenöffnungen oder Bildgrößen anwenden. Bei einfachen Linsen treten dann Abbildungsfehler auf. Man kann sie beheben, indem man besonders berechnete Linsenzusammenstellungen verwendet.

Die Farbabweichung oder chromatische Aberration: Beim Fernrohr-Objektiv (Abb. 135) sind zwar Bild- und Linsendurchmesser klein gegenüber der Brennweite. Man möchte es jedoch für Licht aller Farben verwenden. Hier stört vor allem die Farbabweichung. Sie kommt auf folgende Weise zustande: Der Brechungsindex des Glases ist für blaues Licht größer als für rotes Licht. Läßt man daher weißes Licht, d. h. ein Gemisch verschiedener Farben, auf eine Linse fallen, so wird nach Gl. (117) die Brechkraft für den blauen Anteil größer, die Brennweite also kleiner sein als für den roten Anteil des Lichtes. Wenn man einen weißleuchtenden Punkt abbildet und einen Schirm dem Bild dieses Punktes nähert (Abb. 126), so sieht man zunächst ein rotes Scheibchen, umgeben von einem blauen Saum, in einem kleinen Abstand davon ein blaues Scheibchen, umgeben von einem roten Saum. Außer dieser *Brennpunktsabweichung* tritt noch ein *Farbvergrößerungsfehler* auf.

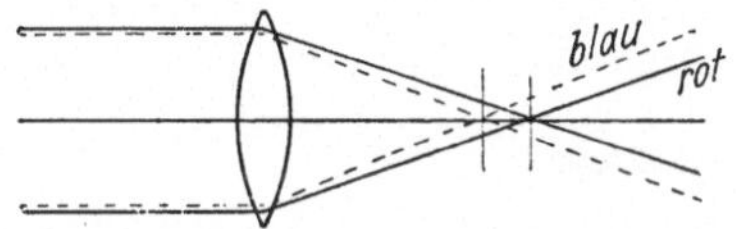

Abb. 126. Chromatische Aberration.

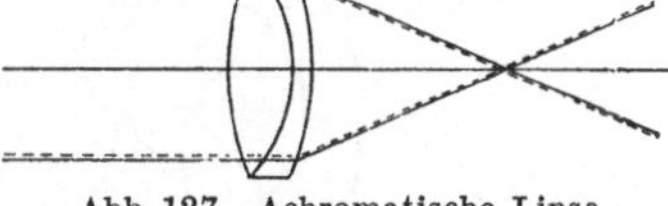

Abb. 127. Achromatische Linse.

Die chromatische Aberration läßt sich vermeiden, wenn man eine Sammellinse aus einem Glas mit hohem Brechungsindex und geringer Dispersion mit einer Zerstreuungslinse aus einem Glas mit hoher Dispersion kombiniert. Auf diese Weise läßt sich die Dispersion kompensieren. Eine Linsenkombination dieser Art (Abb. 127) heißt *Achromat*.

Der Öffnungsfehler und der Verstoß gegen die Sinusbedingung: Beim Mikroskopobjektiv (Abb. 136) ist das abzubildende Objekt zwar klein, die Öffnung der Linse muß aber groß sein im Verhältnis zur Brennweite. Hier stört vor allem der Öffnungsfehler. Bei einer von kugeligen Flächen begrenzten Linse nennt man ihn *Sphärische Aberration*. Man versteht darunter den Unterschied der

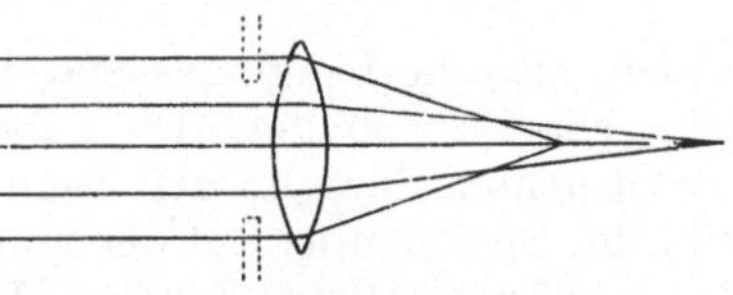

Abb. 128. Sphärische Aberration.

Brennweiten zwischen den inneren und äußeren Linsenzonen (Abb. 128). Man bestimmt sie, indem man diese Zonen durch Ring- oder Scheibenblenden ausblendet und für jede Zone einzeln die Brennweite mißt.

Außer in der Brennweite weichen die verschiedenen Linsenzonen noch in bezug auf den Abbildungsmaßstab ab. Das bedeutet, daß die *Sinusbedingung* (s. S. 125) nicht erfüllt ist.

Für eine bestimmte Gegenstandsweite läßt sich der Öffnungsfehler beseitigen und die Sinusbedingung erfüllen, indem man meh-

rere Linsen wie in einem Mikroskopobjektiv hintereinanderschaltet.
Man bezeichnet ein solches Linsensystem als *Aplanat*.

Die Bildfeldkrümmung und der Astigmatismus: Bei einem aus-
gedehnten Bildfeld, wie es z. B. bei der photographischen Kamera
oder beim Projektionsapparat vorliegt, müssen schiefe Strahlen-
bündel zur Abbildung herangezogen werden (Abb. 129). Für diese
Bündel ist die Brennweite einer Linse kürzer als für die axialen
Bündel. Sie ist außerdem für den *Meridionalschnitt* kleiner als für
den *Sagittalschnitt*. Aus diesem Grund wird ein ebenes Objekt, z. B.
das Speichenrad in Abb. 129 in zwei Bildschalen abgebildet (*Bildfeldkrümmung*). In der inneren Schale werden die tangentialen

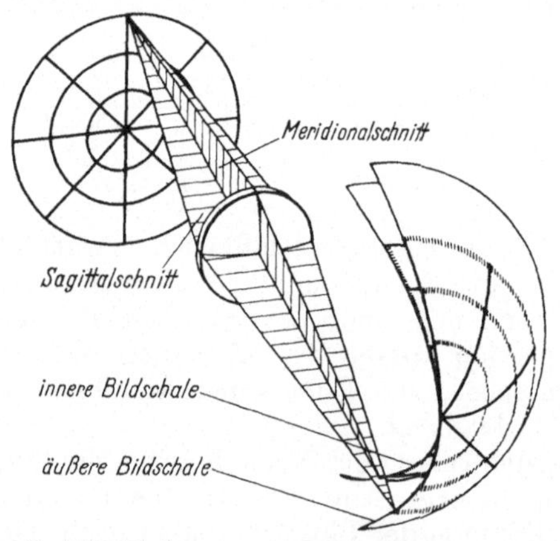

Abb. 129. Bildfeldkrümmung und Astigmatismus schiefer Bündel.

Linien, also die Ringe des Speichenrades von den Meridionalbün-
deln scharf abgebildet. Die äußere Schale zeigt ein scharfes Bild
der Speichen, das von den Sagittalbündeln entworfen wird. Das
Bild der Speichen ist auf der inneren Schale unscharf, das Bild der
Ringe auf der äußeren Schale. Dies rührt davon her, daß die schie-
fen Bündel einen Punkt nicht als Punkt, sondern als Strich abbilden.
Man bezeichnet diesen Abbildungsfehler als *Astigmatismus schiefer
Bündel*.

Die Bildfeldkrümmung und der Astigmatismus schiefer Bündel
lassen sich bei geringen Anforderungen durch eine Kombination
zweier Konkavkonvexlinsen beheben (Abb. 132). Ein in bezug auf
diese Fehler gut korrigiertes Objektiv bezeichnet man als *Anastig-
mat*.

Der Astigmatismus tritt auch bei axialen Bündeln auf, wenn
eine Linse nicht von Kugelflächen begrenzt ist, sondern von tori-

schen Flächen (Abb. 130). Das bedeutet, daß sich in zwei zueinander senkrechten Axialschnitten durch die Linse verschiedene Krümmungen zeigen, sich also nach Gl. (117) verschiedene Brennweiten f_1 und f_2 ergeben. Mit einer solchen Linse erhält man von einem leuchtenden Punkt zwei voneinander getrennte strichförmige Bilder. Dieser Astigmatismus läßt sich durch Zuschaltung einer Zylinderlinse aufheben.

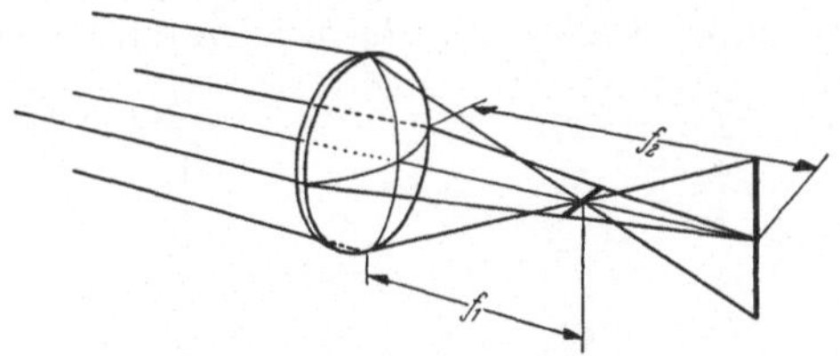

Abb. 130. Astigmatische Linse.

Das Koma: Bei großen Öffnungen, wie sie z. B. ein „lichtstarkes Kameraobjektiv" aufweist, entsteht bei einfachen Linsen außerdem ein Öffnungsfehler schiefer Bündel, das *Koma* oder der *Asymmetriefehler*. Das abbildende Bündel hat in diesem Fall nur noch eine Symmetrieebene, die Meridionalebene in Abb. 129. Wir können diese Erscheinung untersuchen, indem wir eine Linse schief in den Strahlengang einer optischen Bank stellen (Abb. 131) und die Brennweite für verschiedene Vertikalabschnitte messen.

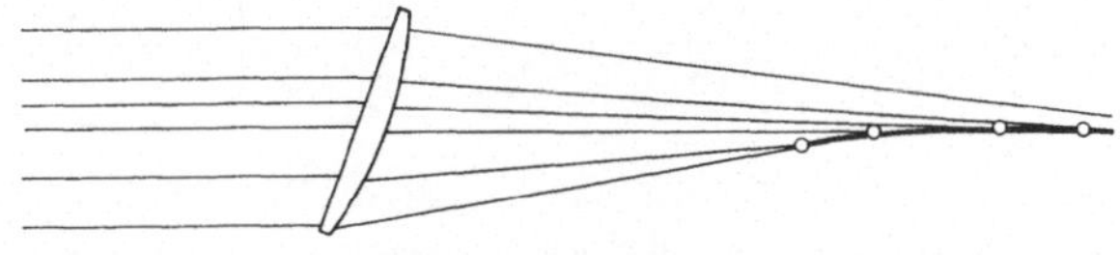

Abb. 131. Das Koma.

Beleuchtungslinsen, Blenden und Verzeichnungen: Eine Linse oder ein Objektiv entwirft ein sichtbares Bild nur von einem Gegenstand, der genügend Licht auf die Linse wirft. Dazu helfen *Beleuchtungslinsen, Feldlinsen oder Kondensoren*. Soll z. B. (Abb. 132a) ein Diapositiv D mit einem Objektiv O auf einem Schirm S abgebildet werden, so genügt nicht die Beleuchtung mit einer Lampe L. Denn, wie die Abbildung zeigt, geht das meiste Licht, nachdem es das Diapositiv durchsetzt hat, an dem Objektiv vorbei, trägt also nichts zur Abbildung bei. Diese kommt erst zustande, wenn man mit Hilfe eines Linsensystems, dem Kondensor K in Abb. 132b, das Diapositiv so beleuchtet, daß alle hindurchtretenden

Strahlen durch das Objektiv gehen. Man erhält so einen *verfloch-
tenen Strahlengang*: Der Kondensor bildet die Lichtquelle in das
Objektiv ab. Das Objektiv bildet das Diapositiv auf dem Schirm
ab. Das Bild wird entweder durch den Rahmen des Diapositivs
oder des Schirms begrenzt. Man bezeichnet diese Rahmen als
Luken oder *Gesichtsfeldblenden* (Abb. 132 b, L_1 und L_2). Das abbildende Lichtbündel wird entweder durch die Größe der Lichtquelle
oder die Blende des Objektivs begrenzt. Man bezeichnet diese
Blenden als *Öffnungsblenden, Aperturblenden* oder *Pupillen* (Abb.

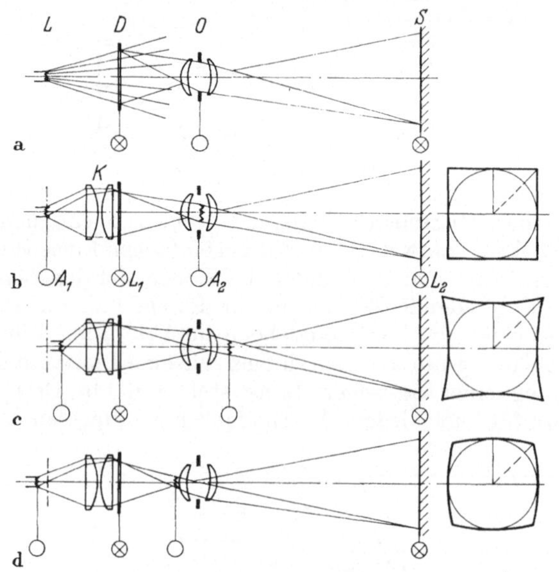

Abb. 132. Beleuchtungslinsen, Blenden und Verzeichnungen; c) kissenförmige,
d) tonnenförmige.

132 b, A_1 und A_2). Die entscheidenden Blenden sind diejenigen, die
kleiner sind als das Bild jeder anderen Blende an ihrer Stelle. In
Abb. 132 b sind es die Blende A_1, das heißt die Größe der Glüh-
lampenwendel, da ihr Bild in A_2 kleiner ist als A_2, und der Diaposi-
tivrahmen L_1, da sein Bild auf dem Schirm S kleiner ist als der
Schirm.

Verschiebt man nun die Lampe L nach vorne (Abb. 132 c) oder
nach hinten (Abb. 132 d) so rückt ihr Bild, d. h. die bestimmende
Blende, vor oder hinter das Objektiv. In diesen beiden Fällen werden die verschiedenen Teile des Diapositivs von verschiedenen
Linsenzonen abgebildet. Das führt zu *Verzeichnungen*, im ersten

Falle zur *kissenförmigen*, im zweiten Falle zur *tonnenförmigen* Verzeichnung.

Die optischen Instrumente

Das menschliche Auge: Beim menschlichen Auge (Abb. 133a) entwirft die Augenlinse in Verbindung mit dem Glaskörper ein Bild der Außenwelt auf der Netzhaut. Die Netzhaut hat eine mosaikartige Struktur (Abb. 133b). Die für das Tagessehen ausgebildeten Bausteine heißen Zäpfchen. Jedes Zäpfchen kann für sich gesondert die Wahrnehmung eines Lichtreizes vermitteln. Die

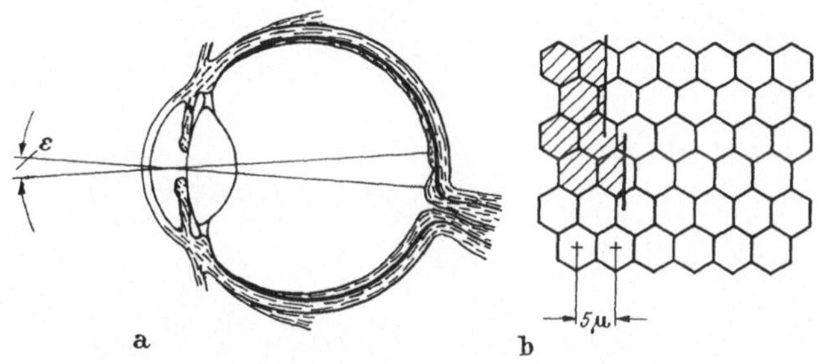

Abb. 133. Das menschliche Auge; a) Schnitt durch den Augapfel, ε Winkel zweier Sehstrahlen, b) Struktur der Netzhaut in der Netzhautgrube mit Anordnung der Zäpfchen.

Zäpfchen haben in der Netzhautgrube einen mittleren Abstand von etwa 5 μm. Das bedeutet, daß zwei Bildpunkte noch dann als getrennte Punkte wahrgenommen werden können, wenn ihr Abstand auf der Netzhaut mindestens 0,005 mm beträgt. Wir bezeichnen diesen Abstand als das Auflösungsvermögen der Netzhaut.

Da die Brennweite der Augenlinse etwa $f = 23$ mm beträgt, ergibt sich für den Winkel der Sehstrahlen, die zwei Bildpunkte im Abstand 0,005 mm erzeugen, im Bogenmaß

$$\varepsilon_{min} = 0,005\,/\,23 = 0,00022 \approx 0,0003\,. \tag{127}$$

Auf 0,0003 aufgerundet entspricht er gerade einer Minute. Wir können also sagen:

Zwei Punkte werden dann noch als getrennte Punkte wahrgenommen, wenn sie unter einem Sehwinkel von mindestens einer Winkelminute gesehen werden.

Das Auflösungsvermögen des Auges ist andererseits durch die Beugung des Lichtes am Pupillenrand begrenzt. Wir fassen die Pupille in erster Näherung als Spalt auf. Die Spaltbreite d soll dem Pupillendurchmesser entsprechend etwa 5 mm betragen. Dann ergibt sich aus Gl. (153) für den Durchmesser des Beugungsscheibchens auf der Netzhaut:

$$D = 2 f \lambda / d \; .$$

Für die Brennweite $f = 23\,\text{mm}$ und eine mittlere Wellenlänge $\lambda = 0,0005\,\text{mm}$ ist

$$D = 2 \cdot 23 \cdot 0,0005 \, / \, 5 \; \text{mm} = 0,0046 \; \text{mm} \approx 5 \; \mu\text{m} \; .$$

Das bedeutet: **Die Begrenzung des Auflösungsvermögens durch Beugung ist gleich der Begrenzung durch die Struktur der Netzhaut.**

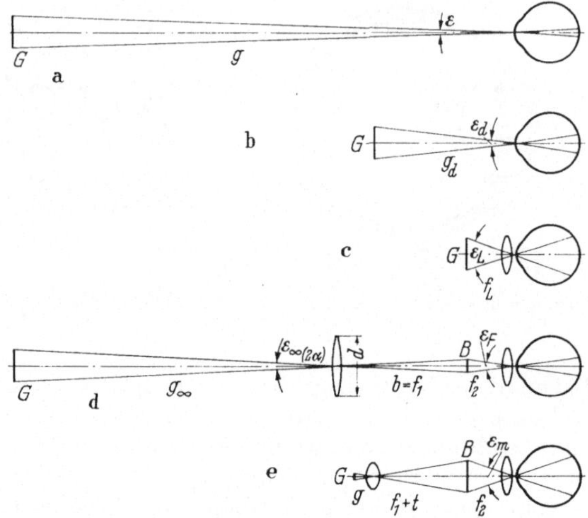

Abb. 134. Sehwinkel bei der Betrachtung eines Gegenstands; a) mit bloßem Auge auf eine große Entfernung g, b) in der deutlichen Sehweite g_d, c) mit einer Lupe der Brennweite f_L, d) mit einem Fernrohr der Objektivbrennweite f_1 und der Okularbrennweite f_2, e) mit einem Mikroskop der Objektivbrennweite f_1, der optischen Tubuslänge t und der Okularbrennweite f_2.

Der Sehwinkel ε, unter dem man einen Gegenstand der Größe G (oder zwei Punkte mit dem Abstand G) in einer Entfernung g sieht, ist, wie Abb. 134a zeigt, im Bogenmaß

$$\varepsilon = \frac{G}{g} \; . \tag{128}$$

Er läßt sich vergrößern, indem man den Gegenstand näher an das Auge heranführt (Abb. 134b). Dabei krümmt sich unter der Anspannung des Ziliarmuskels die Linse um so stärker, in je geringerer Entfernung man den Gegenstand betrachtet, und zwar so, daß stets ein scharfes Bild auf der Netzhaut entsteht. Man bezeichnet diesen Vorgang als *Akkommodation*. Sie hat ihre Grenze bei einem Augenabstand von etwa 15 cm.

Die Entfernung, bei der ein normalsichtiges Auge am deutlichsten sieht, beträgt etwa 250 mm. Man bezeichnet sie als *deutliche Sehweite* (g_d). Zwei Punkte, die in dieser Entfernung noch als getrennte Punkte wahrgenommen werden sollen, müssen nach Gl. (127) und (128) einen Mindestabstand $G = d_{\min}$ haben, so daß

$$d_{\min} = \varepsilon_{\min}\, g_d = 0{,}0003 \cdot 250 \text{ mm} = 0{,}07 \text{ mm} . \qquad (129)$$

$d_{\min}$ ist das Auflösungsvermögen des unbewaffneten menschlichen Auges.

Die Lupe: Mit unbewaffnetem Auge ist der größte Sehwinkel, unter dem man einen Gegenstand der Größe G betrachten kann, nach Abb. 134b

$$\varepsilon_d = \frac{G}{g_d} = \frac{G}{250 \text{ mm}} . \qquad (130)$$

Wenn man nach Gl. (121) die Brechkraft der Augenlinse vergrößert, indem man eine Sammellinse (Lupe) davorsetzt, kann man ihn in einer geringeren Entfernung betrachten. Am besten bringt man ihn in die Brennebene der Linse (Abb. 134c), so daß man das Bild des Gegenstands im Unendlichen sieht, also mit entspanntem Auge betrachten kann. Die Sehweite g ist in diesem Falle gleich der Brennweite f_L der Lupe, und der Sehwinkel

$$\varepsilon_L = \frac{G}{f_L} . \qquad (131)$$

Man bezeichnet nun als Vergrößerung der Lupe V_L das Verhältnis des Sehwinkels ε_L, unter dem man einen Gegenstand durch die Lupe sieht, zu dem Sehwinkel ε_d, unter dem man ihn mit dem bloßen Auge in der deutlichen Sehweite erblickt. Aus Gl. (130) und Gl. (131) folgt:

$$\text{Lupenvergrößerung } V_L = \frac{\varepsilon_L}{\varepsilon_d} = \frac{250 \text{ mm}}{f_L} . \qquad (132)$$

Für das Auflösungsvermögen der Lupe folgt aus Gl. (129)

$$d_L = d_{\min}/V_L . \qquad (133)$$

Das Fernrohr: Kann man einen Gegenstand nicht näher an das Auge heranholen (wie z. B. den Mond), so entwirft man zunächst mit einer Linse (*Objektiv*) ein möglichst großes, reelles Bild von ihm und betrachtet dieses Bild durch eine Lupe (*Okular*). Man bezeichnet eine solche Linsenkombination als Fernrohr (Abb. 134d).

Das Bild, das von einem Fernrohrobjektiv mit der Brennweite f_1 entworfen wird, hat nach Gl. (119) und Abb. 134d die Größe

$$B = \frac{f_1}{g_\infty}\, G\ . \tag{134}$$

Durch ein Okular (Lupe) mit der Brennweite f_2 sieht man dieses Bild unter dem Sehwinkel

$$\varepsilon_F = \frac{B}{f_2} = \frac{G}{g_\infty}\cdot\frac{f_1}{f_2}\ . \tag{135}$$

Für die Betrachtung mit bloßem Auge ist die Entfernung vom Auge zum Gegenstand praktisch identisch mit der Entfernung vom Fernrohrobjektiv zum Gegenstand G, also auch g_∞. Es sieht deshalb G unter dem Sehwinkel

$$\varepsilon_\infty = \frac{G}{g_\infty}\ . \tag{136}$$

Die Vergrößerung des Fernrohres ist nun gleich dem Verhältnis des Sehwinkels mit Fernrohr ε_F zum Sehwinkel mit bloßem Auge ε_∞, also nach Gl. (135) und Gl. (136)

$$\text{Fernrohrvergrößerung}\ \ V_F = \frac{f_1}{f_2}\ . \tag{137}$$

Das Auflösungsvermögen des Fernrohrs ist, wie das des Auges, durch die Beugung des Lichtes an der Objektivblende begrenzt. Wir fassen diese Blende (Abb. 135 P_1) in erster Näherung als Spalt auf und setzen die Spaltbreite d gleich dem Durchmesser der Eintrittspupille. Paralleles Licht, das in das Objektiv einfällt, z. B.

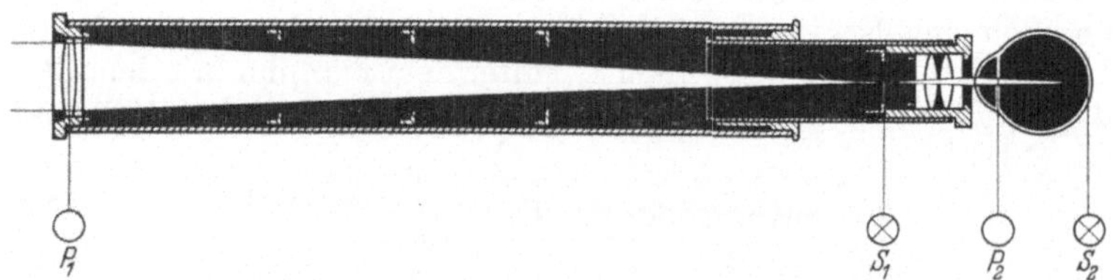

Abb. 135. Astronomisches Fernrohr; P_1 Objektiv mit Eintrittspupille, S_1 Gesichtsfeldblende, P_2 Pupille des Auges, S_2 Netzhautbild.

das Licht eines Sterns, erzeugt dann nach Abb. 148a ein Beugungsbild vom Durchmesser D. D ist ein Maß für die Unschärfe. Das Beugungsbild erscheint vom Objektiv aus gesehen unter dem Winkel $2\,\alpha = 2\,\lambda/d$. Zwei Sterne, die man im Fernrohr noch getrennt voneinander erkennen will, müssen unter einem Winkel $\varepsilon_{F\,\min}$ erscheinen, der größer ist als $2\,\alpha$, da sich sonst ihre Beugungsbilder überdecken, also $\varepsilon_F \geqq 2\lambda/d$. Die genaue Berechnung für eine kreisförmige Blende liefert

$$\varepsilon_{F\,\mathrm{min}} = \frac{1{,}22 \cdot \lambda}{d}\,. \tag{138}$$

$\varepsilon_{F\,\mathrm{min}}$ ist das Winkelauflösungsvermögen eines Fernrohrs.

Abb. 135 zeigt ein astronomisches Fernrohr mit 17facher Vergrößerung. Als Objektiv dient ein Achromat mit 27 cm Brennweite. Der Tubus ist innen geschwärzt und mit Kulissenblenden versehen. Sie verhindern, daß seitlich einfallendes Licht Reflexe erzeugt. Das Okular ist aus zwei Achromaten zusammengesetzt (PLÖSSELsches Okular). In seiner Brennebene sitzt die Blende S_1, die das Gesichtsfeld begrenzt. Das Okularrohr läßt sich im Tubus verschieben. Es wird so eingestellt, daß in S_1 ein scharfes Bild erscheint. In dieser Blende läßt sich eine Skala (Meßfernrohr) oder ein Fadenkreuz (Zielfernrohr) anbringen.

Die Vergrößerung des Fernrohres bestimmt man, indem man es auf eine weit entfernte Skala richtet. Betrachtet man nun diese Skala gleichzeitig durch das Fernrohr und mit einem unbewaffneten Auge, so überlagern sich in der Wahrnehmung das vergrößerte und das unvergrößerte Bild der Skala. Man kann nun (wie in Abb. 138) die Vergrößerung ermitteln, indem man abzählt, wieviele Skalenteile bei der Betrachtung mit bloßem Auge einem Skalenteil bei der Betrachtung durch das Fernrohr entsprechen. Als Ersatz für die Skala können passende Objekte, z. B. die Dachziegel eines Daches, ein Gartenzaun oder eine Fensterreihe dienen.

Das Mikroskop: Beim Mikroskop (Abb. 134c) entwirft man mit einem Objektiv sehr kleiner Brennweite ein vergrößertes Bild des Gegenstandes und betrachtet es durch eine Lupe (Okular). Die Vergrößerung ist wie bei der Lupe gegeben durch das Verhältnis des Sehwinkels ε_m im Mikroskop zum Sehwinkel ε_d mit bloßem Auge bei einer Entfernung von 250 mm. Also:

$$V_m = \frac{\varepsilon_m}{\varepsilon_d}\,. \tag{139}$$

Sie ergibt sich wie folgt: Das Bild, das vom Objektiv in der Brennebene des Okulars entworfen wird, hat die Größe

$$B = G\,\frac{b}{g}\,. \tag{140}$$

Die Bildweite b zerlegt man beim Mikroskop in den Abstand t der zueinander gekehrten Brennpunkte von Objektiv und Okular, die sogenannte *optische Tubuslänge* und die Objektivbrennweite f_1, also

$$b = t + f_1 .$$

Dann wird aus Gl. (140)

$$B = \frac{(f_1 + t)\, G}{g} . \tag{141}$$

Aus der Linsenformel Gl. (118) folgt

$$\frac{1}{f_1} = \frac{1}{g} + \frac{1}{f_1 + t} \quad \text{oder} \quad \frac{f_1 + t}{g} = \frac{f_1 + t}{f_1} - 1 = \frac{t}{f_1} .$$

In Gl. (141) eingesetzt, ergibt

$$B = G \cdot \frac{t}{f_1} . \tag{142}$$

Das Bild B wird durch das Okular wie bei einer Lupe unter dem Sehwinkel

$$\varepsilon_m = \frac{B}{f_2} = G \cdot \frac{t}{f_1 \cdot f_2} \tag{143}$$

gesehen. Aus den Gl. (130), (139) und (143) folgt für die Vergrößerung des Mikroskops:

$$V_m = \frac{\varepsilon_m}{\varepsilon_d} = \frac{250\ \text{mm} \cdot t}{f_1 \cdot f_2} . \tag{144}$$

Abb. 136 zeigt die technische Ausbildung eines Mikroskops. Die optische Einrichtung umfaßt den Beleuchtungsspiegel, den Kondensor und den Mikroskoptubus. Der Tubus trägt unten einen Revolver mit drei Objektiven, die wahlweise in den Strahlengang eingeschaltet werden können. Von oben kann man Okulare verschiedener Brennweiten einstecken. Das Objekt ist als dünne Schicht auf einer Glasplatte ausgebreitet. Zur Scharfeinstellung läßt sich der Tubus mit dem Grobtrieb (großer Knopf) oder dem Feintrieb (kleiner Knopf) verschieben. Dabei besteht die Gefahr, daß der Objektträger zerbrochen und das Objektiv beschädigt wird.

Beim Mikroskop sind Abbildungsstrahlengang und Beleuchtungsstrahlengang verflochten.

Die linke Seite der Abb. 136 zeigt den Beleuchtungsstrahlengang. Die Lichtquelle wird über eine Beleuchtungslinse oder einen Hohlspiegel auf die Blende P_1 abgebildet. Diese Blende ist als Irisblende ausgebildet, ist also verstellbar. Mit ihr läßt sich die Helligkeit des Bildes regeln. Der Kondensor und das Mikroskopobjektiv entwerfen ein Bild P_2 dieser Blende in der oberen Brennebene des Objektivs. P_2 wird vom Okular in der Augenpupille P_3

abgebildet. Den Hauptanteil an der Brechung trägt dabei die untere Okularlinse, die *Feldlinse*. Sie sorgt ähnlich wie der Kondensor in Abb. 132b dafür, daß die abbildenden Strahlen in die kleine Augenlinse des Okulars und in die Augenpupille gelenkt

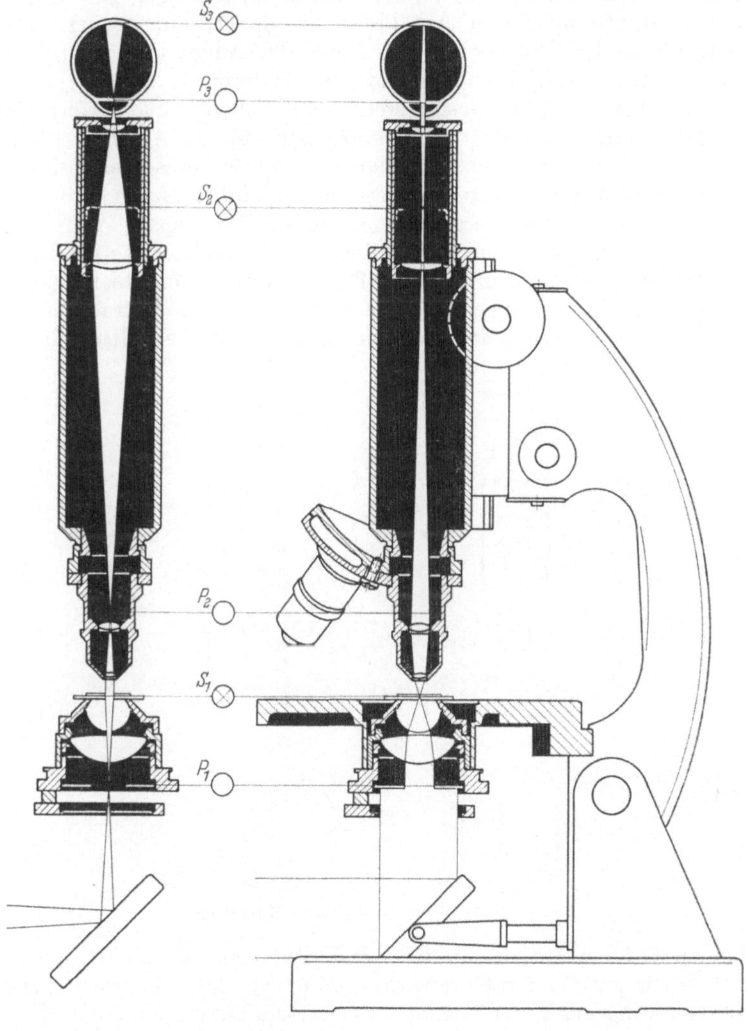

Abb. 136. Mikroskop; P_1 Eintrittspupille oder Aperturblende (verstellbare Irisblende des Kondensors), S_1 Objekt, P_2 Brennebene des Objektivs, S_2 Brennebene des Okulars und Gesichtsfeldblende, P_3 Pupille des Auges, S_3 Netzhautbild.

werden. Die für den Beleuchtungsstrahlengang bestimmende Blende, d. h. die Aperturblende, ist P_1.

Der Abbildungsstrahlengang ist in Abb. 136 rechts dargestellt. Das Objekt in S_1 wird durch das Mikroskopobjektiv und die Feldlinse des Okulars in der Okularblende S_2 abgebildet. Der Anteil der Feldlinse an dieser Abbildung ist dabei sehr gering. Die Augenlinse des Okulars und die Linse des Auges entwerfen von diesem Zwischenbild ein Bild auf der Netzhaut.

Die bestimmende Gesichtsfeldblende ist S_2. Sie liefert die scharfe Umrandung des mikroskopischen Bildes. An ihrer Stelle läßt sich eine feine Glasskala (*Okularmikrometer*) einsetzen, mit der man mikroskopische Längenmessungen ausführen kann.

Bestimmung der Vergrößerung eines Mikroskops: Wenn wir einen Gegenstand unter dem Mikroskop betrachten, so erscheint er uns in einer bestimmten Größe. Wenn wir denselben Gegenstand mit bloßem Auge in der deutlichen Sehweite betrachten, so erscheint er uns in einer anderen Größe. Das Verhältnis dieser

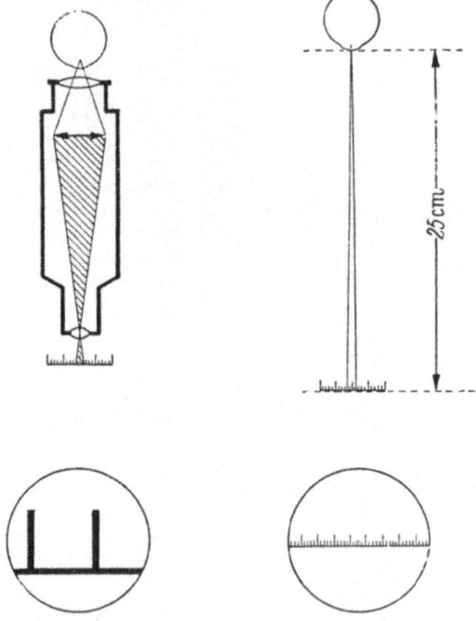

Abb. 137. Zur Vergrößerung eines Mikroskops.

beiden Größen entspricht dem Verhältnis der Sehwinkel, unter denen wir jeweils den Gegenstand erblicken und welches wir zur Bestimmung der Vergrößerung zu ermitteln haben. Zu einem Vergleich dieser scheinbaren Größen verwenden wir zwei gleiche Gegenstände, am besten Maßstäbe mit Millimeterteilung. Wir

betrachten sie gleichzeitig, und zwar betrachten wir den einen mit
dem rechten Auge im Mikroskop, den anderen aber mit dem linken
Auge in einer Entfernung von 25 cm (Abb. 137). Unter demselben
Sehwinkel erblickt man mit dem bloßen Auge z. B. 20mal soviel
Millimeterteile als im Mikroskop, also gehört zu einem Skalenteil
mit dem bloßen Auge nur $^1/_{20}$ des Sehwinkels wie im Mikroskop.
Die Vergrößerung ist also 20fach. Einfacher wird der Vergleich,
wenn man durch einen halbdurchlässigen Spiegel dafür sorgt,
daß man mit demselben Auge zugleich beide Maßstäbe sieht. Man
erhält dann die in Abb. 138 dargestellte Anordnung. Das Auge (1)

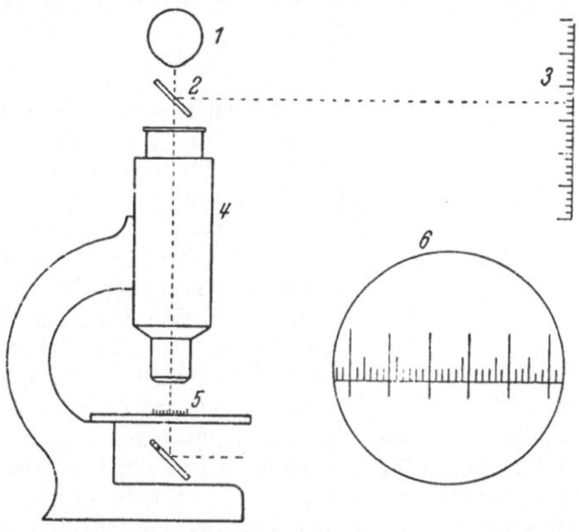

Abb. 138. Anordnung zur Bestimmung der Vergrößerung eines Mikroskops.

sieht über die spiegelnde Glasplatte (2) hinweg die Millimeterskala
(3), durch das Mikroskop (4) hindurch den Maßstab (5), der zur
Erzielung größerer Genauigkeit in $^1/_{10}$ mm unterteilt ist (*Mikromaßstab*). Im Gesichtsfeld (6) sieht man also die stark vergrößerten
Skalenteile des Mikromaßstabes und die Millimeterteilung. In unserem Beispiel sieht man das Zehntelmillimeter im Mikroskop so groß
wie 6 mm mit dem bloßen Auge in einer Entfernung von 25 cm.
Wir haben also eine 60fache Vergrößerung vor uns.

Längenmessung mit dem Mikroskop: Das Mikroskop kann mit
Hilfe des *Okularmikrometers* zur Messung kleiner Längen verwendet
werden (Abb. 139). Das Okularmikrometer ist eine fein geteilte,
durchsichtige Skala, die sich an der Stelle befindet, an der vom
Objektiv ein Bild des Gegenstandes entworfen wird. Es muß für
jedes Objektiv besonders geeicht werden. Das geschieht, indem
man den in $^1/_{10}$ mm geteilten Mikromaßstab unter das Mikroskop
legt, so daß die Teilstriche des Mikromaßstabes und des Okular-

mikrometers im Gesichtsfeld parallel zueinander verlaufen. In unserem Beispiel sieht man nun direkt, daß 8 Skalenteile des Okularmikrometers einem $^1/_{10}$ mm auf dem Objektträger entsprechen (Abb. 139a), also ein Skalenteil des Okularmikrometers einem $^1/_{80}$ mm = 0,0125 mm. Will man nun z. B. die Dicke eines Haares messen, so legt man es unter das Mikroskop. Sie mißt 6 Skalenteile des Okularmikrometers (Abb. 139b), also 0,075 mm. Diese Art der mikroskopischen Längenmessung findet auch beim Ablesemikroskop Verwendung.

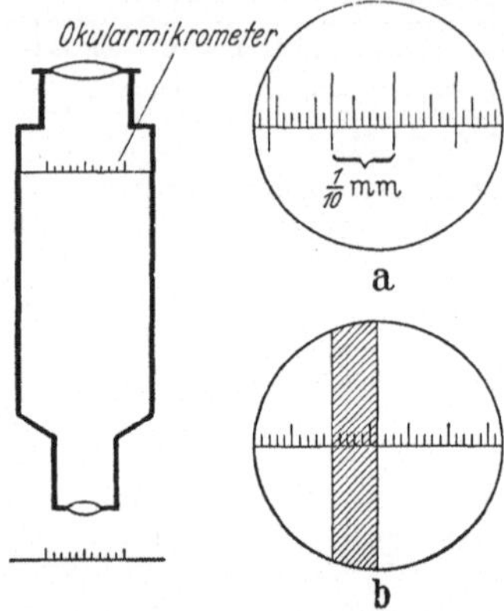

Abb. 139. Mikroskopische Längenmessung.

Das Auflösungsvermögen des Mikroskops: Die förderliche Vergrößerung eines Mikroskops wird durch das Auflösungsvermögen begrenzt. Darunter versteht man den kleinsten Abstand d, den zwei Punkte eines Objekts haben müssen, damit sie im mikroskopischen Bild noch voneinander getrennt wahrgenommen werden können.

Das Auflösungsvermögen des Mikroskops läßt sich aus der Bildentstehung im Mikroskop ableiten. Wir verstehen sie am besten, wenn wir als Objekt einen Doppelspalt annehmen, dessen Spalte den Abstand d haben soll. Dieser Doppelspalt (Abb. 140 S_1) wird von links mit parallelem Licht beleuchtet und soll mit dem Mikroskopobjektiv O in S_2 abgebildet werden.

Nach Abb. 146 wird das Licht am Doppelspalt so gebeugt, daß hinter dem Spalt Beugungsbündel nullter Ordnung, erster Ordnung, zweiter Ordnung usw. entstehen, die mit der Achse die Winkel α_0, α, α_2 usw. bilden, so daß

$$\alpha_0 = 0 \,,$$
$$\sin \alpha = \lambda/d \,, \tag{145}$$
$$\sin \alpha_2 = 2\,\lambda/d \,.$$

Sie werden wie in Abb. 148b in der Brennebene des Objektivs zu Beugungsbildern vereinigt. Wie Abb. 140a und b zeigt, werden von ein und demselben Objektiv um so mehr Beugungsbilder 0, 1, 1', 2, 2' entworfen, je größer der Spaltabstand ist.

Diese Beugungsbilder wirken nun wie Scheinwerfer, die kohärentes Licht ausstrahlen und in der Bildebene S_2 wieder eine Interferenzerscheinung erzeugen. Diese Interferenzerscheinung soll ein Bild des Objektes, also diesem ähnlich sein. In unserem Falle erwarten wir zwei Spaltbilder B_1, B_2 im Abstand d'.

Damit diese Spaltbilder entstehen, müssen die von den Beugungsbildern 1, 0, 1' ausgehenden Wellenzüge sich in jedem Bildpunkt des Spaltbildes, z. B. in B_2 verstärken. Ihr Gangunterschied muß also 0, λ, $2\,\lambda$ usw. sein. Das bedeutet aber, daß in dem rechtwinkligen Dreieck $B_1 B_2 C$[1] die Kathete $C\,B_2 = \lambda$ ist. Daraus folgt für den Sinus des Gegenwinkels α':

$$\sin \alpha' = \lambda/d' \,. \tag{146}$$

---

[1] Winkel bei C rechtwinklig für $d' \ll$ Bildweite b.

Dieser Gegenwinkel ist aber wie in Abb. 145 gleich dem Winkel, den das vom Beugungsbild 1 ausgehende Bündel mit der optischen Achse bildet. Dividiert man Gl. (145) durch Gl. (146), so ergibt sich

$$\frac{\sin\alpha}{\sin\alpha'} = \frac{d'}{d}\,. \tag{147}$$

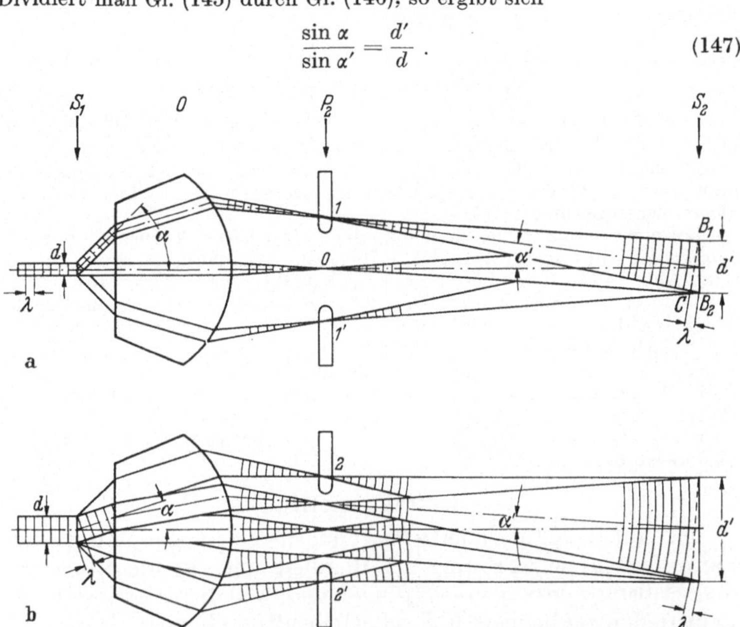

Abb. 140. Bildentstehung im Mikroskop. Zur Ableitung der Sinusbedingung und des Auflösungsvermögens; a) Abbildung einer Feinstruktur bei der Grenze des Auflösungsvermögens, b) Abbildung einer Grobstruktur. S_1 Doppelspalt im Abstand d als Objekt, O Objektiv (schematisch), P_2 Brennebene des Objektivs mit Beugungsspektren des Objekts, S_2 mikroskopisches Bild am Ort der Gesichtsfeldblende. Die Bezeichnungen S_1, P_2 und S_2 sind entsprechend Abb. 136 gewählt.

Dies ist die *Abbesche Sinusbedingung*. Sie besagt: Eine ähnliche Abbildung ist bei großer Linsenöffnung nur möglich, wenn sich der Sinus des Winkels, den ein abbildender Strahl auf der Gegenstandsseite mit der Achse bildet, zum Sinus des Winkels, den seine Fortsetzung auf der Bildseite mit der Achse bildet, verhält wie die Bildgröße zur Gegenstandsgröße.

Da für die Bildentstehung mindestens ein Beugungsbild erster Ordnung erforderlich ist, folgt aus Abb. 140a für das Auflösungsvermögen eines Mikroskops nach Gl. (145)

$$d = \lambda/\sin\alpha\,. \tag{148}$$

Hier bedeutet α den größten Winkel, unter dem die vom Objekt ausgehenden Strahlen in das Objektiv eintreten können. Füllt man den Raum zwischen dem Objekt und dem Objektiv mit einem Medium von hohem Brechungsindex n aus, so ist nach Gl. (151) die Wellenlänge in diesem Medium λ/n. Das Auflösungsvermögen ergibt sich für ein solches *„Immersionssystem"* zu

$$d = \frac{\lambda}{n\sin\alpha}\,. \tag{149}$$

Man bezeichnet nach ABBE $n \sin \alpha$ als *numerische Apertur A* eines Mikroskops.

Für $\lambda = 0{,}4 \ \mu\mathrm{m}$ (blaues Licht), $n = 1{,}6$ (Zedernholzöl), $\sin \alpha = 1$ wird

$$d \geq 0{,}25 \ \mu\mathrm{m} = 2{,}5 \cdot 10^{-4} \ \mathrm{mm} \ .$$

Mit bloßem Auge kann man nach Gl. (129) noch zwei Punkte im Abstand

$$d_{\min} = 0{,}07 \ \mathrm{mm} = 700 \cdot 10^{-4} \ \mathrm{mm}$$

unterscheiden. Das bedeutet $d_{\min} : d \approx 300$. Daraus folgt, daß eine mehr als 300fache Vergrößerung durch ein Mikroskop keine weiteren Einzelheiten im Objekt zu Tage fördert. Um bequemer sehen zu können, geht man bis zur 1000fachen Vergrößerung. Darüber hinaus hat man eine „leere Vergrößerung".

Bei einem Objekt, das zugleich eine *Feinstruktur* (kleines d) und eine *Grobstruktur* (großes d) aufweist, erfolgt die Abbildung der Feinstruktur nach Abb. 140a, die Abbildung der Grobstruktur nach Abb. 140b.

Schaltet man nun, wie in Abb. 140 angedeutet, in der Brennebene des Objektivs, d. h. bei P_2, eine Blende ein, so bleibt bei der Feinstruktur in P_2 nur noch das Beugungsbild nullter Ordnung übrig. Diese kann aber in S_2 kein Bild mehr erzeugen. Das heißt, die Feinstruktur verschwindet im Bild. Bei der Grobstruktur (Abb. 140b) bleiben die Beugungsbilder erster Ordnung übrig. Ihre Abbildung ist nach wie vor möglich.

(Versuche dieser Art lassen sich mit dem von ABBE angegebenen Diffraktionsapparat ausführen.)

Refraktometrie

Der auf S. 102 definierte Brechungsindex ist eine Materialkonstante, welche zur Prüfung der Reinheit und zur Identifizierung einer Substanz deswegen sehr geeignet ist, weil man sie auch an sehr kleinen Mengen bequem und schnell ermitteln kann.

Bei den gebräuchlichen Refraktometern bestimmt man ihn aus dem Grenzwinkel der Totalreflexion beim Übertritt einfarbigen Lichtes (Na-Licht) aus einem relativ dichteren Medium von bekanntem Brechungsindex n_b in die zu untersuchende Substanz. Tritt ein Lichtstrahl aus dem dichten Medium B in das dünnere Medium A über, so ist der größte Winkel β, unter dem dies möglich ist, der, bei dem $\alpha = 90°$ wird. Es gilt dann:

$$\frac{\sin \beta}{\sin 90°} = \frac{\sin \beta}{1} = \frac{n_a}{n_b} \ . \tag{150}$$

Für Einfallswinkel größer als β erfolgt Totalreflexion. Man nennt deshalb β den *Grenzwinkel der Totalreflexion*. Aus diesem Grenzwinkel und aus dem Brechungsindex n_b läßt sich nach Gl. (150) der gesuchte Brechungsindex n_a berechnen.

Zur Bestimmung des Grenzwinkels benützen wir das Refraktometer nach PULFRICH (Abb. 141). Es besteht aus einem Glastrog, der auf einen Glaswürfel aufgekittet ist und in den die zu untersuchende Flüssigkeit eingefüllt wird. Von einer Natriumflamme läßt man Licht durch den Flüssigkeitstrog auf die Grenzfläche

fallen. Die Lichtstrahlen, die durch die Grenzfläche hindurch-
getreten sind, können alle Winkel gegen das Einfallslot bilden, die
zwischen 0 und dem Grenzwinkel der Totalreflexion liegen. Diese
Strahlen werden beim Austritt aus dem Würfel nochmals gebrochen
und gelangen in ein auf Unendlich eingestelltes Fernrohr, welches
über einer Kreisteilung schwenkbar ist. Man stellt sein Fadenkreuz auf die Grenze zwischen Hell und Dunkel ein und liest den
Winkel φ an der Kreisteilung ab. Nach dem SNELLIUSschen Brechungsgesetz kann man nun den Winkel ψ berechnen: $\sin \psi = \dfrac{\sin \varphi}{n_b}$.
Der Grenzwinkel der Totalreflexion ist gleich $90 - \psi$.

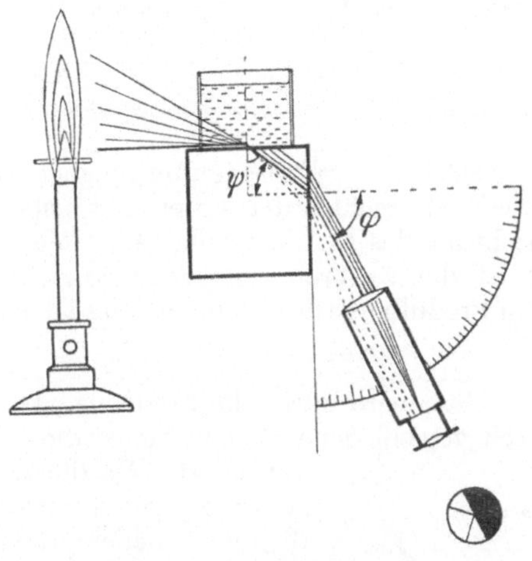

Abb. 141. Pulfrich-Refraktometer.

Für den praktischen Gebrauch verwendet man eine Tabelle,
aus der man für den beobachteten Winkel direkt den gesuchten
Brechungsindex n_a der Flüssigkeit entnimmt.

Bei dem Refraktometer nach ABBE kommt man mit noch kleineren Flüssigkeitsmengen aus. Die Messung kann mit weißem
Licht erfolgen. An der Skala kann man direkt den Brechungsindex ablesen.

X. Wellenoptik

Lichtwellen: Die Erscheinungen der geometrischen Optik, d. h.
Reflexion und Brechung, können durch Lichtstrahlen beschrieben
werden. Die Erscheinungen der Beugung und der Polarisation
zwingen jedoch zur Annahme, daß die Ausbreitung des Lichtes

durch Wellen erfolgt. Diese Lichtwellen sind elektromagnetische Wellen, in ihnen schwingt ein elektrisches und magnetisches Feld, d. h. die Stärke dieser Felder ändert sich an jedem Orte des vom Licht durchfluteten Raumes periodisch nach Größe und Richtung.

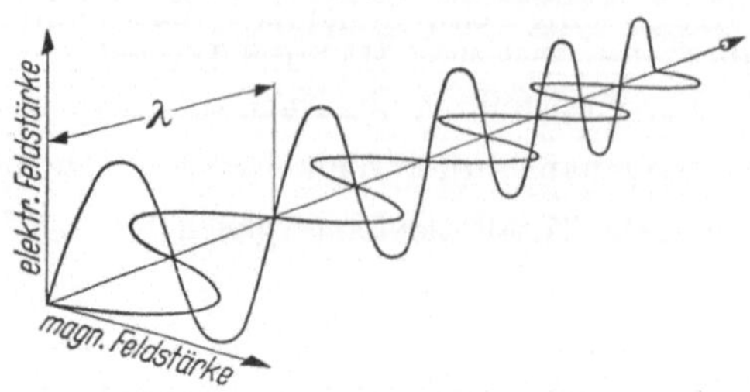

Abb. 142. Lichtwelle (Lage der elektrischen und magnetischen Welle).

Die Vektoren, welche die elektrische und magnetische Feldstärke darstellen, stehen senkrecht aufeinander und beide senkrecht zur Ausbreitungsrichtung des Lichtes (Abb. 142). Wie bei den Schallwellen (S. 26) ist die Ausbreitungsgeschwindigkeit c der Lichtwelle gleich dem Produkt aus der Frequenz v und der Wellenlänge λ.

$$c = v \cdot \lambda \, , [\text{Gl. (21)}] \, .$$

Die Farbe des Lichtes wird durch die Frequenz v bestimmt. Beim Durchtritt durch verschiedene Medien bleibt diese Frequenz un-

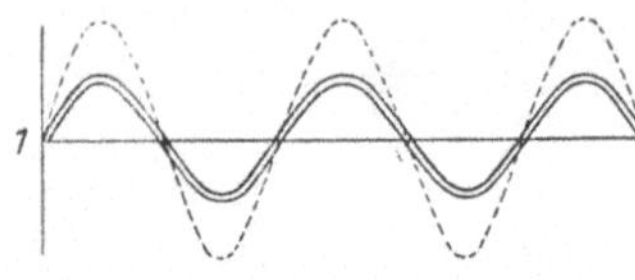

verändert. Da die Ausbreitungsgeschwindigkeit in verschiedenen Medien verschieden groß ist (S. 102), ist nach Gl. (21) auch die Wellenlänge verschieden, nämlich

$$\lambda_{\text{Medium}} = \frac{\lambda_{\text{Vakuum}}}{n_{\text{Medium}}} \, . \qquad (151)$$

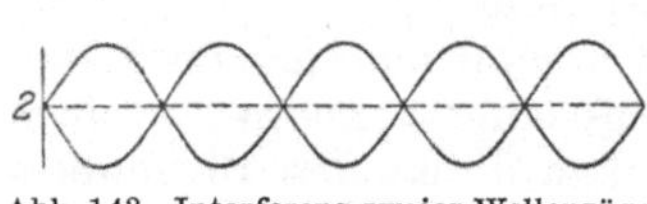

Abb. 143. Interferenz zweier Wellenzüge (resultierende Welle punktiert).

Wellenlängenangaben beziehen sich stets auf das Vakuum. (Die Werte für Luft unterscheiden sich davon nur um 0,02%.) Bei der Überlagerung zweier Wellen (*Interferenz*) betrachten wir die beiden in Abb. 143 gezeichneten Sonderfälle. Im 1. Fall, in dem die Wellenberge aufeinanderfallen, ergibt die Addition der Amplituden eine Verdoppelung. Im 2. Fall, bei dem der Wellenberg der einen Welle über dem Wellental der anderen liegt, heben sich die beiden Wellenzüge auf. Die Intensität (die durch sie in der Zeiteinheit durch die Flächeneinheit hindurch transportierte Energie) ist dem Quadrat der Amplitude proportional. Im ersten Fall ist also die Intensität der resultierenden Welle gegenüber der Intensität einer einzelnen Welle vervierfacht, im zweiten Fall wird die Intensität durch die Interferenz ausgelöscht.

Interferenzen können nur an Lichtbündeln erzeugt werden, welche von derselben Lichtquelle herrühren (*kohärentes Licht*). Ob der Fall 1) oder 2) auftritt, hängt von dem Gangunterschied dieser Lichtbündel ab. Der Fall 1) tritt auf für Gangunterschiede 0, λ, 2 λ usw., der Fall 2) für Gangunterschiede $\dfrac{\lambda}{2}$, $\dfrac{3\lambda}{2}$, $\dfrac{5\lambda}{2}$ usw.

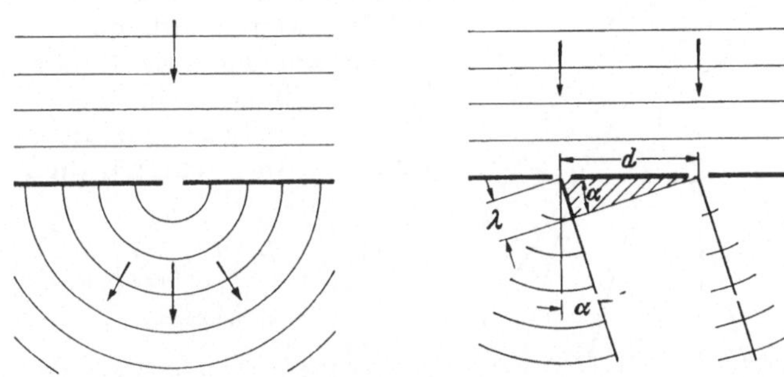

Abb. 144. Zum HUYGENSschen Prinzip.   Abb. 145. Beugung am Doppelspalt.

Beugung des Lichtes: Ein Bündel von parallelen, einfarbigen Lichtstrahlen entspricht der Ausbreitung einer „ebenen Welle". Läuft eine solche ebene Welle gegen einen Schirm mit einer sehr engen Öffnung (Abb. 144), so wird diese Öffnung zum Ausgangszentrum einer Kugelwelle. Das heißt, hinter dieser Öffnung breitet sich das Licht nach allen Seiten aus (*Huygenssches Prinzip*).

Befinden sich im Schirm zwei nebeneinanderliegende Öffnungen, z. B. zwei enge Spalte mit dem Abstand d (Abb. 145), so gehen von jedem dieser Spalte nach allen Richtungen kohärente Strahlen aus, welche miteinander interferieren. Wir betrachten die Interferenzerscheinungen, die in sehr großer Entfernung vom Schirm auftreten (*Fraunhofersche Beugung*). Sie treten also zwischen parallelen Strahlen auf. Der Gangunterschied zweier gebeugter, paralleler Strahlen, die mit der Einfallsrichtung den Winkel α bilden, ergibt sich aus Abb. 145 zu $d \cdot \sin \alpha$. Der Winkel α tritt nämlich, wie die Abb. 145 zeigt, zugleich als Gegenwinkel für eine Kathete des schraffierten rechtwinkligen Dreiecks auf, und diese Kathete mit der Länge $d \cdot \sin \alpha$ bildet den Gangunterschied zwischen dem rechten und dem linken Strahl. Die beiden Strahlen verstärken sich (in großer Entfernung) gegenseitig, wenn dieser Gangunterschied ein ganzzahliges Vielfaches z einer Wellenlänge beträgt. Ein Bündel in der Richtung α erzeugt also maximale Helligkeit für

$$z \cdot \lambda = d \sin \alpha \,. \tag{152}$$

Wir bezeichnen ein solches Bündel im folgenden kurz als Beugungsbündel nullter Ordnung, erster Ordnung, zweiter Ordnung usw., je nachdem der Gangunterschied $z \cdot \lambda = 0,\ \lambda,\ 2\,\lambda$, usw. beträgt.

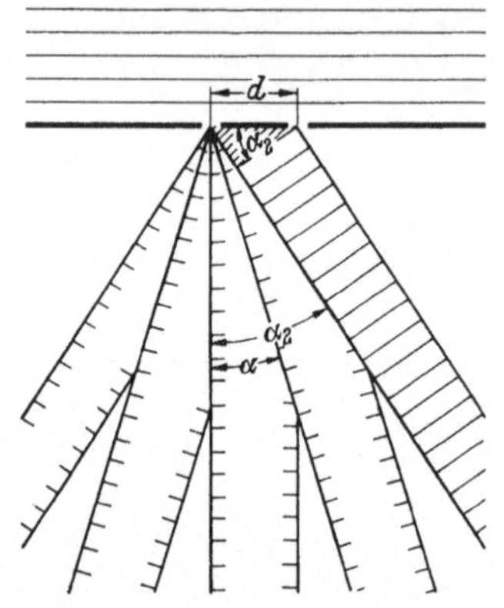

Abb. 146 zeigt fünf Beugungsbündel eines Doppelspalts, nämlich ein Bündel nullter Ordnung und je ein rechtes und linkes Bündel der ersten und der zweiten Ordnung.

Wir können diese Bündel statt im Unendlichen in der Brennebene einer Linse zur Interferenz bringen. Im Linsenmedium mit

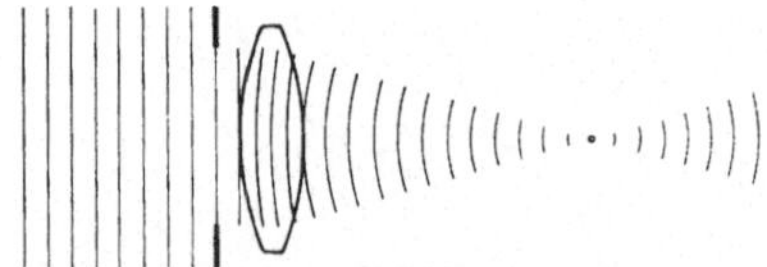

Abb. 146. Beugungsbündel nullter, erster und zweiter Ordnung beim Doppelspalt.

Abb. 147. Fokussierung einer ebenen Welle durch eine Linse.

dem Brechungsindex n ist die Wellenlänge des Lichtes nach Gl. (151) auf λ/n verkürzt. Infolge der Krümmung der Linse werden die ankommenden ebenen Wellenfronten beim Durchgang durch die Linse so gekrümmt, daß sie hinter der Linse als konzentrische Kugelwellen im Brennpunkt zusammenlaufen (Abb. 147). Man kann also die FRAUNHOFERsche Beugung an einem Spalt in der Brennebene einer Linse beobachten. Die Linse soll dabei so dicht hinter dem Spalt liegen, daß wir den Abstand des Spaltes von der Brennebene praktisch gleich der Brennweite f der Linse setzen können.

Abb. 148 zeigt drei praktisch wichtige Fälle.

a) Die Beugung an einem einfachen Spalt der Breite d: Wir können sie auffassen als Beugung an zwei dicht nebeneinander liegenden Spalten mit dem mittleren Abstand $d/2$. Das erste Minimum rechts oder links der Achse erhalten wir für den Gangunterschied $\dfrac{\lambda}{2}$. Aus Gl. (152) folgt dann

$$\frac{\lambda}{2} = \frac{d}{2} \sin \alpha$$

oder

$$\lambda = d \sin \alpha \,.$$

Die Breite des Beugungsbildes nullter Ordnung ergibt sich dann zu

$$D = 2f \tan \alpha \approx 2f \sin \alpha = 2f\lambda/d \, . \tag{153}$$

b) Die Beugung am Doppelspalt mit Abstand d.

Beim Doppelspalt haben wir entsprechend Gl. (152) Maxima für $\sin \alpha_0 = 0$, $\sin \alpha = \lambda/d$, $\sin \alpha_2 = 2\lambda/d$ usw.

c) Beugung an einer großen Anzahl von Spalten im Abstand d. Bei einer großen Anzahl von Spalten liegen die Beugungsmaxima an derselben Stelle wie beim Doppelspalt. Die Beugungsbilder sind jedoch um so schärfer, je größer die Zahl der Spalte ist.

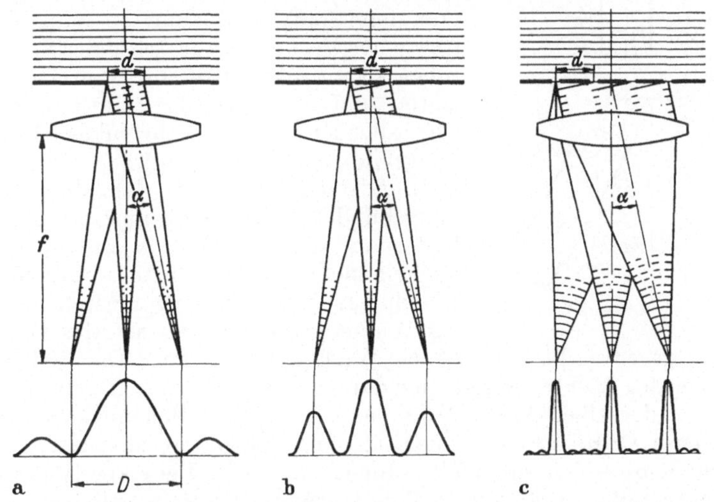

Abb. 148. Beugungserscheinungen; a) am einfachen Spalt, b) am Doppelspalt, c) an einer großen Zahl von Spalten.

Wellenlängenmessung mit dem Beugungsgitter: Nach dem Prinzip Abb. 148c lassen sich Wellenlängen absolut messen. Man benutzt dazu die Anordnung Abb. 149: Ein Beugungsgitter im Zentrum einer Kreisteilung, das Spaltrohr, auch Kollimator genannt, und das um die Achse schwenkbare Fernrohr.

Das Beugungsgitter besteht aus einer Glasplatte, in die mehrere tausend Linien in gleichen Abständen parallel zueinander eingeritzt sind oder auf die solche Linien photographisch aufgebracht wurden. Ihre Zwischenräume beugen wie Spalte. Ihr Abstand, von Mitte zu Mitte gemessen, wird als Gitterkonstante d bezeichnet. Sie läßt sich mit dem Mikroskop ausmessen (S. 124).

Im Spaltrohr sitzt ein Achromat und in dessen Brennebene ein Spalt. Das Fernrohr ist mit einem Fadenkreuz ausgestattet (S. 119) und auf Unendlich eingestellt.

Die Glasseite des Beugungsgitters wird dem Spaltrohr zugekehrt. Beugungsgitter und Spaltrohr werden so justiert, daß die Ebene des Beugungsgitters in der Achse der Kreisteilung liegt und senkrecht zur Achse des Spaltrohrs steht. Gitterlinien und Spalt werden parallel zur Achse der Kreisteilung ausgerichtet.

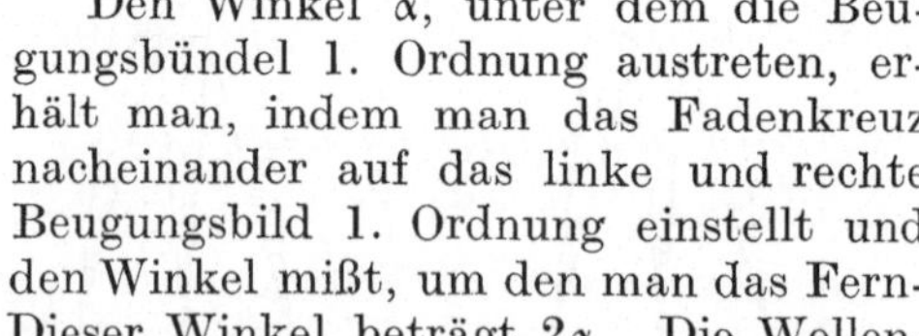

Bringt man nun eine monochromatische Lichtquelle, z.B. eine Natriumlampe, vor den Spalt und fluchtet man die Achse des Fernrohrs zur Achse des Spaltrohrs, so wird der Spalt über den Achromaten und das Fernrohrobjektiv in die Ebene des Fadenkreuzes abgebildet (Beugungsbild nullter Ordnung).

Den Winkel α, unter dem die Beugungsbündel 1. Ordnung austreten, erhält man, indem man das Fadenkreuz nacheinander auf das linke und rechte Beugungsbild 1. Ordnung einstellt und den Winkel mißt, um den man das Fernrohr geschwenkt hat. Dieser Winkel beträgt 2α. Die Wellenlänge des Lichtes ergibt sich dann aus d und α nach Gl. (152).

Abb. 149. Gitterspektrometer.

In derselben Weise kann man λ aus den Beugungswinkeln höherer Ordnung bestimmen oder eine Strahlung ausmessen, in der mehrere diskrete Wellenlängen auftreten. Bei einer Heliumspektralröhre erhält man z. B. in jeder Ordnung rote, gelbe, grüne, blaue und violette Spaltbilder, aus deren Beugungswinkeln man die zugehörigen Wellenlängen wieder nach Gl. (152) berechnen kann.

Aus der Form der Spaltbilder leitet sich die Bezeichnung Spektrallinien für die diskreten Komponenten eines Spektrums ab. Die Anordnung Abb. 149 bezeichnet man als Gitterspektrometer.

Eichung eines Prismenspektrometers

Im Prismenspektrometer (Abb. 150) benutzt man die schon oben erwähnte Tatsache, daß die verschiedenen Farben im Glas verschieden stark gebrochen werden (Dispersion), zu einer Zerlegung des Lichtes. Die Brechung erfolgt in einem Prisma. Durch ein Spaltrohr fällt das Licht der zu untersuchenden Lichtquelle auf dieses Prisma und tritt dann in ein auf Unendlich eingestelltes Fernrohr ein. Da die verschiedenen Farben im Prisma verschieden stark abgelenkt werden (z. B. blau stärker als rot), so entstehen verschiedene Bilder des Spaltes in der Brennebene des Fernrohrobjektivs nebeneinander. Wir bezeichnen sie wieder als Spektrallinien. Die Lage einer solchen Spektrallinie ist für ihre Farbe, d.h. für ihre Wellenlänge charakteristisch. Anstatt in der Brennebene eine Skala direkt anzubringen, entwirft man in ihr mit Hilfe des Skalenrohres ein reelles Bild einer Skala, indem man eine Prismenfläche als Spiegel benutzt.

Zu einer absoluten Wellenlängenmessung ist das Prismenspektrometer nicht verwendbar. Seine Skala muß mit Spektrallinien bekannter Wellenlänge geeicht werden. Zur Eichung verwenden wir das Spektrum von Helium (Tab. 2), welches durch eine elektrische Entladung in einer Geißlerröhre zum Leuchten angeregt wird.

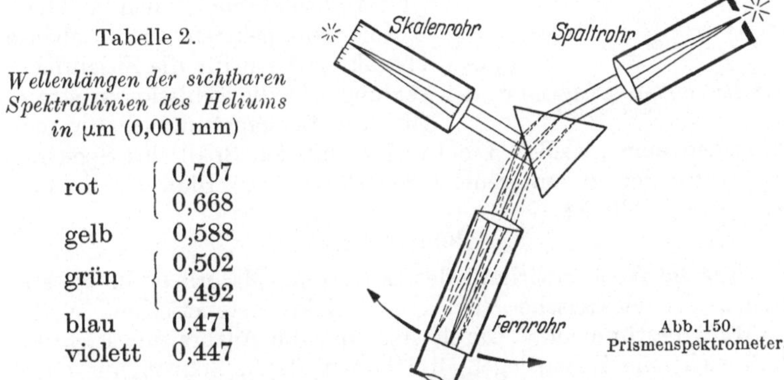

Tabelle 2.

Wellenlängen der sichtbaren Spektrallinien des Heliums in μm (0,001 mm)

rot	0,707
	0,668
gelb	0,588
grün	0,502
	0,492
blau	0,471
violett	0,447

Abb. 150.
Prismenspektrometer.

Die einzelnen Spektrallinien erscheinen im Spektralapparat bei ganz bestimmten Skalenteilen. Für diese Skalenteile kennen wir also die Wellenlängen, die ihnen entsprechen. Um auch die Werte für die dazwischenliegenden Gebiete zu erhalten, zeichnen wir die Wellenlängen für die beobachteten Skalenteile auf und verbinden die erhaltenen Punkte durch eine Kurve (Abb. 151). Damit haben wir die Eichkurve des Spektralapparates; man nennt sie *Dispersionskurve*. Aus dieser Kurve können wir für jeden Skalenteil die Wellenlänge angeben, die einer Spektrallinie zukommt, die an dieser Stelle erscheint.

Glühende Körper senden sogenanntes „weißes" Licht aus. Die spektrale Zerlegung dieses Lichtes ergibt ein kontinuierliches Spektrum, d. h. ein zusammenhängendes Band vom äußersten Rot bis zum Violett. Regt man Gase thermisch oder elektrisch zum Leuchten an, so erhalten wir ein Linien- oder Bandenspektrum (*Emissionsspektrum*), je nachdem die Lichtaussendung von Atomen oder von Molekülen erfolgt. Diese Spektren sind für die chemische Natur charakteristisch, so daß die Untersuchung des Spektrums zum Nachweis einzelner Elemente oder Verbindungen in der Lichtquelle geeignet ist (*Spektralanalyse*).

Tritt weißes Licht in Materie, so können in ihr je nach der chemischen Zusammensetzung ganz bestimmte Bereiche des Spektrums absorbiert werden, so daß nach der spektralen Zerlegung im kontinuierlichen Spektrum dunkle Linien oder Streifen auftreten (*Absorptionsspektrum*, „FRAUNHOFERsche Linien"). Diese Absorptionsspektren sind ebenso charakteristisch für die Zusammensetzung wie die Emissionsspektren.

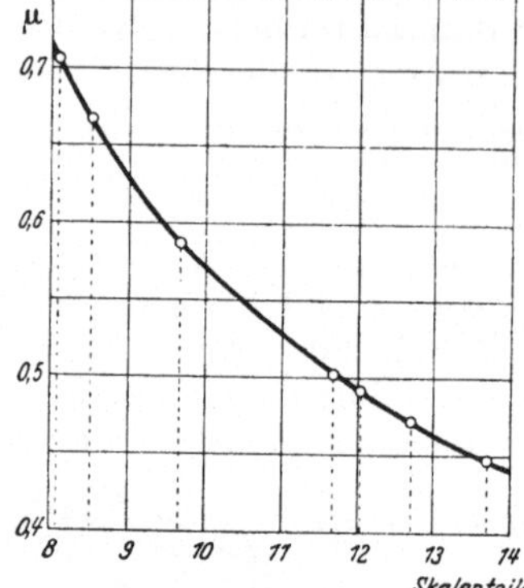

Abb. 151. Dispersionskurve des Prismenspektrometers.

Zu ihrer Beobachtung schaltet man zwischen eine „weiße" Lichtquelle und den Spalt des Spektralapparates den zu untersuchenden Stoff, z. B. Blut, das in eine Küvette gefüllt ist.

Polarimetrie

Für die Wechselwirkung des Lichtes mit Materie ist im wesentlichen der elektrische Vektor der elektromagnetischen Wellen (S. 128) bestimmend. Durch ihn und die Ausbreitungsrichtung läßt sich eine Ebene legen, welche wir als die Schwingungsebene

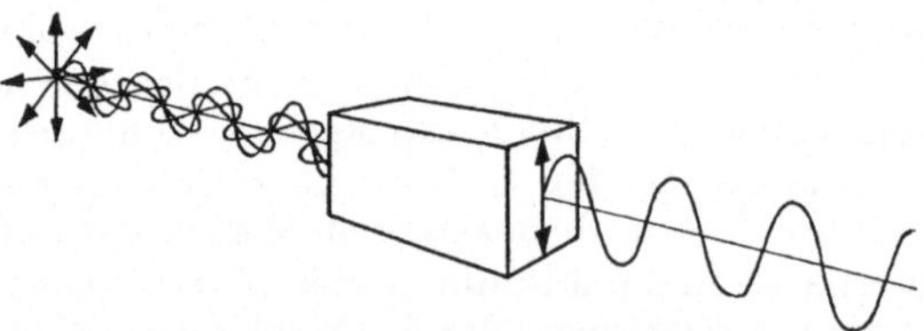

Abb. 152. Herstellung von polarisiertem Licht aus „natürlichem" Licht mit einem Polarisator.

des Lichtes bezeichnen. Wenn nur eine einzige Schwingungsebene auftritt, spricht man von *linear polarisiertem* Licht. Im allgemeinen ist aber das Licht einer Lichtquelle nicht polarisiert, d. h. man beobachtet Schwingungen des elektrischen Vektors in allen Ebenen, welche durch die Ausbreitungsrichtung hindurch gelegt werden können (*„natürliches" Licht*).

Durch Polarisatoren (Abb. 152) kann man dieses „natürliche" Licht polarisieren. Wenn man natürliches Licht in eine doppel-

brechende Substanz, z. B. Kalkspat, treten läßt, so wird das Licht
in zwei zueinander senkrecht polarisierte Strahlen aufgespalten.
Gelingt es, einen dieser Strahlen abzufangen, so schwingt das aus
dem Kristall heraustretende Licht nur noch in einer Schwingungsebene. (Das erreicht man z. B. mit dem *Nicolschen Prisma*.)

Läßt man solches polarisiertes Licht auf einen zweiten Polarisator fallen, so wird es ohne Intensitätsverluste hindurchgelassen,
wenn die Schwingungsebene der Welle mit der Schwingungsebene
des Polarisators (d. h. der Ebene, in der dieser
natürliches Licht polarisiert) übereinstimmt. Bildet
jedoch die Schwingungsebene des einfallenden Lichtes mit der Schwingungsebene des Polarisators einen
Winkel φ (Abb. 153), so tritt eine Welle hindurch,
deren Amplitude A' nur die Komponente der Amplitude A der einfallenden Welle in dieser Ebene
ist, also

$$A' = A \cos \varphi .$$

Da die Intensität dem Quadrat der Amplitude
proportional ist, gilt

$$I' = I \cos^2 \varphi . \qquad (154)$$

Für $\varphi = 90°$ ist also die Intensität 0, d. h. hinter
gekreuzten Polarisatoren beobachtet man Dunkelheit.

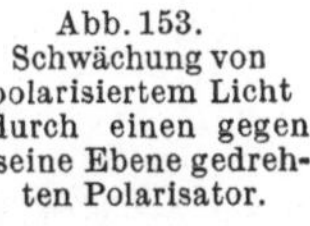

Abb. 153.
Schwächung von
polarisiertem Licht
durch einen gegen
seine Ebene gedreh-
ten Polarisator.

Im üblichen Polarisationsapparat (Abb. 154) sind zwei Nicol-
sche Prismen hintereinander geschaltet. An der Eintrittsseite des
Lichtes befindet sich der „Polarisator", der die Aufgabe hat, das
natürliche Licht der Lichtquelle zu polarisieren. Die Schwingungsebene dieses Lichtes wird mit einem zweiten, drehbaren Nicolschen Prisma bestimmt, das zu diesem Zweck mit einer Kreisteilung versehen ist. Diesen Teil bezeichnet man als Analysator.

Es gibt Substanzen, die die Schwingungsebene des polarisierten Lichtes drehen. Man nennt sie optisch aktiv. Wenn polarisiertes Licht in eine optisch aktive Substanz eintritt, so spaltet es
in eine rechts- und in eine links zirkular polarisierte Welle auf.
Das heißt, die Spitze des Vektors der elektrischen Feldstärke beschreibt nicht eine Sinuslinie wie in Abb. 142, sondern eine Rechts-
bzw. Linksschraube. In der optisch aktiven Substanz ist nun die
Geschwindigkeit der beiden Wellen verschieden (daher die Auf-
spaltung). Nach dem Austritt aus der optisch aktiven Substanz
ergeben beide Wellen wieder eine lineare polarisierte Welle, die
aber gegenüber der einfallenden Welle verdreht ist. Der Drehwinkel α hängt bei einer Lösung ab von der Konzentration c

(g/100 cm³), der Länge der durchstrahlten Schicht l, die üblicherweise in Dezimetern gemessen wird, und von einer für die Substanz charakteristischen Konstanten, dem spezifischen Drehwinkel $[\alpha]$. ($[\alpha]$ hängt von der Farbe des Lichtes ab.)

$$\alpha = \frac{[\alpha] \cdot c \cdot l}{100} . \tag{155}$$

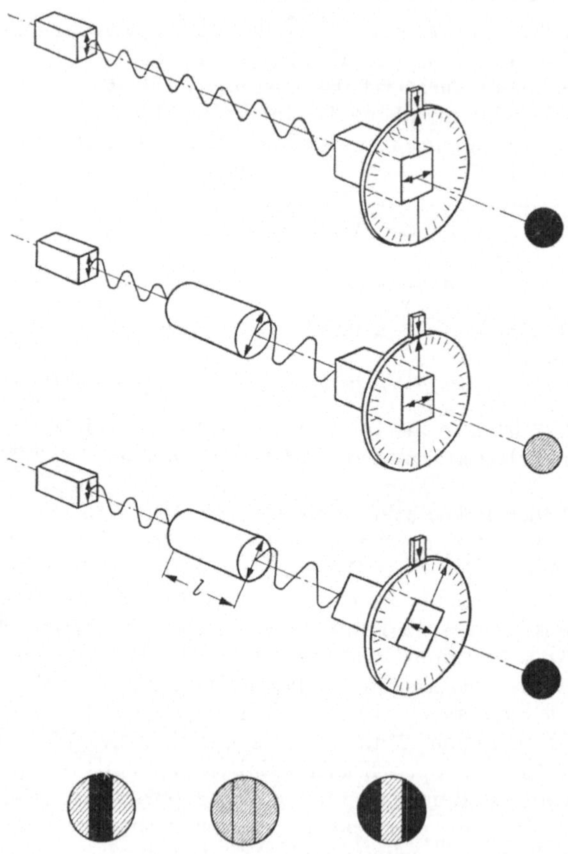

Abb. 154. Einstellungen am Polarimeter.

Das spez. Drehvermögen $[\alpha]$ wird also durch den Winkel gemessen, um den die Ebene des polarisierten Lichtes durch eine 100%ige Lösung in 1 dm langer Schicht gedreht werden würde.

Um mit dem Polarisationsapparat den Drehwinkel α zu messen, füllt man die Lösung in ein mit Glasplatten verschlossenes

Rohr und bringt dieses zwischen die beiden Nicols des Polarimeters, welches mit Natriumlicht beleuchtet wird und zuvor auf Dunkelheit eingestellt wurde. Es tritt dann infolge der Drehung der Polarisationsebene in der optisch aktiven Lösung eine Aufhellung des Gesichtsfeldes ein, und man muß den Analysator um den gleichen Winkel drehen, um wieder Dunkelheit zu bekommen. Den Drehwinkel liest man am Teilkreis ab.

Um die Einstellgenauigkeit und damit die Meßgenauigkeit zu erhöhen, sind die modernen Apparate so eingerichtet, daß man nicht auf Dunkelheit, sondern auf das Verschwinden eines Kontrastes in einem Kontrastfeld einstellt, und zwar so, daß bei einer geringen Drehung nach der einen bzw. nach der anderen Richtung der Kontrast der äußeren Felder gegenüber dem inneren Feld von Hell nach Dunkel bzw. von Dunkel nach Hell umschlägt (s. Abb. 154 unten).

Das Polarimeter wird im allgemeinen zur Messung der Konzentration einer Lösung einer optisch aktiven Substanz, z. B. des Traubenzuckers im Harn verwendet. Der spezifische Drehwinkel des Traubenzuckers beträgt 52,8°. Die Konzentration in g/100 cm³ ist dann bei Verwendung eines 2-Dezimeter-Rohres

$$c = \frac{100\,\alpha}{2 \cdot 52,8}\ \text{g/100 cm}^3.$$

XI. Photometrie

Die Lichtstärke: Eine Quelle elektromagnetischer Strahlung, z. B. ein auf 3000° erhitzter Körper (Wolframdraht einer Glühlampe) strahlt pro Sekunde eine ganz bestimmte Energie (Leistung) ab, die wir als die Gesamtstrahlung bezeichnen und in erg/s oder in Watt messen können. Diese Strahlung verteilt sich über einen großen Bereich des elektromagnetischen Spektrums (Abb. 155).

Nur ein kleiner Ausschnitt dieses Spektrums wirkt auf das Auge, und zwar ist das der Wellenlängenbereich von 0,4 bis 0,8 μm, den wir als sichtbares Licht bezeichnen. Für viele praktische Zwecke, z. B. in der Physiologie oder in der Beleuchtungstechnik, interessiert uns die Intensität der Sinnesempfindung, die von diesem sichtbaren Licht ausgelöst wird, also nicht die physikalisch gemessene Energie der Strahlung. Man beschränkt sich deshalb darauf, die physiologische Wirkung des Lichtes mit derjenigen einer willkürlich gewählten, aber jederzeit reproduzierbaren Einheitslichtquelle zu vergleichen. Als solche diente früher die sog. Hefnerlampe (Abb. 156). Das ist eine Dochtlampe bestimmter Abmessung,

die bei einer Füllung mit Amylacetat und einer Flammenhöhe
von 40 mm (in waagerechter Richtung) die Lichtstärke aufweist, die
man als eine *Hefnerkerze* (HK) bezeichnet. Statt der HK benutzt
man heute als Einheit die „Neukerze" (NK) oder Candela (cd).

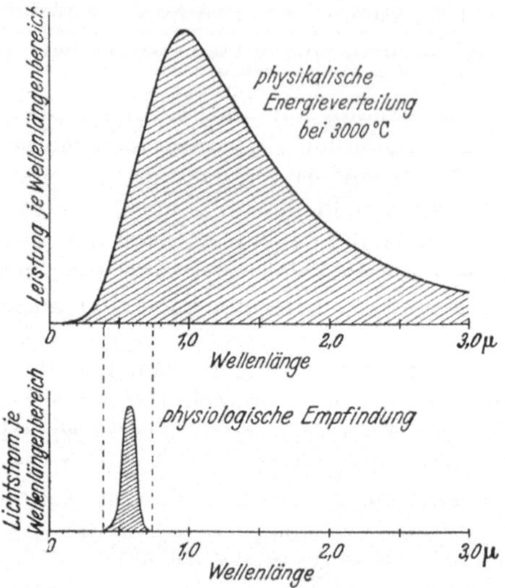

Abb. 155. Spektrum eines Temperaturstrahlers.

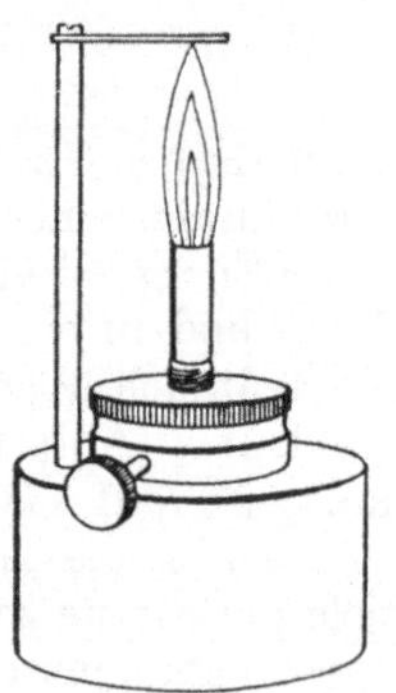

Abb. 156. Hefnerlampe

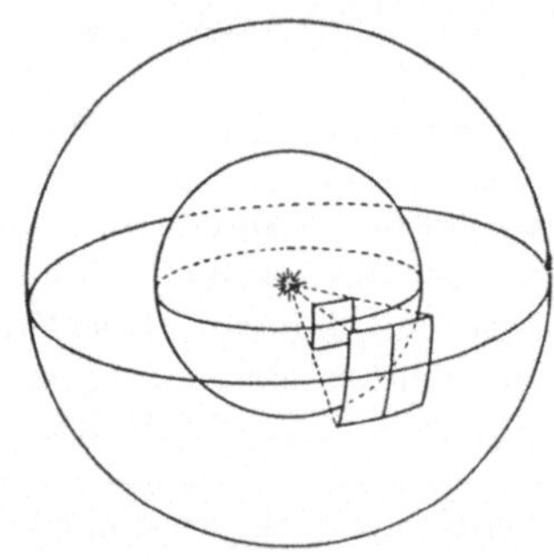

Abb. 157. Ausbreitung der Strahlung
einer punktförmigen Lichtquelle.

Bei der Lichtfarbe einer Metallfadenlampe entspricht
$$1 \text{ NK} = 1 \text{ cd} = 1{,}107 \text{ HK}.$$

Die *Lichtstärke I* einer Lichtquelle gibt an, wieviel solcher Lampen
an ihrer Stelle die gleiche Helligkeit hervorrufen. Die so für das

gesamte sichtbare Spektrum definierte Einheit läßt sich auch auf Teile des Spektrums (farbige Lichtquellen) anwenden.

Ausbreitung einer Strahlung (Abb. 157): Von einer punktförmigen Strahlungsquelle wird die Energie E nach allen Richtungen des Raumes gleichmäßig ausgestrahlt. Durch zwei konzentrische Kugelflächen, mit dem Radius r_1 und r_2, in deren Zentrum die Strahlungsquelle liegt, tritt der gesamte, also durch beide Flächen auch der gleiche Energiestrom hindurch, d. h. durch die $4\,\pi\,r_1^2$-Oberfläche der einen Kugel dasselbe wie durch die $4\,\pi\,r_2^2$-Oberfläche der anderen. Die jeweils pro Flächeneinheit hindurchtretende Energie ε_1 bzw. ε_2 ist also gegeben durch

$$\varepsilon_1 = \frac{E}{4\,\pi\,r_1^2} \quad \text{und} \quad \varepsilon_2 = \frac{E}{4\,\pi\,r_2^2} \,. \tag{156}$$

Es ist also

$$\varepsilon_1 : \varepsilon_2 = \frac{1}{r_1^2} : \frac{1}{r_2^2} = r_2^2 : r_1^2 \,,$$

d. h., die durch die Flächeneinheit hindurchtretende Energie ist dem Quadrat der Entfernung umgekehrt proportional.

Beim Licht ist die ausgestrahlte Intensität der in Hefnerkerzen gemessenen Lichtstärke I proportional. Den auf die Flächeneinheit gestrahlten *Lichtstrom* bezeichnen wir als *Beleuchtungsstärke B*. Sie ist $\frac{I}{r^2}$ proportional. Wenn wir r in Metern messen, so erhalten wir die Beleuchtungsstärke in *Lux*

$$B = \frac{I}{r^2} \,. \tag{157}$$

Die Einheit der Beleuchtungsstärke (Lux) erhält also die Fläche, die von 1 HK im Abstand von 1 m beleuchtet wird[1].

Messung von Lichtstärken mit dem Photometer: Wir führen die Messung der Lichtstärke zurück auf den Vergleich einer von ihr

Abb. 158. Photometerprinzip.

bewirkten Beleuchtungsstärke mit einer bekannten Beleuchtungsstärke, welche mit einer Normallampe erzeugt wird. Dazu stellt man die zu vergleichenden Lichtquellen zu beiden Seiten eines weißen Schirms, des Photometerschirms (Abb. 158), auf und

---

[1] Im Praktikum kann als Normallampe nur die alte Hefnerkerze eingesetzt werden.

wählt die Entfernungen so, daß die Beleuchtungsstärken auf beiden Seiten des Schirms gleich groß sind, also $\dfrac{I_1}{r_1^2} = \dfrac{I_2}{r_2^2}$. Die Lichtstärken verhalten sich demnach wie die Quadrate der Entfernungen, also

$$\frac{I_1}{I_2} = \frac{r_1^2}{r_2^2} . \tag{158}$$

Ist I_2 die Lichtstärke der Normallampe, also 1 HK, so ist also

$$I_1 = \frac{r_1^2}{r_2^2}\,\mathrm{HK}.$$

Um nun festzustellen, ob auf beiden Seiten des Schirms gleiche Beleuchtungsstärken sind, bedient man sich verschiedener Photometer. Das BUNSENsche Fettfleckphotometer besteht aus einem Stück Papier (Abb. 159), das in der Mitte einen Fettfleck hat. Das Unsichtbarwerden des Fettflecks zeigt an, daß die Beleuchtungsstärke auf beiden Seiten gleich groß ist.

Im Ritchiephotometer (Abb. 160) ist die Kante eines von vorne betrachteten Gipskeils unsichtbar, wenn die beiden Flächen gleich stark beleuchtet sind. Im Lummer-Brodhun-Photometer kann man durch eine Lupe hindurch über die Prismen P und die Spiegel Sp nebeneinander sowohl die linke Seite als auch die rechte Seite des Photometerschirms betrachten. Das Gesichtsfeld ist in Abb. 161 unten dargestellt. Der schraffierte Teil erhält sein Licht von der linken Seite des Schirms, der unschraffierte Teil von der rechten Seite des Schirms (nachprüfen!), wie man durch Abdecken einer Seite des Schirms leicht feststellen kann. Gleichheit der Beleuchtungsstärke der beiden Seiten des Schirms wird durch das Verschwinden des Kontrastes festgestellt.

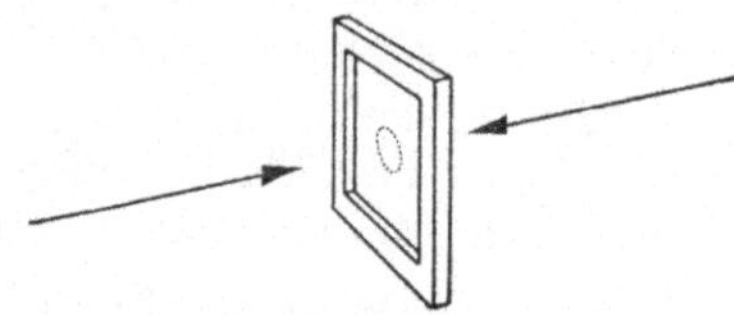

Abb. 159. BUNSENsches Fettfleckphotometer.

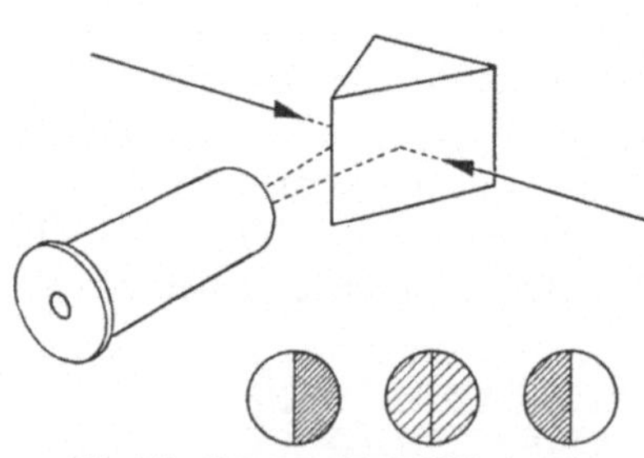

Abb. 160. RITCHIEs Gipskeil-Photometer.

Photometrie farbiger Lichtquellen: Bei farbigem Licht ist die Möglichkeit der Einstellung auf gleiche Beleuchtung zweier Ver-

gleichsfelder nach dem bisherigen Verfahren nicht möglich. Es ist
aber trotzdem möglich, die Lichtstärken farbiger Lichtquellen

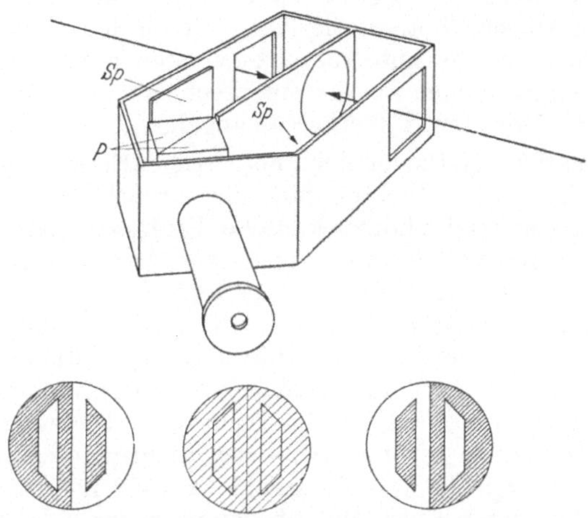

Abb. 161. Lummer-Brodhun-Photometer.

unabhängig von ihrer Farbe in Hefnerkerzen zu messen. Dazu
eignet sich das in Abb. 162 dargestellte Verfahren. Durch eine ro-
tierende Blende B (etwa
10 Umdrehungen pro s)
hindurch beleuchten wir ab-
wechselnd den Schirm S mit
einer geeichten weißen Lampe N und der zu messen-
den farbigen Lichtquelle F.
Im allgemeinen beobachtet
man ein Flimmern. Man
kann aber die Lichtstärke
der Lampe N so einstellen,
daß das Gesichtsfeld flim-
merfrei wird. In diesem
Falle sind die von den beiden Lichtquellen auf dem
Schirm erzeugten Beleuch-

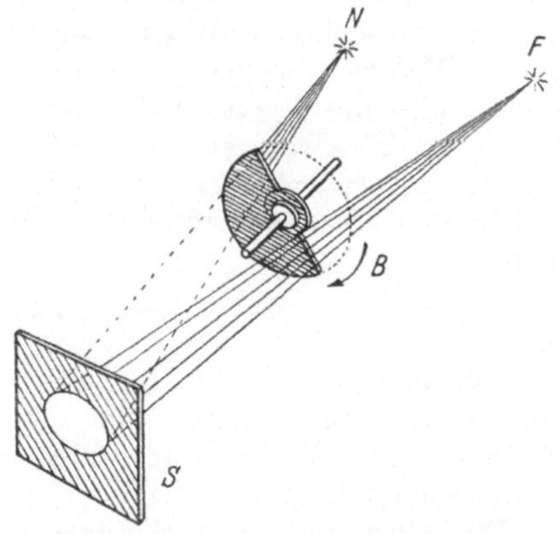

Abb. 162. Prinzip des Flimmerphotometers.

tungsstärken einander gleich. Bei symmetrischer Anordnung ist
dann die Lichtstärke der farbigen Lichtquelle gleich der Lichtstärke der weißen Lichtquelle. Hat man, nach dieser Methode
gemessen, zwei verschiedenfarbige Lichtquellen als gleich stark

erkannt, dann erhält man auch Flimmerfreiheit, wenn sie nach der gleichen Methode direkt miteinander verglichen werden. Darauf gründet sich die Berechtigung dieses Verfahrens. Nach diesem Verfahren farbiger Photometrie läßt sich für jeden Teil (Wellenlängenbereich) des in Abb. 155 gezeichneten Spektrums die der physikalisch gemessenen Energie entsprechende physiologisch empfundene Lichtstärke in Hefnerkerzen angeben.

Die objektiven Methoden der Photometrie: Sie beruhen auf der Wechselwirkung des Lichtes mit der absorbierenden Materie (photochemische und photoelektrische Prozesse). Hier versagen die Vorstellungen von der kontinuierlichen Ausbreitung der Energie des Lichtes im Strahlungsfeld der Lichtwelle.

Licht kann aus einer Metalloberfläche Elektronen auslösen, deren kinetische Energie von der Intensität des auffallenden Lichtes unabhängig ist, aber um so höher ist, je kurzwelliger, d. h. je höher die Frequenz des auslösenden Lichtes ist. Diesen *photoelektrischen Effekt* deuten wir mit Hilfe der Lichtquantenvorstellung, wonach die Energie im Strahlungsfeld in kleinen Energiepaketen gebündelt ist, deren Energieinhalt der Frequenz v der Lichtwelle proportional ist. Wir setzen den Energieinhalt des Lichtquantes

$$E = v \cdot h. \tag{159}$$

h ist eine universelle Konstante, die sogenannte *Plancksche Konstante des elementaren Wirkungsquantums* $h = 6{,}6 \cdot 10^{-27}$ erg s. Bei der Absorption wird der volle Energieinhalt des Lichtquantes an die Materie abgegeben. Beim photoelektrischen Effekt übernimmt also das Elektron diesen Betrag. Nun ist aber zur Ablösung des Elektrons aus dem Gefüge des Metalls eine Arbeit, die sogenannte *Austrittsarbeit A*, zu leisten. Die kinetische Energie, welche das Elektron nach Verlassen des Metalls noch behält, ist also

$$\frac{m}{2} v^2 = v \cdot h - A. \tag{160}$$

Nur dasjenige Licht, für welches das Produkt $v \cdot h$ größer ist als A, vermag Elektronen aus dem Metall herauszureißen. Zu jedem Metall gehört also eine langwellige Grenze des lichtelektrischen Effektes.

Die Abspaltung von Elektronen ist nicht allein auf Metalle beschränkt, sondern an allen Stoffen möglich. Reicht die Energie zur Abspaltung von Elektronen nicht aus, so kann eine Absorption der Lichtquantenenergie in den Molekülen oder Atomen stattfinden. Solche „angeregten" Moleküle sind in besonderem Maße zu chemischen Reaktionen befähigt (Photochemie).

Die Absorption eines Stromes von Lichtquanten läßt sich durch folgendes Modell beschreiben: Jedes absorbierende Zentrum (Molekül oder Atom) biete den Quanten eine absorbierende Fläche σ dar. Die Zahl n der absorbierenden Zentren je Volumeneinheit ist bei Lösungen der Konzentration des gelösten absorbierenden Stoffes proportional. Die gesamte absorbierende Fläche je Volumeneinheit ist dann $\mu = n \cdot \sigma$, innerhalb einer Schicht der Dicke Δx je Flächeneinheit also $\mu \cdot \Delta x$. Treten durch diese Schicht N Lichtquanten hindurch, so beträgt die Zahl der absorbierten Lichtquanten

$$\Delta N = -\mu \cdot \Delta x \cdot N . \tag{161}$$

μ bezeichnet man als den *Absorptionskoeffizienten*. Sind die Schichtdicken so groß, daß die Abnahme ΔN nicht mehr klein gegen N ist, so muß man Gl. (161) als Differential-gleichung schreiben und über die Schichtdicke x integrieren. Es ergibt sich daraus:

$$N = N_0 \cdot e^{-\mu x} , \tag{162}$$

wo N_0 die Zahl der auffallenden Lichtquanten und N die Zahl der durchtretenden Lichtquanten bedeutet (e ist die Basis der natürlichen Logarithmen [$e = 2{,}718$]). Da die Zahl der Lichtquanten der Intensität I bzw. I_0 des Lichtes proportional ist, können wir statt Gl. (162) schreiben

$$I = I_0 \cdot e^{-\mu x} \quad \text{oder} \quad \frac{I}{I_0} = e^{-\mu x} . \tag{163}$$

Gleiche Schichtdicken lassen also immer denselben Bruchteil der auf sie fallenden Intensität hindurch.

Aus Gl. (163) bestimmt man durch Messung des Schwächungs-verhältnisses und der Schichtdicke den Absorptionskoeffizienten. Er ist im allgemeinen von der Wellenlänge abhängig, so daß mit einfarbigem Licht gearbeitet werden muß. Messungen der Absorption können zur Bestimmung der Konzentration dienen (Kolorimetrie, Hämometrie).

Messung des Absorptionskoeffizienten von Rauchglas mit der Photozelle (Abb. 163): Die Photozelle ist ein luftleer gepumpter Glaskolben, in dem eine Metallschicht (z. B. Alkalimetall oder Cadmium) einer Drahtelektrode gegenüber angebracht ist. Die Metallschicht (Kathode) ist mit dem negativen Pol einer Batterie verbunden, der Drahtring als Anode über ein Galvanometer mit dem positiven Pol der Batterie. Im Dunkeln fließt kein Strom.

Fällt aber Licht auf die Schicht, so werden dort Elektronen ausgelöst. Sie wandern unter dem Einfluß der angelegten Spannung zur
Drahtelektrode und bewirken so das Fließen eines Stromes, den
man mit Hilfe des Galvanometers messen kann. Die gemessene
Stromstärke ist proportional der Zahl der ausgelösten Elektronen,
diese proportional der Beleuchtungsstärke, d. h. dem auf die
Fläche auftreffenden Lichtstrom. Der Galvanometerausschlag ist

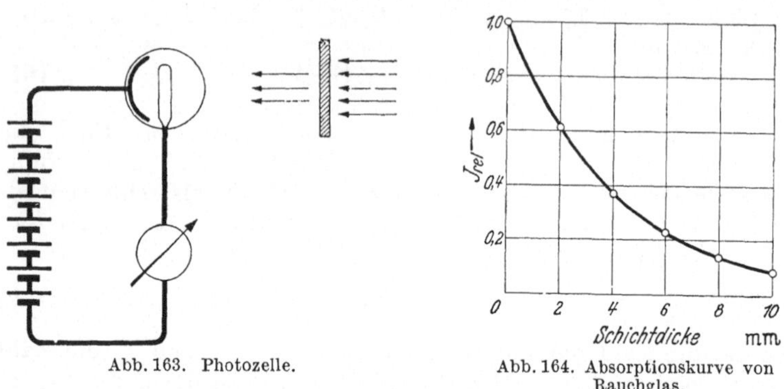

Abb. 163. Photozelle.   Abb. 164. Absorptionskurve von
Rauchglas.

also direkt der Intensität des Lichtes proportional. Schalten
wir zwischen Lichtquelle und Photozelle nacheinander Rauch-
gläser von 2, 4 und 6 mm Dicke ein, so beobachten wir ein Zu-
rückgehen des Galvanometerausschlags, wie es Abb. 164 darstellt.
Hieraus berechnen wir unter Vernachlässigung der Verluste durch
Reflexion den Absorptionskoeffizienten α des Rauchglases.

Messung der Beleuchtungsstärke mit dem Photoelement
(Abb. 165) (Sperrschichtphotozelle): Ein Selenphotoelement besteht
aus einer auf eine Eisenplatte aufgebrachten Selenschicht, auf
die eine durchsichtige Metallschicht aufgedampft ist. Unter dem
Einfluß des Lichtes treten aus der Selenschicht Elektronen in die
darüberliegende Metallschicht über und bewirken in einem an
diese und die Eisenplatte angeschlossenen Stromkreis das Fließen
eines Stromes. Seine Stromstärke ist nahezu der Beleuchtungsstärke proportional. Dieses Photoelement braucht im Gegensatz
zur Photozelle keine Batterie. Man kann also die Skala eines
dazwischengeschalteten Galvanometers direkt in Lux eichen. Diese
Eichung führen wir durch, indem wir die Zelle mit einer Lampe
von bekannter Lichtstärke (25 HK) aus verschiedenen Entfernungen bestrahlen, die Beleuchtungsstärke berechnen und als

Funktion des Skalenausschlags auftragen. Wir erhalten so eine Eichkurve (Abb. 166), aus der wir für jeden Skalenausschlag sofort die vorhandene Beleuchtungsstärke ablesen können. Mit einer solchen Anordnung kann man bequem nachprüfen, ob ein Arbeitsplatz die vorgeschriebene Beleuchtungsstärke (etwa 50 bis

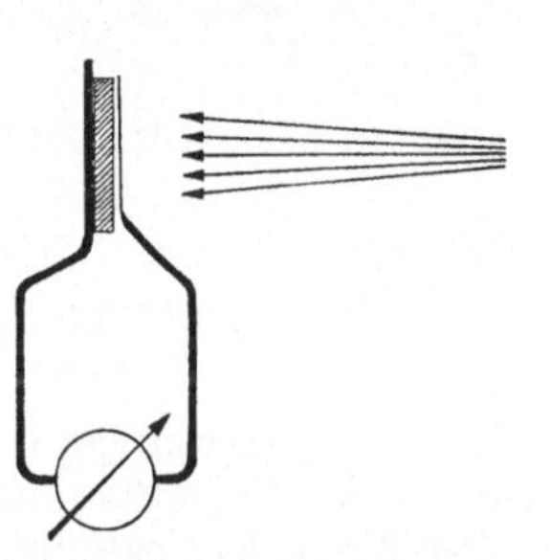

Abb. 165. Sperrschichtphotozelle.

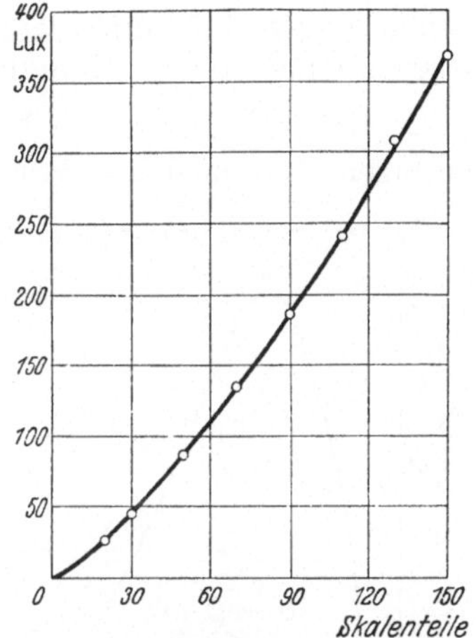

Abb. 166. Eichkurve eines Luxmeters.

100 Lux) hat. Nach demselben Prinzip ist auch der photographische Belichtungsmesser gebaut.

XII. Röntgenstrahlung und Radioaktivität

Röntgenstrahlen

Röntgenstrahlen sind wie das Licht elektromagnetische Wellen. Sie entstehen beim Aufprall von Elektronen (Kathodenstrahlen) auf Materie. Man unterscheidet *Bremsstrahlen* (weiße Röntgenstrahlen) und *charakteristische Röntgenstrahlen* (Eigenstrahlen). Bei der Erzeugung der Bremsstrahlung wird einzelnen Elektronen auf dem Wege einer Atomdurchquerung die volle Energie oder zum mindesten ein wesentlicher Bruchteil entzogen und als Röntgenwelle ausgestrahlt. Solche Prozesse sind selten. Die meisten Elektronen verlieren ihre Energie durch Zusammenstöße mit sehr vielen Atomen, denen sie kleine Bruchteile ihrer Energie abgeben, die schließlich als Wärme in Erscheinung treten; die Ausbeute an Röntgenstrahlen ist also klein. Sie nimmt mit wachsender Spannung zu. Der ausgestrahlten Röntgenwelle ordnen wir (s. S. 142) einen Strom von Lichtquanten zu, deren Energieinhalt $v \cdot h$ gleich dem Verlust der gebremsten Elektronen an kinetischer Energie ist. Wir erwarten also Lichtquanten sehr verschiedener Energie und demnach Röntgenstrahlen verschiedener Wellenlänge, d. h.

ein kontinuierliches Spektrum (s. Abb. 167). Die kinetische Energie $\frac{m}{2} v^2$ eines Elektrons (Ladung e, Masse m), welches ein Potentialgefälle von U Volt durchfallen hat, ist $e \cdot U$ (S. 57). Die größte Energie eines Quantes kann bei einer Spannung von U Volt also

$$v \cdot h = e U \qquad (164)$$

betragen. Die zugehörige Wellenlänge ist dann, weil $\lambda = \dfrac{c}{v}$ (S. 128)

$$\lambda = \frac{c h}{e U} = \frac{12{,}34}{U} 10^{-8} \text{ cm} , \quad (165)$$

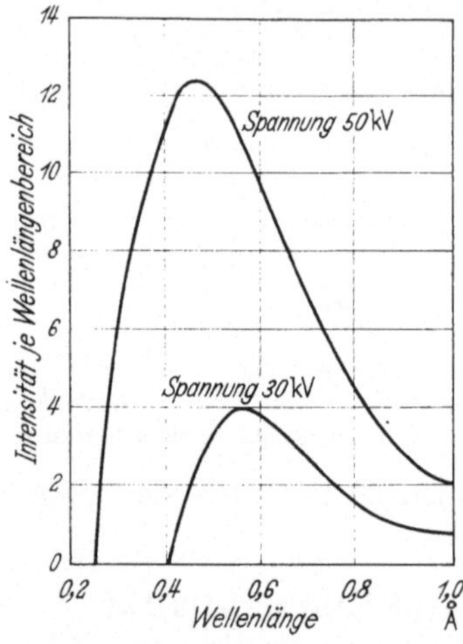

Abb. 167. Kontinuierliche Röntgenspektren[1].

wenn U in Kilovolt gemessen wird

$(c = 3 \cdot 10^{10}$ cm/s$)$
$(e = 1{,}6 \cdot 10^{-19}$ Coulomb$)$
$(h = 6{,}623 \cdot 10^{-34}$ Ws $\cdot$ s$)$.

Sie gibt die kurzwellige Grenze des Spektrums für die Spannung U. Eine Erhöhung der Spannung verschiebt die Grenze nach kürzeren Wellen und erhöht die Intensität in jedem Wellenlängenbereich.

Die charakteristische Strahlung wird nicht von den Kathodenstrahlelektronen selbst ausgesandt, sondern von den Atomen, die sie durchqueren. Sie entspricht den Spektrallinien des sichtbaren Gebietes. Ihr Spektrum ist im Gegensatz zu dem der Bremsstrahlung ein Linienspektrum, welches von der Energie der zu ihrer Anregung befähigten Kathodenstrahlteilchen unabhängig ist.

Beim Durchgang durch Materie werden die Röntgenstrahlen absorbiert. Ihre Absorption ist auf zweierlei Prozesse zurückzuführen. Erstens verlieren sie dadurch Intensität, daß aus dem Primärbündel Sekundärstrahlen seitlich hinausgestreut werden, deren Wellenlänge mit der der Primärstrahlen entweder übereinstimmt (*klassische Streustrahlung*) oder, vor allem bei hohen Frequenzen und leichten Atomgewichten der streuenden Substanz, gegen größere Wellenlängen verschoben ist (*Comptoneffekt*).

Zweitens werden sie auf lichtelektrischem Wege absorbiert, d. h. sie lösen aus den Atomen der durchstrahlten Substanz Elektronen aus, deren Energie $\frac{m}{2} v^2 = v \cdot h - A$ ist (s. S. 142). Für mono

---

[1] 1 Å = 1 Ångström = 10^{-8} cm.

chromatische Röntgenstrahlen gilt das Absorptionsgesetz

$$I = I_0 \cdot e^{-\mu d} \text{ (s. S. 143).}$$

Entsprechend den beiden oben genannten Prozessen der Absorption der Röntgenstrahlen setzt sich der Absorptionskoeffizient μ aus zwei Anteilen zusammen: $\mu = \sigma + \tau$, wo σ der Absorptionskoeffizient durch Zerstreuung ist und τ als echter Absorptionskoeffizient der photoelektrischen Absorption der Licht-

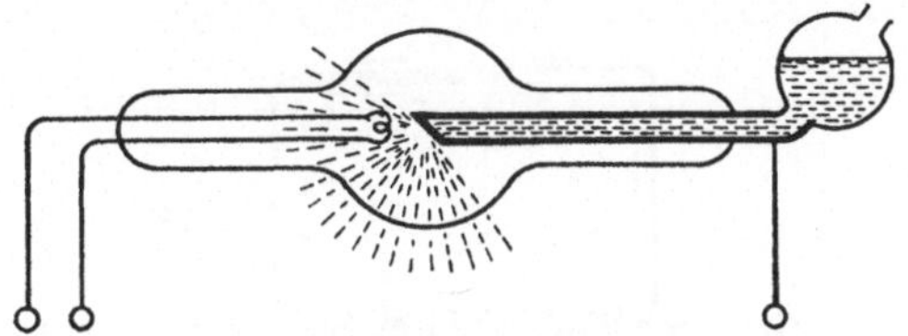

Abb. 168. Röntgenröhre.

quanten entspricht. Beide Absorptionskoeffizienten sind bei unveränderter chemischer Zusammensetzung der Dichte ϱ des absorbierenden Materials proportional. Den Quotienten $\dfrac{\mu}{\varrho}$ bezeichnet man als Massenabsorptionskoeffizienten. $\dfrac{\sigma}{\varrho}$ ist unabhängig von der Wellenlänge $= 0{,}2\ \dfrac{\text{cm}^2}{\text{g}}$. Erst für recht kurze Wellenlängen nimmt sein Wert ab (Übergang von der Streuung unter unveränderter Wellenlänge zum Comptoneffekt). τ nimmt mit wachsender Wellenlänge und mit zunehmender Ordnungszahl Z des absorbierenden Stoffes zu. Es ist der atomare Absorptionskoeffizient τ', d. h. τ dividiert durch die Anzahl der Atome im cm³:

$$\tau' \sim \lambda^3 \cdot Z^4 . \tag{166}$$

Es nimmt also die Absorbierbarkeit der Röntgenstrahlen mit zunehmender Wellenlänge zu, ihr Durchdringungsvermögen also ab. Strahlen von hohem Durchdringungsvermögen bezeichnen wir als harte Strahlen, solche von geringem Durchdringungsvermögen als weiche Röntgenstrahlen. Gemäß Gl. (165) nimmt also mit wachsender Röhrenspannung die Härte einer Röntgenstrahlung zu.

Erzeugung von Röntgenstrahlen: α) *Röntgenröhre* (Abb. 168): Zur Erzeugung von Röntgenstrahlen verwendet man die Glühkathodenröhre. Die Kathode besteht aus einem elektrisch geheizten Wolframdraht, aus dem die Elektronen herausdampfen (*glühelektrischer Effekt*). Durch das elektrische Feld zwischen Kathode und Anode werden die Elektronen beschleunigt und gewinnen kinetische Energie.

Man mißt ihre Energie in Elektronen-Volt (eV). 1 eV ist die Energie, die ein Elektron gewinnt, wenn es die Potentialdifferenz von 1 Volt durchfällt. (1 eV = $1{,}602 \cdot 10^{-19}$ Coulomb $\times$ Volt = $1{,}602 \cdot 10^{-19}$ Ws = $1{,}6 \cdot 10^{-12}$ erg.)

Große Energiebeträge mißt man in MeV. 1 MeV = 10^6 eV.

Die beschleunigten Elektronen nennt man Kathodenstrahlen. Sie dringen mit großer Geschwindigkeit in das Antikathodenmaterial ein. Etwa 99% der Gesamtenergie werden dabei in Wärme

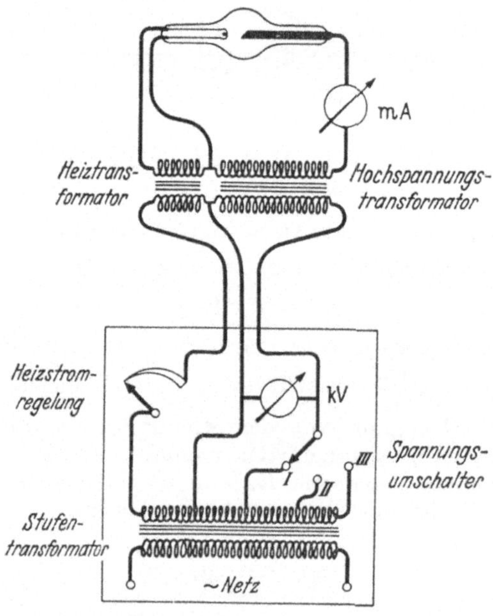

Abb. 169. Schaltung einer kleinen Röntgenanlage.

verwandelt. Der Rest der Kathodenstrahlenergie wird in Röntgenstrahlung umgesetzt. Zur Vermeidung der Überhitzung der Antikathode wird diese gekühlt (Luftkühlung oder Ölkühlung, Siedekühlung). Moderne Röhren sind mit einer Abschirmung umgeben, so daß die Röntgenstrahlung nur aus einem kleinen Fenster austreten kann (Strahlenschutzröhren).

β) Zur Erzeugung der Hochspannung verwendet man Transformatoren, deren Sekundärspannung mit Hilfe von Gleichrichterröhren und Kondensatoren in Gleichspannung verwandelt wird. Bei kleineren Anlagen wird auf die Gleichrichtung verzichtet. Hier wirkt dann die Röntgenröhre selbst als Gleichrichter. Die

Abb. 169 zeigt das Schaltschema einer solchen Anlage. Die Netzspannung liegt an der Primärwicklung eines Stufentransformators, dessen Sekundärwicklung mehrere Anschlüsse aufweist, so daß mit Hilfe des Spannungsumschalters verschiedene Spannungen abgegriffen werden können. Diese Spannungen werden in dem räumlich getrennten und sorgfältig isolierten Hochspannungstransformator hinauftransformiert, und diese Hochspannung ist an die Röhre gelegt. Die Messung der Hochspannung erfolgt dadurch, daß man ein Voltmeter an die Primärwicklung des Hochspannungstransformators legt. Da die Primärspannung zur Sekundärspannung immer in demselben Verhältnis, nämlich im Verhältnis der Windungszahlen steht, kann man dieses Voltmeter direkt in den Hochspannungswerten (in kV) eichen. Die Messung der Stromstärke, die durch die Röhre hindurchfließt, erfolgt dagegen direkt im Hochspannungskreis durch ein Milliamperemeter.

Die Heizung der Kathode kann nicht einfach direkt vom Netz aus erfolgen, denn die Kathode liegt im Hochspannungskreis. Dazu wird vielmehr ein besonders gut isolierter Heiztransformator verwendet, dessen Primärwicklung über einen Regulierwiderstand ebenfalls an den Stufentransformator angeschlossen ist. Wir haben also bei einer Röntgenanlage grundsätzlich zwei Reguliermöglichkeiten.

1. Die Heizstromregelung: Erhöhung des Heizstroms bewirkt Zunahme der Zahl der in der Sekunde aus der Kathode austretenden Elektronen, also eine Zunahme des *Emissionsstromes*. Ihm proportional wächst ohne Änderung der Härte und der spektralen Verteilung die Gesamtintensität der Röntgenstrahlen.

2. Die Spannungsregelung: Ohne Änderung der Stärke des Emissionsstroms wächst bei Spannungssteigerung die Gesamtintensität der Strahlung, und es nimmt gleichzeitig durch Hinzukommen kürzerer Wellen die Härte zu (Abb. 167).

Nachweis und Messung der primären Röntgenstrahlen: Röntgenstrahlen haben die Fähigkeit, bestimmte Stoffe, z. B. Bariumplatinzyanür, zum Leuchten anzuregen. Das erregte Fluoreszenzleuchten ist um so stärker, je höher die Intensität der Röntgenstrahlen ist, so daß es nicht nur zum Nachweis, sondern auch zu einer groben Intensitätsabschätzung geeignet ist. Ferner vermögen Röntgenstrahlen die photographische Platte zu schwärzen.

Die wichtigste Methode zur Intensitätsmessung von Röntgenstrahlen gründet sich auf ihre Fähigkeit, Gase zu ionisieren. Bei der photoelektrischen Absorption der Röntgenstrahlquanten werden aus den absorbierenden Molekülen des Gases Elektronen abgespalten, deren kinetische Energie nach S. 142 u. 146 fast ebenso groß ist wie die kinetische Energie der Kathodenstrahlelektronen, durch welche die Röntgenquanten erzeugt wurden. (In den zur Absorption verwendeten Gasen ist die Ablösearbeit auch der am festesten gebundenen Elektronen so klein, daß sie vernachlässigt werden darf.) Diese lichtelektrisch abgespaltenen Elektronen durchqueren nun eine große Zahl weiterer Moleküle des Gases, welche durch sie ionisiert werden. Die hierbei abgespaltenen Elektronen lagern sich an neutrale Gasmoleküle an. Bei jedem Ionisierungsprozeß entsteht also ein Ionenpaar. Die Zahl der so gebildeten Ionenpaare ist proportional der Energie des Photoelektrons. Ein Photoelektron von 34000 eV, welches also von den härtesten Quanten einer mit 34000 V betriebenen Röhre stammt, erzeugt z. B. 1000 Ionenpaare, ein solches von 68000 eV also 2000 usw.

Nach dem Absorptionsgesetz für dünne Schichten, Gl. (161), als solche sind Gasstrecken von 10—20 cm bei nicht zu weichen Röntgenstrahlen aufzufassen, ist die Zahl der absorbierten Quanten der Zahl der auftreffenden Quanten (einer monochromatischen Röntgenstrahlung), d. h. der Intensität proportional. Daraus folgt, daß auch die Gesamtzahl der auf einer Gasstrecke erzeugten Ionen der Intensität der Röntgenstrahlen proportional ist. (Bei völliger Absorption im Gase gilt auch für eine nicht monochromatische Strahlung, also für weißes Röntgenlicht, daß die Gesamtenergie der gesamten erzeugten Ionenmenge proportional ist.)

Radiologische Größen und Einheiten: Für die praktische Anwendung der Röntgen- und Gammastrahlen, insbesondere in der Medizin, braucht man ein Maß für die *Strahlungsmenge*, die einem Körper zugeführt wird. Man bezeichnet sie als *Dosis*. Als Maß für die Strahlendosis eignet sich die Ionisation, die von der Strahlung in Luft hervorgerufen wird. Man kommt so zum Begriff der „*Ionendosis*". Ihre Einheit ist das *Röntgen* (r)[1]. Das ist die Strahlungsmenge, die in einem Kubikzentimeter Luft unter Normalbedingungen soviel Ionen eines Vorzeichens bildet, daß sie zusammen gerade eine elektrostatische Ladungseinheit $= 0{,}33 \cdot 10^{-9}$ Coulomb (C) ausmachen. Da 1 ccm Luft unter N. B. die Masse 0,001293 g hat, können wir schreiben:

$$1\,\mathrm{r} = \frac{0{,}33 \cdot 10^{-9}\,\mathrm{C}}{0{,}001293\,\mathrm{g\ Luft}} = 2{,}58 \cdot 10^{-4}\,\mathrm{C/kg\ Luft}\ .$$

---

[1] Neuerdings schreibt man R.

Einheit der Ionendosis:

$$1 \text{ Röntgen (r)} = 2{,}58 \cdot 10^{-4} \text{ Coulomb/kg Luft} . \qquad (167)$$

Als *Ionendosisleistung* bezeichnet man die Ionendosis pro Zeiteinheit. Man mißt sie in Röntgen/Sekunde. Sie gibt also die pro Zeiteinheit und Masseneinheit entstehende Ladung an. Wenn man in einer Ionisationskammer dafür sorgt, daß diese Ladung restlos abgeführt wird, gibt die Ionendosisleistung, die aus der Masseneinheit Luft in der Zeiteinheit austretende Ladung, also die Stromstärke an. Als Einheit benutzen wir

$$1 \text{ r/s} = 2{,}58 \cdot 10^{-4} \text{ C/s kg Luft} .$$

Einheit der Ionendosisleistung:

$$1 \text{ Röntgen/Sekunde (r/s)} = 2{,}58 \cdot 10^{-4} \text{ Ampere/kg Luft} . \qquad (168)$$

Z. B. fließt durch eine Ionisationskammer mit einem Meßvolumen von 1 Liter Luft unter N.B. $= 1{,}293$ g bei einer Einstrahlung von 1 r/s ein Strom von $2{,}58 \cdot 10^{-4} \cdot 1{,}293 \cdot 10^{-3} \text{ A} = 3{,}33 \cdot 10^{-7} \text{ A}$.

Die Einheit der Ionendosis ist nur für Luft definiert, da zu ihrer Messung die Ionisation in Luft benutzt wird. Einen allgemein anwendbaren Dosisbegriff erhält man, wenn man die in einer Substanz absorbierte Strahlungsenergie zugrunde legt. Man kommt so zum Begriff der *Energiedosis*. Ihre Einheit ist 1 rad $= 100$ erg/g $= 10^{-2}$ Ws/kg.

Einheit der Energiedosis: $1 \text{ rad} = 10^{-2} \text{ Joule/kg} .$ $\qquad (169)$

Sinngemäß definiert man:

Einheit der Energiedosisleistung: $1 \text{ rad/s} = 10^{-2} \text{ Watt/kg} .$ $\quad (170)$

Der Begriff der Energiedosis ist zwar generell anwendbar, die Energiedosis ist aber praktisch nicht meßbar. Man hilft sich, indem man am Bestrahlungsort mit einer Ionisationskammer die Ionendosis mißt und mit Hilfe der bekannten Absorptionskoeffizienten die Energiedosis im bestrahlten Körper berechnet.

Für Luft ergibt sich folgende Umrechnung: Da die Ladung eines Ions gleich 1 Elementarladung $= 1{,}6 \cdot 10^{-19}$ C ist, gilt $1 \text{ r} \,\hat{=}\, 2{,}58 \cdot 10^{-4}/1{,}6 \cdot 10^{-19}$ Ionenpaare/kg Luft $= 1{,}61 \cdot 10^{15}$ Ionenpaare/kg. Da zur Erzeugung eines jeden Ionenpaares die Energie von 34 eV $= 5{,}45 \cdot 10^{-18}$ Ws gebraucht wird, werden insgesamt $1{,}61 \cdot 10^{15} \cdot 5{,}45 \cdot 10^{-18}$ Ws/kg $= 0{,}88 \cdot 10^{-2}$ Ws/kg absorbiert. Da nach Gl. (169) 1 rad $= 10^{-2}$ Ws/kg ist, können wir also für Luft schreiben:

$$1 \text{ Röntgen (r)} \,\hat{=}\, 0{,}88 \text{ rad} \qquad (171)$$

und haben damit eine Umrechnung von Ionendosis auf Energiedosis. Der Massenabsorptionskoeffizient von Wasser und tierischem Gewebe ist im Bereich von Quantenenergien zwischen 100 kV und 10 MeV ungefähr gleich dem der Luft, so daß man in erster Näherung dieselbe Umrechnung auch auf diese Stoffe anwenden kann.

Messung mit der Ionisationskammer: Die Aufgabe der Intensitätsmessung von Röntgenstrahlen wird also auf die Aufgabe zurückgeführt, die von ihnen pro Sekunde erzeugte Ionenzahl zu bestimmen. Dies geschieht in der *Ionisationskammer.*

Man läßt z. B. ein ausgeblendetes Bündel der Röntgenstrahlen zwischen zwei isolierten Metallplatten hindurchtreten (Abb. 170), welche über ein Galvanometer mit einer Batterie verbunden sind. Die erzeugten positiven Ionen wandern zur negativen Platte, die negativen zur positiven Platte. Es fließt also in dem Kreise ein Strom, dessen Stärke der Zahl der pro Sekunde erzeugten Ionen proportional ist. Die Spannung zwischen den Platten muß so hoch gewählt werden, daß alle Ionen mit so hoher Geschwindigkeit an die Platte gezogen werden, daß jegliche Wiedervereinigung der positiven und negativen Ionen vermieden wird (Sättigungsstrom).

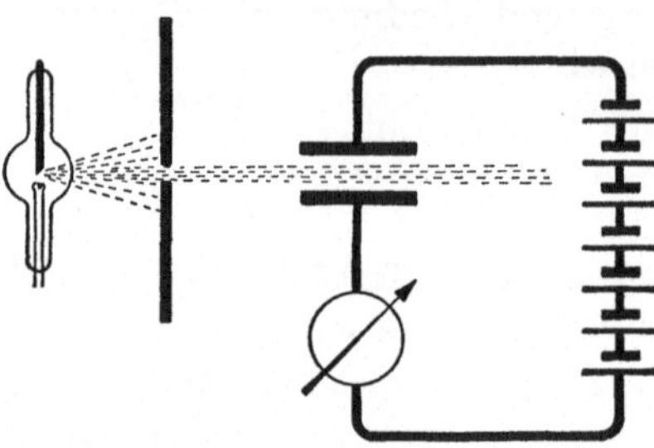

Abb. 170. Prinzip der Messung der Ionisation durch Röntgenstrahlen.

Im allgemeinen verwendet man an Stelle des Plattenkondensators einen Zylinderkondensator. Die eine Elektrode bildet das Gehäuse, die andere ist stabförmig und ist isoliert in der Achse des Gehäuses angebracht. Da die zu messenden Ionenströme im allgemeinen zu schwach sind, um mit einem Galvanometer gemessen zu werden, benutzt man zur Bestimmung der erzeugten Ionenmengen ein Elektrometer. Seine Schaltung zeigt Abb. 171. Der positive Pol einer Batterie ist mit dem Gehäuse der Ionisationskammer verbunden, die Innenelektrode mit dem Elektrometerfaden, das Elektrometergehäuse mit der Erde. Wenn man die Verbindung des Elektrometerfadens mit der Erde durch den Erdungsschalter unterbricht so laden die durch das elektrische Feld in der Ionisationskammer auf die Innenelektrode geführten Ionen diese und das mit ihr verbundene Elektrometer auf. Gleiche Aufladungen bei aufeinanderfolgenden Messungen werden durch gleiche Anzahl von Ionen bewirkt. Einen Intensitätsvergleich, auf den es uns bei unseren Messungen allein ankommt, führen wir so durch, daß wir die Zeiten messen, in denen das Elektrometer die gleiche Aufladung erhält. Die Zeit t, die zur Erzeugung der zur Aufladung des Elektrometers benötigten Ionenzahl notwendig ist, ist der Intensität I der Röntgenstrahlung umgekehrt proportional, eine halb so große Intensität braucht also die doppelte Zeit.

$$I \sim \frac{1}{t} \, .$$

1. *Abhängigkeit der Intensität der Röntgenstrahlen von Emissionsstrom und Röhrenspannung:* Wir führen folgende Intensitäts-

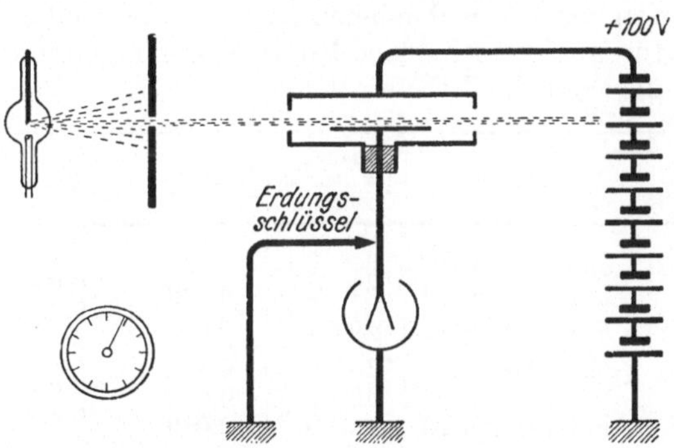

Abb. 171. Schaltung der Ionisationskammer.

messungen durch: Messung der Intensität bei 40 kV Röhrenspannung. Wir regulieren die Heizstromstärke mit der Heizstromregelung so, daß das Milliamperemeter nacheinander die Emissionsstromstärken von 1 mA, 2 mA, 3 mA anzeigt, und bestimmen jeweils die Aufladezeit des Elektrometers. Das Ergebnis zeigt die Tabelle:

Röhrenspannung	Emissionsstrom	Aufladezeit t des Elektrometers	$\dfrac{1}{t} \sim$ Intensität
40 kV	1 mA	32 s	$^1/_{32} = 0{,}03$
40 kV	2 mA	16 s	$^1/_{16} = 0{,}06$
40 kV	3 mA	10,8 s	$^1/_{10,8} = 0{,}09$
70 kV	1 mA	10 s	$^1/_{10} = 0{,}1$

Die Intensität der Röntgenstrahlung ist also bei konstanter Röhrenspannung proportional dem Röhrenstrom. Die letzte Zeile der Tabelle zeigt die Intensität bei 70 kV Röhrenspannung und einem

Emissionsstrom von 1 mA. Eine Erhöhung der Röhrenspannung bewirkt also bei gleichem Röhrenstrom ein starkes Anwachsen der Intensität. Inwiefern sich dabei gleichzeitig die Qualität der Strahlung ändert, zeigt der nächste Abschnitt.

2. *Messung der Absorption der Röntgenstrahlen: a) Abhängigkeit von der Wellenlänge:* Zur Beurteilung der Absorbierbarkeit der Röntgenstrahlung bestimmt man das Verhältnis $\frac{I}{I_0}$, welches nach S. 147 gleich $e^{-\mu d}$ ist. I und I_0 messen wir mit der Ionisationskammer. I_0 ist die Intensität ohne Absorber, I ist die Intensität mit dem vor der Eintrittsöffnung der Ionisationskammer angebrachten Absorber, den wir in verschiedenen Dicken d verwenden. Die Messung wird für zwei verschiedene Röhrenspannungen durchgeführt. Das Ergebnis zeigt die Tabelle:

Röhrenspannung	Absorber	Aufladezeit des Elektrometers t	$\frac{1}{t} \sim$ Intensität	$\frac{I_1}{I_0}, \frac{I_2}{I_1}$ usw.	relative Intensitäten
40 kV	ohne Absorber	20 s	0,05		1
40 kV	mit 0,5 mm Al	31 s	0,032	0,64	0,64
40 kV	mit 1,0 mm Al	45 s	0,022	0,69	0,44
70 kV	ohne Absorber	10 s	0,1		1
70 kV	mit 0,5 mm Al	12 s	0,082	0,82	0,82
70 kV	mit 1,0 mm Al	14,5 s	0,069	0,84	0,69

Nach dem Absorptionsgesetz sollte das Verhältnis von durchgelassener zu auffallender Intensität bei gleichen Schichtdicken stets dasselbe sein. Der Tabelle entnimmt man, daß bei unseren Messungen dieses Verhältnis für das zweite absorbierende Al-Blech größer wird als für das erste. Der Grund dafür liegt darin, daß die aus der Röhre kommende Strahlung nicht monochromatisch ist und entsprechend der stärkeren Absorbierbarkeit der langwelligen Anteile hinter jeder vorgeschalteten Schicht der prozentuale Anteil an härterer Strahlung wächst. Bei hinreichend dicker Absorptionsschicht kann die weiche Strahlung fast vollständig abgefiltert werden, und somit kann eine kontinuierliche Strahlung den Charakter einer monochromatischen Strahlung bekommen. Bei höherer Spannung ist der Abfall der Intensität schwächer,

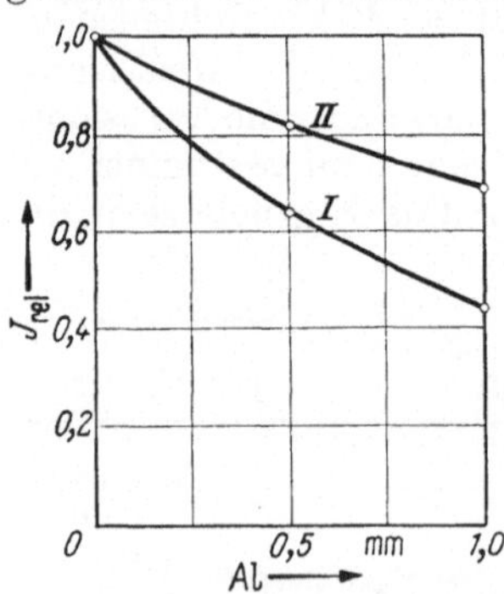

Abb. 172. Absorptionskurve für Röntgenstrahlen verschiedener Härte. *I* für 40 kV, *II* für 70 kV.

wie Abb. 172 zeigt, in der die Intensitäten bezogen auf $I_0 = 1$ aufgetragen sind. Für wachsende Röhrenspannungen, also abnehmende Wellenlänge der Röntgenstrahlen, nimmt demnach der Absorptionskoeffizient ab (s. S. 147).

b) Abhängigkeit von der Ordnungszahl des Absorbers: Die Tabelle zeigt die Absorption einer mit 1 mm Al gefilterten Röntgenstrahlung durch Bleche gleicher Dicke, aber verschiedenen Materials.

Röhren-spannung	Absorber	Aufladezeit des Elektrometers	relative Intensität	$\dfrac{I}{I_0}$
70 kV	ohne Absorber	9,6 s	$I_0 = 0{,}105$	—
70 kV	mit 0,1 mm Al	10 s	$I_{Al} = 0{,}10$	0,96
70 kV	mit 0,1 mm Cu	24 s	$I_{Cu} = 0{,}042$	0,40
70 kV	mit 0,1 mm Pb	120 s	$I_{Pb} = 0{,}008$	0,08

Aus dem in der letzten Spalte angegebenen Verhältnis $\dfrac{I}{I_0}$ entnimmt man die starke Abhängigkeit der Absorption von der Ordnungszahl des Absorbers. Daß die in Gl. (166) geforderte Abhängigkeit von Z nicht so stark zum Ausdruck kommt, ist wieder darauf zurückzuführen, daß wir eine zusammengesetzte Röntgenstrahlung statt einer monochromatischen benutzen.

Nachweis und Messung der sekundären Röntgenstrahlen: *a) Streustrahlung:* Wenn Röntgenstrahlen durch Materie hindurchtreten, so werden durch die periodisch schwingenden elektrischen Felder der Röntgenwelle die Elektronen der Atome in Schwingungen versetzt, deren Frequenz mit der Frequenz der Welle übereinstimmt. Diese schwingenden Elektronen strahlen nun nach allen Richtungen des Raumes neue Röntgenwellen gleicher Wellenlänge, also auch gleicher Härte wie die Primärstrahlung aus. Wir nennen diese Sekundärstrahlung Streustrahlung. Sie entspricht dem seitlich gestreuten Licht bei der Durchleuchtung trüber Medien. Diese Streuung der primären Röntgenstrahlen schwächt deren Intensität. Diese Schwächung wird durch den Streuabsorptionskoeffizienten σ beschrieben. Im folgenden beschäftigen wir uns mit der Messung dieser Streustrahlung. Wir lassen ein Bündel einer harten Röntgenstrahlung, z. B. 70 kV, durch einen Streustrahler, z. B. Paraffin, hindurchtreten. Von der Spur des Primärbündels im Paraffin geht dann nach allen Seiten die Streustrahlung aus.

Diese weisen wir durch eine Ionisationskammer nach, die so angeordnet ist, daß sie von dem primären Bündel nicht getroffen werden kann (s. Abb. 173). Die Öffnung dieser Ionisationskammer ist mit einer dünnen Cellophanfolie bedeckt, welche verhindert, daß Ionen, die außerhalb der Ionisationskammer entstehen, in diese hineingezogen werden.

Wenn der Sekundärstrahler entfernt ist, zeigt das enterdete Elektrometer eine kaum meßbare Aufladung. Beim Hineinbringen des Sekundärstrahlers beobachten wir einen Ionisationsstrom, der

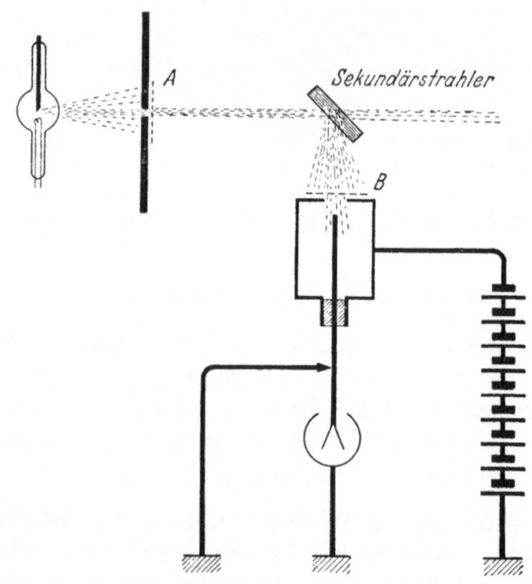

Abb. 173. Anordnung zur Messung der Sekundärstrahlung.

der Intensität des primären Bündels proportional ist. Diese können wir z. B. durch Änderung des Emissionsstroms ändern oder dadurch, daß wir in das primäre Bündel bei A eine Absorptionsschicht aus Al hineinbringen, deren Dicke wir so wählen, daß die Intensität etwa auf die Hälfte herabgesetzt wird. Bringt man nun diese Al-Platte in den Strahlengang der Streustrahlung bei B, so beobachtet man fast die gleiche Schwächung des Ionisationsstromes. Das bedeutet aber, daß die Absorbierbarkeit der Streustrahlung mit derjenigen der primären Strahlung übereinstimmt (70 kV, Röhrenstrom 5 mA).

Stellung des Absorbers	Aufladezeit des Elektrometers	relative Intensität	$\dfrac{I}{I_0}$
ohne Absorber . . .	24 s	$I_0 = 0{,}042$	—
Absorber bei A . . .	57 s	$I_a = 0{,}017$	0,4
Absorber bei B . . .	60 s	$I_b = 0{,}017$	0,4

Die Streustrahlung besitzt also die gleiche Wellenlänge wie die sie erzeugende primäre Röntgenstrahlung. Daß bei der Absorberstellung B die Aufladezeit etwas größer wird, hat zweierlei Gründe. In dieser Stellung durchdringen die Röntgenstrahlen die Al-Platte nicht nur senkrecht, so daß ihre Absorptionswege teilweise etwas größer sind als in der Stellung bei A. Außerdem finden sich unter den gestreuten Strahlen auch solche, die nicht durch den oben beschriebenen Prozeß der sogenannten klassischen Streuung entstanden sind, sondern ihren Ursprung in Compton-Prozessen haben. Diese treten um so häufiger auf, je härter die Primärstrahlung ist. Zu ihrer Deutung betrachtet man statt einer Einwirkung der Welle auf die Elektronen den Zusammenstoß von korpuskular aufgefaßten Lichtquanten mit Elektronen, welche praktisch als frei betrachtet werden können. Daher tritt der Comptoneffekt bevorzugt bei leichten Atomen auf. Den bewegten Lichtquanten ist Masse und damit Impuls (Bewegungsgröße) zuzuschreiben. Bei ihrem Zusammenstoß mit den freien Elektronen übertragen sie an diese Energie und Impuls, ihre Energieabnahme bedeutet aber eine Verkleinerung der Frequenz (denn Energie ist $v \cdot h$), so daß die gestreuten Strahlen eine größere Wellenlänge besitzen und daher weicher sind. Es ist wichtig, daß bei dieser Comptonstreuung die Elektronen Energie übernehmen und daher zur Ionisation (und somit auch zur physiologischen Wirkung) befähigt sind.

b) Röntgenfluoreszenzstrahlung: Wenn bei der echten Absorption der Röntgenstrahlung die Photoelektronen aus den inneren Schalen des Atoms (K, L) ausgelöst werden, so ist dieses im Innern ionisierte Atom zur Ausstrahlung seiner charakteristischen Eigenstrahlung (K, L) befähigt. Diese Ausstrahlung entspricht der Fluoreszenz im Gebiete des sichtbaren Lichtes. Die Voraussetzung für ihre Erregung ist wie im sichtbaren Gebiet, daß die erregende Strahlung kurzwelliger sein muß als die angeregte (STOKESsche Regel).

Die Wahrscheinlichkeit der photoelektrischen Absorption in den inneren Schalen nimmt mit zunehmender Ordnungszahl der absorbierten Atome sehr stark zu [s. Gl. (166)]. Daher spielt die Fluoreszenzstrahlung bei leichten Atomgewichten keine wesentliche Rolle. Da sie bei diesen außerdem außerordentlich stark absorbierbar ist, tritt sie hier gegenüber der Streustrahlung zurück. Bei höheren Atomgewichten tritt sie bei mittelharter Primärstrahlung immer mehr in den Vordergrund. Wir weisen diese charakteristische Strahlung an einer Kupferplatte nach, welche wir in der Anordnung Abb. 173 an Stelle des Paraffins anbringen. Wenn wir die Härteprüfung nach dem dort beschriebenen Verfahren durchführen, so beobachten wir in der Stellung B der Absorberschicht in der Ionisationskammer keine meßbare Intensität mehr. Die Sekundärstrahlung ist also viel weicher als die Primärstrahlung, ihre Wellenlänge demnach erheblich größer (STOKESsche Regel). Zur Bestimmung der Absorbierbarkeit dieser charakteristischen Kupfer-K-Strahlung verwenden wir Al-Absorptionsfolien von $^1/_{20}$ mm Stärke. Nach S. 147 ergibt sich aus $\dfrac{I}{I_0}$ für den Absorptions-koeffizienten der Kupfer-K-Strahlung in Aluminium

$$\mu = \frac{1}{d}\ln\frac{I_0}{I} = 127\ \text{cm}^{-1}\,.$$

Stellung des Absorbers	Aufladezeit des Elektrometers	Intensität relativ	$\dfrac{I_0}{I_1}\ \dfrac{I_1}{I_2}\ \dfrac{I_2}{I_3}$
ohne Absorber	9 s	$I_0 = 1{,}00$	—
Absorber bei A 1 mm Al	16 s	$I_p = 0{,}56$	—
Absorber bei B 1 mm Al	∞	$I_s = 0$	—
bei B 0,05 mm Al	17 s	$I_1 = 0{,}53$	1,89
bei B 0,10 mm Al	31 s	$I_2 = 0{,}29$	1,83
bei B 0,15 mm Al	54 s	$I_3 = 0{,}16$	1,75

Die aus der Cu-Platte austretende Eigenstrahlung ist nicht streng mono-chromatisch, sondern besteht aus drei Strahlengruppen K_α, K_β und K_γ. Letztere kann vernachlässigt werden. Die weichste dieser Gruppen ist K_α, die härtere Strahlung K_β. Die Intensität der harten Gruppe beträgt etwa 30% von K_α. Mit zunehmender Absorberdicke verschiebt sich dieses In-tensitätenverhältnis zugunsten von K_β, wie aus der Abnahme von I_0/I_1 usw. hervorgeht. Der von uns berechnete mittlere Absorptionskoeffizient muß daher etwas geringer sein als der der reinen K_α-Strahlung. Die Ab-sorptionskoeffizienten der Cu-K_α-Strahlung und der Cu-K_β-Strahlung in Al betragen 138 cm^{-1} und 97 cm^{-1}.

Radioaktivität

Entstehung und Eigenschaften der radioaktiven Strahlen: Radioaktivität ist die Eigenschaft gewisser Atome, sich ohne äußere Einwirkungen in andere Elemente umzuwandeln und dabei Strahlen auszusenden. Die wichtigsten in der Natur vorkommenden radioaktiven Stoffe, unter ihnen das Radium und das Polonium, sind in drei Familien enthalten, deren Muttersubstanzen Thor 232, Uran 235 und Uran 238 sind. Die Ordnungszahlen dieser Elemente liegen zwischen 81 (Thallium) und 92 (Uran). Bei allen Elementen läßt sich außerdem künstliche Radioaktivität hervorrufen, z. B. durch Bestrahlung in einem Reaktor. Beispiele dafür sind Kobalt 60 und Phosphor 32.

Radioaktive Stoffe können α-, β- oder γ-Strahlen oder ein Ge-misch dieser Strahlen aussenden, je nach der Umwandlung, die sich vollzieht.

$\boldsymbol{\alpha}$**-Strahlen:** Bei der α-Umwandlung werden zweifach positiv geladene Heliumionen $^4_2\text{He}^{++}$, sogenannte α-Teilchen, emittiert. Sie haben im allgemeinen bei jedem Strahler eine bestimmte Ener-gie. Sie durchqueren die Materie nahezu geradlinig, bis nach einer bestimmten Reichweite R ihre Energie verbraucht ist. In Gasen ionisieren sie sehr stark, besonders gegen das Ende ihrer Reichweite (bis zu 70000 Ionenpaare/cm)[1]. Ein α-Strahler ist z. B. das RaC′. Seine α-Teilchen haben eine Energie von $E_\alpha = 7{,}68$ MeV (s. S. 148). Ihre Reichweite beträgt in Luft 7 cm, in Aluminium $4 \cdot 10^{-3}$ cm. Von den α-Strahlern wird z. B. das Thor X in Lösung zur Oberflächenbestrahlung und zur intravenösen Injektion verwendet.

β-**Strahlen**: Bei der β-Umwandlung werden negative oder positive schnelle Elektronen ausgestrahlt, die man als β-Teilchen bezeichnet. Ihre Energie weist eine kontinuierliche Verteilung auf. Sie kann bei manchen Strahlern bis zu 10 MeV betragen. β-Teilchen niederer Energie durchdringen die Materie auf krummen Bahnen, bis ihre Energie aufgezehrt ist. Solche mit hohen Energien beschreiben eine gestreckte, nur selten geknickte Bahn. Statt von einer Reichweite spricht man bei β-Strahlen von einer Grenzdicke. Das ist die Schichtdicke, die gerade noch zur völligen Absorption der β-Teilchen ausreicht. Für die Elektronen aus ThC beträgt sie z. B. in Aluminium 0,23 cm, im Körpergewebe 0,6 cm. Die Verwendung von β-Strahlen in der Radiotherapie hat den Vorteil, daß das Gewebe direkt mit Elektronen bestrahlt wird, während sie bei Röntgen- und γ-Strahlung sekundär erzeugt werden. β-Strahler haben auch in der Technik wichtige Anwendungen gefunden, so z. B. für die kontinuierliche Dickenmessung in der Papierfabrikation.

γ-**Strahlen**: Nach der Aussendung eines α-Teilchens oder eines β-Teilchens befindet sich häufig der Atomkern in einem angeregten Zustand. Er geht dann unter Emission von Gammaquanten in den Grundzustand über. Gammaquanten sind ihrem Wesen nach identisch mit Röntgenquanten. Ihre Energie kann jedoch mehrere MeV betragen. Gammastrahlen sind also härter oder durchdringender als Röntgenstrahlen. Die Intensität (Energie/Flächeneinheit · Zeiteinheit) der aus einer punktförmigen Quelle austretenden γ-Strahlung nimmt umgekehrt proportional dem Quadrat des Abstands ab. Die Absorption ist für die harte γ-Strahlung (Energie einige MeV) hauptsächlich auf Comptonstreuung zurückzuführen (S. 157). Die photoelektrische Absorption ist dagegen nur gering. Vor allem in Stoffen mit hohem Atomgewicht tritt oberhalb einer Energie von 10^6 eV die Absorption durch Paarbildung hinzu. D. h. aus der Energie eines absorbierten γ-Quants wird ein Elektronenpaar erzeugt, nämlich ein positives und ein negatives Elektron.

---

[1] In Luft unter Normalbedingungen.

γ-**Strahler** haben vielseitige Anwendung in Medizin und Technik gefunden. So z. B. Kobalt 60, das bei einer Halbwertszeit von 5,27 Jahren neben β^--Strahlen von 0,31 MeV γ-Quanten mit 1,17 MeV und 1,33 MeV ausstrahlt.

Wegen der großen Durchdringungsfähigkeit der γ-Strahlen müssen die Bestrahlungsanordnungen sorgfältig abgeschirmt werden und Personen, die mit ihnen arbeiten, überwacht werden (Strahlenschutz). Dabei bedient man sich der im nächsten Abschnitt beschriebenen Größen und Einheiten.

Größen und Einheiten: Die Zerfallskonstante λ und Halbwertszeit T_H: Infolge der radioaktiven Umwandlung nimmt die Menge an radioaktiver Substanz dauernd ab, und es entstehen dafür stabile oder wiederum radioaktive Folgeprodukte. Man sagt: die Substanz zerfällt. Der Zerfall erfolgt statistisch. Die Zahl dn der in einem Zeitintervall dt zerfallenden Atome ist proportional der Zahl n der vorhandenen Atome und dt:

$$\mathrm{d}n = -\lambda \cdot n \cdot \mathrm{d}t . \tag{172}$$

Die Proportionalitätskonstante λ bezeichnet man als Zerfallskonstante des radioaktiven Stoffes. Sie gibt den Bruchteil von n vorhandenen Atomen an, der in der Zeiteinheit zerfällt. Durch Integration der Gl. (172) ergibt sich (wie bei Gl. (161) und (162))

$$n = n_0 \cdot e^{-\lambda t} , \tag{173}$$

wo n_0 die Zahl der zur Zeit $t = 0$ vorhandenen Atome bedeutet. Daraus errechnet man für die Halbwertszeit T_H, d. h. die Zeit, in der die Zahl der radioaktiven Atome auf die Hälfte abgenommen hat,

$$T_H = \frac{\ln 2}{\lambda} = \frac{0,693}{\lambda} . \tag{174}$$

Sie ist z. B. für Radium 1620 Jahre, für Polonium 140 Tage und für das Phosphorisotop ^{32}P 14 Tage.

Die Aktivität A und ihre Einheit, das Curie (Ci): Die Zahl der in einer Sekunde zerfallenden Atomkerne bezeichnet man als die Aktivität A. Das ist im *einfachsten* Fall[1] auch die Zahl der pro Sekunde ausgestrahlten Teilchen. Einheit der Aktivität ist das Curie (Ci). Es entspricht $3,70 \cdot 10^{10}$ Zerfällen pro Sekunde. Die Aktivität klingt mit der Zeit ab. Ist sie A_0 zur Zeit $t = 0$, so ist sie nach Gl. (173) zur Zeit t

$$A = A_0 \cdot e^{-\lambda t} \quad [\text{Zerfälle/s}] . \tag{175}$$

Aktivität und Dosisleistung: Kennt man die Aktivität A eines radioaktiven Präparates und weiß man, welche Gammaenergie E_γ bei jedem Zerfall emittiert wird, so kann man für eine bestimmte Entfernung vom Präparat die Gammaionendosisleistung berechnen.

---

[1] Gilt unter der Annahme, daß bei einem Zerfall nur ein Teilchen emittiert wird, wie z. B. bei Phosphor 32 und Schwefel 35. Bei Kobalt 60 ist ein Zerfall von der Emission eines β-Teilchens und zweier γ-Quanten begleitet.

Die vom Präparat abgegebene Leistung ist:

$$N = A \cdot E_\gamma \, . \tag{176}$$

Sie wird gleichmäßig nach allen Seiten ausgestrahlt. Nach dem photometrischen Grundgesetz Gl. (156) beträgt die Energieflußdichte der Strahlung in der Entfernung r

$$J = \frac{A \cdot E_\gamma}{4\,\pi\,r^2} \, . \tag{177}$$

J ist die Energie, die pro Flächeneinheit und Zeiteinheit in den zu bestrahlenden Körper eintritt. Der Massenabsorptionskoeffizient Σ gibt nun an, welcher Bruchteil davon in einer Schicht hängen bleibt, die pro Flächeneinheit mit der Masseneinheit belegt ist. Es ergibt sich also für die pro Masseneinheit absorbierte Leistung, d. h. für die Energiedosisleistung

$$\dot{D} = \frac{A \cdot E_\gamma \cdot \Sigma}{4\,\pi\,r^2} \, . \tag{178}$$

Als Beispiel berechnen wir die Energiedosisleistung $\dot{D}$, die ein Kobalt 60-Präparat von 1 Ci in einer Entfernung von 1 m in Luft abgibt. Wir haben dazu in Gl. (178) folgende Werte einzusetzen:

Aktivität $\quad A = 1\,\text{Ci} = 3{,}7 \cdot 10^{10}\,\text{s}^{-1}$,

Entfernung $\quad r = 1\,\text{m}$.

Gammaenergie E_γ: Kobalt 60 liefert bei jedem Zerfall ein Gammaquant mit 1,17 MeV und ein Gammaquant mit 1,33 MeV. Das sind zusammen 2,5 MeV $= 4{,}01 \cdot 10^{-13}$ Ws, also

$$E_\gamma = 4{,}01 \cdot 10^{-13}\,\text{Ws} \, .$$

Massenabsorptionskoeffizient: Der Massenenergieabsorptionskoeffizient ist für Gammastrahlen im Bereich von 0,1 MeV bis 10 MeV für Luft, Wasser und tierisches Gewebe etwa derselbe, nämlich

$$\Sigma = 2{,}7 \cdot 10^{-2}\,\text{cm}^2/\text{g} = 2{,}7 \cdot 10^{-3}\,\text{m}^2/\text{kg} \, .$$

Nach Gl. (178) wird also die Energiedosisleistung

$$\dot{D} = \frac{3{,}7 \cdot 10^{10} \cdot 4{,}01 \cdot 10^{-13} \cdot 2{,}7 \cdot 10^{-3}}{4\,\pi \cdot 1^2} \; \frac{\text{s}^{-1} \cdot \text{Ws} \cdot \text{m}^2}{\text{m}^2\,\text{kg}} \, ,$$

$$\dot{D} = 3{,}18 \cdot 10^{-6}\,\text{W/kg} = 3{,}18 \cdot 10^{-4}\,\text{rad/s} \, .$$

Die Ionendosisleistung wird nach Gl. (171)

$$\dot{D}_I = 3{,}6 \cdot 10^{-4}\,\text{r/s} \, .$$

Statt der Einheit r/s benutzt man häufig die Einheit r/h (Röntgen pro Stunde). Mit ihr wird

$$\dot{D}_I = 1{,}3\,\text{r/h} \, .$$

Zur bequemen Berechnung benutzt man die Faustformel

$$\dot{D}_I = \frac{A \cdot 5{,}2 \cdot E_\gamma}{r^2} \qquad [\text{r/h}] \, . \tag{179}$$

Hier bedeutet: $\dot{D}_I =$ Ionendosisleistung in r/h, $A =$ Aktivität in mCi, $E_\gamma =$ Summe der Gammaenergien in MeV, $r =$ Entfernung in cm.

Die Energiedosis läßt sich für beliebige Strahlen und beliebige Stoffe berechnen. Es hat sich aber gezeigt, daß die Strahlenschädigung im tierischen Gewebe bei gleicher Energiedosis, z. B. bei α-Strahlen etwa 10mal so groß ist wie bei Röntgen- oder Gammastrahlung. Man berücksichtigt diese stärkere Wirkung durch einen Faktor, die Biologische Wirksamkeit (RBW)[1] und nennt die damit errechnete Dosis *RBW-Dosis*[2]. Ihre Einheit ist das *rem*. Es gilt also

RBW-Dosis in rem = RBW-Faktor · Energiedosis in rad .

Toleranzdosis: Laut Strahlenschutzverordnung soll bei Dauerbeschäftigung die Strahlungsdosis, die eine Person empfängt, im Mittel 100 Millirem in der Woche nicht überschreiten.

Messung der γ-Aktivität mit dem Elektrometer: Abb. 174 zeigt das γ-Strahlen-Elektrometer im Schnitt. In einem würfelförmigen

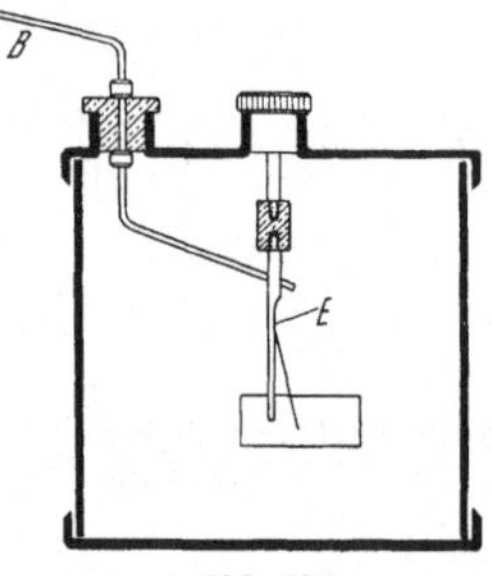

Abb. 174.
γ-Strahlen-Elektrometer.

Bleikasten von 3 mm Wandstärke sitzt an einem Bernsteinisolator ein Goldblatt-Elektroskop E, das über den schwenkbaren Metallbügel B aufgeladen werden kann. Der Ausschlag des Goldblatts wird mikroskopisch abgelesen.

Die γ-Strahlen eines Präparates lösen aus der Bleiwand und im Füllgas Elektronen aus, welche das Gas ionisieren. Die gebildeten Ionen entladen das Elektrometer. Die Entladungsgeschwindigkeit ist der Anzahl der in der Zeiteinheit in dem Elektrometer erzeugten Ionen, diese aber der Stärke des Präparates proportional. Man kann also mit dem Elektrometer das zu messende Präparat mit einem Standard-Präparat vergleichen.

Die Meßanordnung zeigt Abb. 175. Man bringt das Standard-Präparat in einen Abstand r_1 vom Elektrometer und mißt die Zeit t_1, in der der Ausschlag des Goldblättchens im Mikroskop um n Skalenteile zurückgeht. Dann ersetzt man das Standardpräparat durch das zu messende Präparat und mißt die Laufzeit t_2 über die gleiche Zahl von Skalenteilen. Es verhält sich dann die Präparatstärke I_2 zur Stärke des Standardpräparates I_1 umgekehrt wie die Laufzeiten t_1 zu t_2.

$$I_2 = I_1 \cdot \frac{t_1}{t_2} . \tag{180}$$

Ist das Präparat sehr viel stärker als das Standardpräparat, so bringt man es in eine größere Entfernung r_2. Bei gleicher Elektrometer-Laufzeit verhält sich dann nach dem photometrischen

---

[1] Neuerdings: Qualitätsfaktor (QF).

[2] Neuerdings: Dosisäquivalent (DE).

Grundgesetz (S. 140)

$$\frac{I_2}{I_1} = \frac{r_2^2}{r_1^2}. \tag{181}$$

Sind die Laufzeiten t_1 und t_2 außerdem verschieden, so wird

$$I_2 = I_1 \cdot \frac{t_1 \cdot r_2^2}{t_2 \cdot r_1^2}. \tag{182}$$

Auch ohne die Anwesenheit von radioaktiven Präparaten findet eine langsame Entladung des Elektrometers statt. Sie rührt teils von der Einwirkung der Spuren von radioaktiven Elementen her, die in der umgebenden Atmosphäre und den Materialien des Laboratoriums enthalten sind. Zum anderen Teil ist sie auf die Wirkung kosmischer Strahlen zurückzuführen. Wenn nun diese sogenannte „natürliche Zerstreuung" (NZ) eine Entladung von

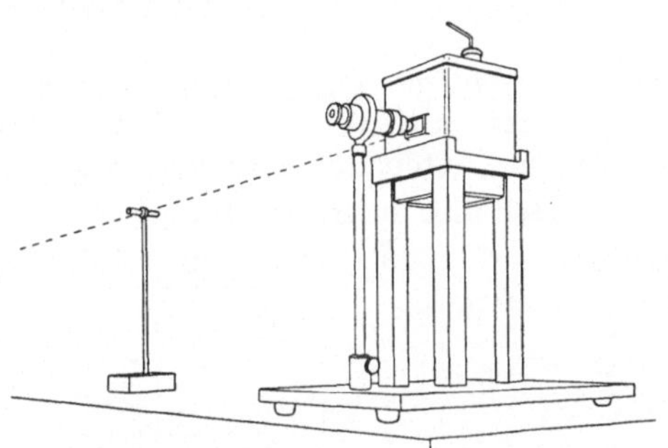

Abb. 175. Anordnung zur Messung der γ-Aktivität.

a Skalenteilen in t Sekunden bewirkt, das Präparat in t Sekunden den Abfall A Skalenteile, so entspricht der von dem Präparat herrührenden Intensität ein Abfall $A - a$ Skalenteile. Das gilt nur, wenn das Elektrometer über den ganzen Meßbereich hinweg die gleiche Empfindlichkeit zeigt.

Messung der γ-Aktivität mit dem Zählrohr: Das Zählrohr (Abb. 176) besteht aus einem Metallrohr, das auf beiden Seiten mit Isolierstopfen verschlossen ist und in dessen Achse ein 0,1 bis 0,2 mm starker Draht ausgespannt ist. Es ist mit Argon (etwa 100 mm Hg-Säule) und etwas Alkoholdampf (etwa 10 mm Hg-Säule) gefüllt. Der Zählrohrmantel wird mit dem negativen Pol einer Hochspannungsbatterie von etwa 1500 Volt Spannung verbunden. Der Zähldraht ist an ein Fadenelektrometer angeschlossen und über einen Hochohmwiderstand (etwa 10^9 Ω) mit Erde verbunden (Abb. 177). Wird nun z. B. durch ein γ-Quant aus der Zählrohrwandung ein Elektron ausgelöst, so leitet dieses einen Entladungsstoß von etwa 10^{-4} s Dauer ein. Das Elektrometer wird dabei auf 20 bis 50 Volt aufgeladen, entlädt sich aber wieder rasch durch den Ableitwiderstand. Die Zahl der im Zählrohr absorbierten Quanten ist der Zahl der auf das Zählrohr auftreffenden Quanten, und diese ist der Präparatstärke proportional.

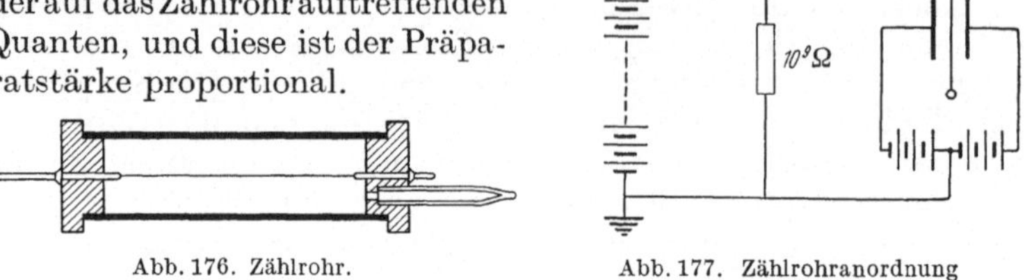

Abb. 176. Zählrohr.

Abb. 177. Zählrohranordnung
mit Elektrometer.

Die einzelnen Ausschläge folgen völlig unregelmäßig aufeinander, d. h. sie sind statistisch verteilt. Will man durch Abzählen der Einzelimpulse eine Intensität messen, so ist bei einer Abzählung von n Stößen der mittlere statistische Fehler $\sqrt{n}$, bei 1000 Zählimpulsen also $\pm \sqrt{1000}$ oder ± 32. Dies entspricht einem relativen Fehler von etwa 3%.

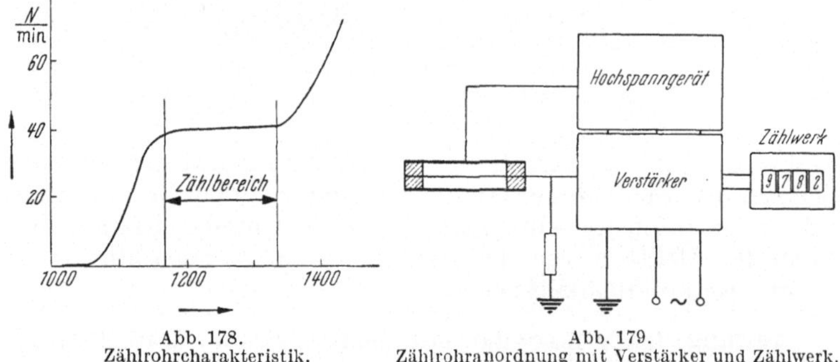

Abb. 178.
Zählrohrcharakteristik.

Abb. 179.
Zählrohranordnung mit Verstärker und Zählwerk.

Verändert man die Spannung am Zählrohr, so verändert sich auch bei gleichbleibender Einstrahlung die Zahl der Zählimpulse je Minute, wie es Abb. 178 zeigt. Man arbeitet in dem Spannungsbereich, in dem die Impulszahl/min unabhängig von der Spannung ist. Dies ist der sogenannte Zählbereich.

Zur Zählung einer großen Zahl von Zählimpulsen arbeitet man nicht mit dem Elektrometer, sondern mit einem Röhrenverstärker, der ein mechanisches Zählwerk betreibt. Dieses zeigt direkt die Zahl der im Zählrohr absorbierten Quanten an (Abb. 179).

Um die von einem Präparat herrührende Impulszahl/min zu erhalten, muß natürlich der Nulleffekt, d. h. die ohne Präparat auftretende Impulszahl/min, abgezogen werden (NZ, S. 163).

Messung der β-Aktivität mit dem Zählrohr: Zu β-Strahlen-Messungen verwendet man entweder dünnwandige Aluminium-Zählrohre (Wandstärke 0,1 mm) oder Zählrohre, die mit einem dünnen Glimmerfenster versehen sind (Abb. 180). Als Standardpräparat eignet sich Uran X_2, das im Gleichgewicht mit Uran I ist und dessen β-Teilchen eine Maximalenergie von 2,3 MeV haben. Ein solches Standardpräparat fertigt man folgendermaßen an: Man nimmt 5—10 mg feingepulvertes U_3O_8, das nach seiner Abtrennung mindestens ein Jahr liegen muß, damit sich die dem

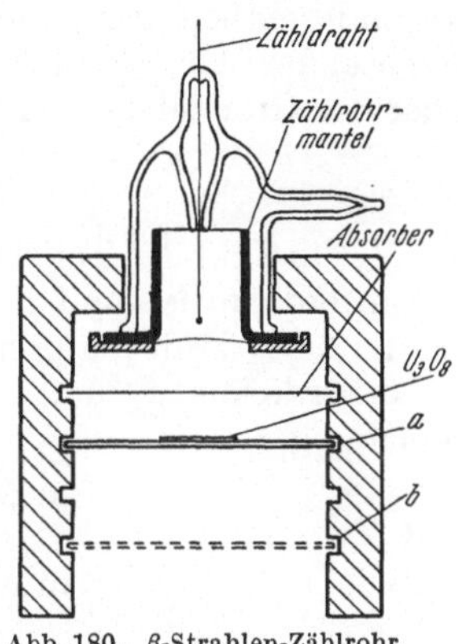

Abb. 180. β-Strahlen-Zählrohr.

radioaktiven Gleichgewicht entsprechende Menge von Uran X_2 bildet, schwemmt es in Aceton auf und läßt es sich auf einer kreisförmigen Folie von 1—2 cm $\varnothing$ absetzen. Diese legt man auf ein Aluminiumblech und setzt dieses bei a in die Zählrohrordnung (Abb. 180) ein.

1 mg U_3O_8 sendet 619 α-Teilchen/min aus, das entspricht $2,78 \cdot 10^{-10}$ Curie. Ebensoviel β-Teilchen werden von dem damit im Gleichgewicht stehenden UX_2 ausgesandt. Diese treten aber nicht alle in das Zählrohr ein. Das Verhältnis der Zahl der eintretenden β-Teilchen zur Zahl der emittierten wird β-*Geometrie* genannt.

Bei der Bestimmung der β-Geometrie mit U_3O_8 muß man dafür sorgen, daß nur die β-Teilchen von UX_2 gezählt werden und nicht die von den übrigen Gliedern der Uran-Zerfallsreihe ausgestrahlten α- oder β-Teilchen. Die Zerfallsreihe des Urans besteht aus folgenden Gliedern:

$$\text{UI} \xrightarrow{\ \alpha\ } \text{UX}_1 \xrightarrow{\ \beta\ \text{(weich)}\ } \text{UX}_2 \xrightarrow{\ \beta\ \text{(hart)}\ } \text{UII} \xrightarrow{\ \alpha\ } .$$

Die α-Strahlen von UI und UII können durch eine Schicht von mehr als 4,5 mg/cm² Al nicht mehr hindurchtreten. Die β-Strahlen von UX_1 werden in Aluminiumfolien von 40 mg/cm², die von UX_2 erst in Aluminiumblechen von 1000 mg/cm² ganz absorbiert. Um sicher zu sein, daß das Zählrohr nur Elektronen von UX_2 zählt, muß also eine Absorberschicht von 50 mg/cm² Al zwischen Zählrohr und Präparat gebracht werden.

In dieser Schicht werden aber auch die β-Teilchen von UX_2 teilweise absorbiert. Die Zahl der absorbierten Teilchen läßt sich folgendermaßen berechnen: Die Abnahme der Teilchenzahl mit wachsender Absorberdicke ist, solange die Dicke klein ist gegenüber der Grenzdicke, gegeben durch

$$N = N_0\, e^{-\mu \cdot x},$$

wo N_0 die Zahl der Teilchen ohne Absorber, N mit Absorber, x die Absorberdicke ist und μ die Bedeutung eines Absorptionskoeffizienten hat. Mißt man nun die Teilchenzahl N_1 und N_2 hinter den Absorberdicken x_1 und x_2, so erhält man mit Hilfe der obigen Gleichung

$$\ln N_0 - \ln N_1 = \mu\, x_1$$

und

$$\ln N_0 - \ln N_2 = \mu\, x_2 .$$

Aus diesen beiden Gleichungen kann man die Teilchenzahl N_0 ohne Anwesenheit von Absorbern bestimmen, ohne daß μ bekannt ist. Aus der Menge des verwendeten U_3O_8 kann man ferner die Gesamtzahl G der vom Standardpräparat ausgestrahlten Teilchen berechnen. Das Verhältnis N_0/G gibt die β-Geometrie der Zählrohranordnung an.

Die zu messende aktive Substanz wird auf eine Fläche von gleicher Größe wie die Fläche, auf der das U_3O_8 niedergeschlagen ist, gebracht und gegen das Standardpräparat ausgewechselt. Mit Hilfe von verschiedenen Absorberdicken bestimmt man wiederum die Zahl der Teilchen, die ohne Absorber in das Zählrohr gelangen würden. Dividiert man diese Zahl durch die β-Geometrie der Anordnung, so erhält man die Gesamtzahl der von dem Präparat ausgesandten Teilchen und kann daraus die Aktivität des Präparats in Curie bestimmen.

Künstliche Radioaktivität

Die Atomkerne sind aus *Nukleonen* aufgebaut. Es gibt zwei Arten, die *Protonen* und die *Neutronen*. Beide haben nahezu dieselbe Masse (etwa $1{,}7 \cdot 10^{-24}$ g). Das *Proton* besitzt eine positive Elementarladung, das *Neutron* ist ungeladen.

Die Eigenschaften der Atome hängen von der Zusammensetzung ihrer Kerne ab. Diese kennzeichnet man durch zwei Zahlen: die *Ordnungszahl* und die *Massenzahl*.

Die *Ordnungszahl* gibt an, wieviele Protonen der Kern enthält. Sie bestimmt also zugleich die Ladung des Kerns und, da das Atom als Ganzes elektrisch neutral ist, die Zahl der Elektronen in der Elektronenhülle und damit die chemischen Eigenschaften des betreffenden Atoms. Aus diesem Grunde ist die Ordnungszahl durch die Angabe des chemischen Symbols eindeutig festgelegt.

Die *Massenzahl* gibt an, wieviele Nukleonen der Kern enthält. Da die Zahl der Protonen bereits durch die Ordnungszahl gegeben ist, bestimmt sie zugleich die Zahl der Neutronen im Kern. Diese ist gleich der Differenz von Massenzahl und Ordnungszahl. Sie kann bei verschiedenen Kernen ein und desselben chemischen Elementes um einige Neutronen variieren. So gibt es z. B. Berylliumatomkerne mit 3, 4, 5 oder 6 Neutronen. Man bezeichnet solche Arten eines chemischen Elementes als Isotope. Sie unterscheiden sich nicht in ihren chemischen Eigenschaften. Die Eigenschaften der Atomkerne können aber starke Unterschiede aufweisen. Bei bestimmten Neutronenzahlen, so wie sie bei natürlichen Elementen vorliegen, sind die Kerne stabil, bei einem größeren oder kleineren Gehalt an Neutronen sind sie instabil (radioaktiv). Zum Beispiel sind Berylliumkerne mit 5 Neutronen stabil, alle übrigen aber radioaktiv.

Durch *Kernreaktionen* lassen sich die Zusammensetzungen von Atomkernen und damit die chemischen und physikalischen Eigenschaften von Stoffen verändern. Man beschreibt sie wie die chemischen Reaktionen durch Formeln. Die Kerne werden durch das chemische Symbol des betreffenden Elementes und die Massenzahl gekennzeichnet. Der Übersicht halber gibt man außerdem die Ordnungszahl an, obwohl sie durch das chemische Symbol von vornherein bestimmt ist. Man schreibt die Ordnungszahl unten links, die Massenzahl oben links an. $^{9}_{4}$Be bedeutet also einen Berylliumkern mit der Ordnungszahl 4 und der Massenzahl 9.

Wir betrachten drei Kernreaktionen: Die Erzeugung von Neutronen, die Aktivierung durch Neutronen und den Zerfall eines Radioisotopes.

Die Erzeugung von Neutronen: Zur Erzeugung freier Neutronen mischt man ein pulverförmiges Radiumpräparat mit Berylliumpulver. Die vom Radiumpräparat emittierten α-Teilchen gehen mit den Berylliumkernen folgende Kernreaktion ein:

$$^{4}_{2}\alpha + {}^{9}_{4}\text{Be} \rightarrow {}^{12}_{6}\text{C} + {}^{1}_{0}\text{n} \, .$$

Es entstehen also Kohlenstoffkerne und freie Neutronen. Die Neutronen aus dieser Reaktion haben große Geschwindigkeiten. Für die meisten Kernreaktionen, z. B. Aktivierungen, sind aber langsame Neutronen viel wirksamer. Deshalb läßt man die entstehenden Neutronen durch wasserstoffhaltige Substanzen, z. B. Wasser oder Paraffin hindurchtreten. Sie verlieren dann durch elastische Stöße mit den Wasserstoffkernen ihre hohe Geschwindigkeit. Eine *Neutronenquelle* für Aktivierungsversuche (Abb. 181a) enthält ein Radium-Berylliumpräparat mit einigen mg Radium. Es ist zur Abschirmung der γ-Strahlung in Blei eingeschlossen und von einem Paraffinzylinder umgeben, in dem die Neutronen abgebremst werden.

Die Aktivierung durch Neutronen: Bringt man geeignete Materialien, z. B. Silber-, Indium oder Rhodiumbleche in eine Bohrung des Paraffinzylinders einer Neutronenquelle, so lösen die Neutronen Kernreaktionen aus, die zur Bildung radioaktiver Substanzen führen.

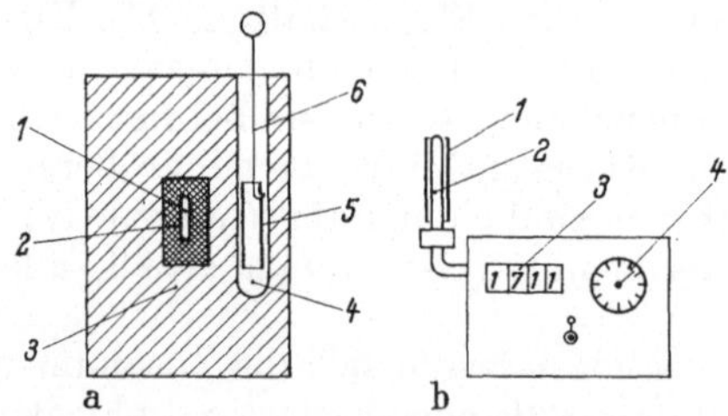

Abb. 181. a) Bestrahlung von Silber an einer Neutronenquelle: *1* Radium-Beryllium-Präparat, *2* Bleiabschirmung, *3* Paraffinzylinder, *4* Bestrahlungskanal, *5* Silberrohr, *6* Haken, b) Zählrohranordnung zur Messung der β-Aktivität: *1* Aktiviertes Silberrohr, *2* Zählrohr, *3* Zählwerk, *4* Stoppuhr.

Wir führen den Versuch mit Silber durch (Abb. 181). (Natürliches Silber besteht zu 48,6% aus dem Isotop $^{109}_{47}\text{Ag}$, der Rest ist $^{107}_{47}\text{Ag}$. Die Aktivierung des Ag 107 spielt bei unserem Versuch keine Rolle.)

Ein Silberrohr von 0,5 mm Wandstärke, 2 cm Durchmesser und 10 cm Länge wird an einem Drahthaken in eine Bohrung des Paraffinzylinders eingesetzt. Es erfolgt (u. a.) eine Aktivierung durch folgende Kernreaktion:

$$^{109}_{47}\text{Ag} + {}^{1}_{0}\text{n} \rightarrow {}^{110}_{47}\text{Ag} \ .$$

Die Silberkerne mit der Massenzahl 109 gehen also unter Aufnahme je eines Neutrons in Silberkerne der Massenzahl 110 über.

Die Aktivierung, d. h. die Zahl der pro Zeiteinheit gebildeten Ag 110-Kerne ist gleich dem Produkt aus der Zahl der Neutronen, die pro Zeit- und Flächeneinheit auf das Silber treffen, also dem sogenannten Neutronenfluß Φ, der Gesamtzahl der Ag 109-Kerne N_0

und dem Wirkungsquerschnitt σ, d. h. derjenigen Fläche, die ein Silberkern einem Neutron für die Aktivierung darbietet. Also

$$\frac{\mathrm{d}n}{\mathrm{d}t}_{\text{aktiv.}} = N_0 \cdot \sigma \cdot \Phi . \tag{183}$$

Der Zerfall eines Radioisotops: Die gebildeten Silberkerne sind radioaktiv. Ihre Zerfallskonstante ist $\lambda = 2{,}86 \cdot 10^{-2}\,\text{s}^{-1}$. Dies entspricht nach Gl. (174) einer Halbwertszeit $T_H = 24{,}2$ s. Sie zerfallen unter Emission von β-Teilchen mit einer Maximalenergie von 2,86 MeV entsprechend:

$$^{110}_{47}\text{Ag} \rightarrow \,^{110}_{48}\text{Cd} + \beta .$$

Der Silberkern hat also durch die Emission des negativ geladenen β-Teilchens seine Kernladungszahl von 47 auf 48 erhöht und ist dadurch zu einem Kadmiumkern geworden. Bei n Kernen gilt für den Zerfall nach Gl. (172):

$$\frac{\mathrm{d}n}{\mathrm{d}t}_{\text{Zerfall}} = -\lambda \cdot n . \tag{184}$$

Der Zerfall des Ag 110 findet natürlich auch schon während der Aktivierung an der Neutronenquelle statt. Für die Bildung von radioaktivem Silber gilt also die Bilanz

$$\frac{\mathrm{d}n}{\mathrm{d}t}_{\text{Bildung}} = \frac{\mathrm{d}n}{\mathrm{d}t}_{\text{Aktivierung}} - \frac{\mathrm{d}n}{\mathrm{d}t}_{\text{Zerfall}}$$

oder, wenn man die Werte aus Gl. (183) und Gl. (184) einsetzt,

$$\frac{\mathrm{d}n}{\mathrm{d}t} = N_0\, \sigma \cdot \Phi - \lambda \cdot n . \tag{185}$$

Die Integration dieser Differentialgleichung ergibt für die Zahl der gebildeten radioaktiven Silberatome nach der Aktivierungsdauer t:

$$n = \frac{\sigma \cdot N_0 \cdot \Phi}{\lambda} \left(1 - e^{-\lambda t}\right) . \tag{186}$$

Ihre Aktivität A ist gleich der Zahl der Zerfälle pro Zeiteinheit oder nach Gl. (184)

$$A = n \cdot \lambda = \sigma \cdot N_0 \cdot \Phi \left(1 - e^{-\lambda t}\right) . \tag{187}$$

Die Aktivität steigt nach dieser Gleichung erst rasch an, nimmt dann langsamer zu und nähert sich nach einer Zeit, die etwa der fünffachen Halbwertszeit entspricht, einem Sättigungswert A_s, der Sättigungsaktivität. Es ist

$$A_s = \sigma \cdot N_0 \cdot \Phi . \tag{188}$$

Nach der Aktivierung an der Neutronenquelle zerfällt das radioaktive Silber wie ein natürliches Präparat nach Gl. (173), und es ist die Aktivität A_t nach der Zeit t

$$A_t = A_s \cdot e^{-\lambda t} . \tag{189}$$

Abb. 182 zeigt den zeitlichen Verlauf der Aktivität unseres Silberzylinders während und nach der Aktivierung.

Die Messung der Halbwertszeit von Silber 110: Wir führen den Versuch nach einem Zeitplan entsprechend der Abb. 182 durch. Wir aktivieren das Silberrohr etwa 2 min lang, erhalten also nahezu Sättigungsaktivität. Dann stülpen wir es über das Zählrohr der Anordnung Abb. 181b und fangen etwa 12 s nach dem Herausnehmen mit der Zählung an. Diese Zeit bezeichnen wir als Wartezeit t_w. Zur Bestimmung der Halbwertszeit muß man nun entsprechend der Gl. (175) die Aktivität A_t als Funktion der Zeit t messen. Dabei können wir annehmen, daß die Zählrate R_t, d. h. die Zahl

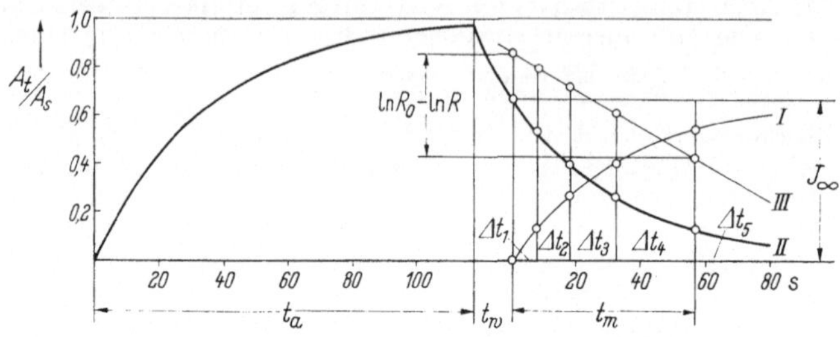

Abb. 182.
Aktivität einer Silberprobe während und nach der Bestrahlung an einer Neutronenquelle;
A_t/A_s Verhältnis der Aktivität A_t nach der Zeit t zur Sättigungsaktivität A_s. t_a Aktivierungsdauer, t_w Wartezeit, t_m Meßzeit mit 4 Meßintervallen Δt_1, Δt_2, Δt_3, Δt_4.

$$I \text{ gemessene Integralkurve } J_t = \int_{t=0}^{t} R_t \, dt,$$

II Zählrate als Funktion der Zeit,
III Logarithmus der Zählrate
(R_0 und R Zahlenwerte der Zählraten).

der gezählten Teilchen in der Sekunde proportional der Aktivität A_t ist. Nach Gl. (175) gilt dann

$$R_t = R_0 \cdot e^{-\lambda t} \tag{190}$$

und mit Gl. (174)

$$R_t = R_0 \cdot e^{\dfrac{-\ln 2 \cdot t}{T_{1/2}}}$$

oder

$$T_{1/2} = \frac{\ln 2 \cdot t}{\ln R_0/R_t} \, . \tag{191}$$

Um die Zählrate R_t genügend genau zu bestimmen, d. h. um den statistischen Fehler klein zu machen, müssen wir eine möglichst große Zahl von Impulsen messen[1], also über eine gewisse Zeit hinweg zählen. Wir erhalten dann aber natürlich nicht die Zählrate R_t, sondern einen Mittelwert über das Meßintervall Δt. Diese Mittelwertbildung können wir umgehen, indem wir statt der Zählrate R_t das Integral der Zählrate über die Zeit messen, d. h. vom Nullpunkt der Zählung an die Gesamtzahl der Impulse bis zur Zeit t_1, t_2, t_3 usw. messen und als Funktion der Zeit auftragen. Wir erhalten dann die Integralkurve und entsprechend Gl. (190):

$$J_t = \int_{t=0}^{t} R_t \, dt = \int_{t=0}^{t} R_0 \cdot e^{-\lambda t} \, dt = \frac{R_0}{\lambda} \left(1 - e^{-\lambda t} \right) . \tag{192}$$

[1] Bei allen Messungen ist natürlich der Nulleffekt in Abzug zu bringen.

Die Integrationskonstante ergibt sich aus der Forderung, daß zum Zeitpunkt $t = 0$, in dem wir mit der Zählung beginnen, das bestimmte Integral Null sein muß. Wenn wir also die Zählwerksablesung nach den Meßzeiten t_1, t_2, t_3, t_4 auftragen, erhalten wir die Kurve I in Abb. 182. Sie erreicht praktisch nach 5 min den Endwert J_∞. Die Differentialkurve, d. h. die Zählrate R_t als Funktion der Zeit erhalten wir, indem wir die Integralwerte J_t vom Endwert J_∞ abziehen (Kurve II Abb. 182). Man bildet nun für die Zahlenwerte der Zählraten, für die man eine beliebige Einheit wählen kann, den natürlichen Logarithmus und trägt ihn als Funktion der Zeit auf (Kurve III Abb. 182). Durch die so gewonnenen Punkte legt man nach Augenmaß eine Gerade. Aus ihrer Neigung gewinnt man das Verhältnis der Meßzeit t_m zu $\ln R_0 - \ln R_t$, das nach Gl. (191) die Halbwertszeit liefert.

Die Meßintervalle legt man so, daß in jedem Intervall dieselbe Zahl von Impulsen gezählt werden. Bei Silber 110 ist folgende Abstufung zweckmäßig: $\Delta t_1 = 7{,}8$ s, $\Delta t_2 = 10$ s, $\Delta t_3 = 14{,}2$ s, $\Delta t_4 = 24{,}2$ s, $\Delta t_5 = \infty$. Das letzte Intervall wird $\Delta t_5 = \infty$, d. h. führt bis zum Endwert J_∞ der Zählung, der bei der kurzen Halbwertszeit des Silbers nach wenigen Minuten erreicht ist.

In einem Praktikum, in dem man aus technischen Gründen nicht mit der kurzen Wartezeit t_w und Meßzeit t_m für Ag 110 auskommt, kann man den Versuch mit dem aus Ag 107 erzeugten Isotop Ag 108 mit der Halbwertszeit 2,3 min durchführen. Man braucht dann eine mindestens 5mal so lange Aktivierungsdauer.

Anhang

I. Größen und Einheiten

Größe	Formel-zeichen	Internationale Einheit	Kurz-zeichen	Ableitung
Länge	l	Meter	m	Basiseinheit
Masse	m	Kilogramm	kg	Basiseinheit
Zeit	t	Sekunde	s	Basiseinheit
Ebener Winkel . .	$\alpha, \beta, \gamma, \delta, \varphi$	Radiant Grad	rad °	2π rad $= 360°$ 1 rad $= 57{,}3°$
Raumwinkel . . .	ω, Ω	Steradiant	sr	4π sr $=$ voller Raumwinkel
Frequenz	v, f	Hertz	Hz	1 Hz $\triangleq$ s⁻¹
Dichte	ϱ	Kilogramm durch Kubikmeter	kg/m³	
Kraft	F	Newton	N	$1\,N = 1\,kg\,m/s^2$
Druck	p	Pascal	Pa	$1\,Pa = 1\,N/m^2$
		Bar	bar	$1\,bar = 10^5\,Pa$
Energie, Arbeit . .	E, W, A	Joule	J	$1\,J = 1\,Nm = 1\,Ws$
Leistung	P	Watt	W	$1\,W = 1\,J/s$
Temperatur	t, ϑ	Kelvin Grad Celsius	K °C	Basiseinheit $0\,°C = 273{,}15\,K$
Wärmemenge . . .	Q	Joule	J	$(1\,J = 0{,}239\,cal)$
Spez. Wärme . . .	c	Joule durch Kilogramm und Grad	J/kg · grd	$(c_{H_2O} = 4185\,J/kg · grd)$
Elektr. Spannung .	U, V	Volt	V	$1\,V = 1\,W/A$
Elektr. Feldstärke .	E	Volt durch Meter	V/m	
Elektr. Ladung .	Q	Coulomb	C	$1\,C = 1\,As$
Elektr. Kapazität .	C	Farad	F	$1\,F = 1\,C/V$
Elektr. Stromstärke	I	Ampere	A	Basiseinheit
Elektr. Widerstand	R	Ohm	Ω	$1\,\Omega = 1\,V/A$
Magnet. Feldstärke	H	Ampere durch Meter	A/m	
Magnet. Fluß . . .	Φ	Weber	Wb	$Wb = Vs$
Magnet. Flußdichte	B	Tesla	T	$T = Vs/m^2$
Induktivität . . .	L	Henry	H	$H = Vs/A$
Lichtstärke	I	Candela	cd	Basiseinheit
Lichtstrom	Φ	Lumen	lm	$lm = cd · sr$
Beleuchtungsstärke	E	Lux	lx	$lx = lm/m^2$

I. Größen und Einheiten (Fortsetzung)

Größe	Formel-zeichen	Internationale Einheit	Kurz-zeichen	Ableitung
Aktivität	A	reziproke Sekunde	s^{-1}	(1 Curie = $3{,}7 \cdot 10^{10}\,s^{-1}$)
Energieflußdichte .	I	Watt durch Quadratmeter	W/m^2	
Energiedosis . . .	D	Joule durch Kilogramm	J/kg	(1 rad = $10^{-2}\,J/kg$)
Energiedosis-leistung	$\dot{D}$	Watt durch Kilogramm	W/kg	
Ionendosis	J	Coulomb durch Kilogramm	C/kg	(1 R = $2{,}58 \cdot 10^{-4}\,C/kg$)
Ionendosisleistung .	$\dot{J}$	Ampere durch Kilogramm	A/kg	

II. Dezimale Vielfache und Teile von Einheiten

Man bezeichnet:

den Faktor	das heißt, das	durch die Vorsilbe	mit dem Kurzzeichen
10^9	Milliardenfache	giga	G
10^6	Millionenfache	mega	M
10^3	Tausendfache	kilo	k
10^{-1}	Zehntel	dezi	d
10^{-2}	Hundertstel	zenti	c
10^{-3}	Tausendstel	milli	m
10^{-6}	Millionstel	mikro	μ
10^{-9}	Milliardstel	nano	n
10^{-12}	Billionstel	piko	p

III. Wichtige Konstanten

Vakuumlichtgeschwindigkeit . . . . $c = 2{,}997 \cdot 10^8$ m/s

Influenzkonstante des Vakuums . . . . . $\varepsilon_0 = 8{,}854 \cdot 10^{-12}$ F/m

Induktionskonstante des Vakuums . . . . $\mu_0 = 1{,}257 \cdot 10^{-6}$ H/m

Elementarladung . . . . $e = 1{,}602 \cdot 10^{-19}$ C

Plancksches Wirkungsquantum . . . . . $h = 6{,}625 \cdot 10^{-34}$ J·s

Boltzmann-Konstante . . . . $k = 1{,}380 \cdot 10^{-23}$ J/K

Atomphysikal. Einheit der Energie . . . . eV $= 1{,}602 \cdot 10^{-19}$ J

Atomphysikal. Einheit der Masse . . . . . u $= 1/12$ der Masse von ^{12}C

Atomphysikal. Einheit der Stoffmenge . . . mol $=$ Menge von Teilchen in 12 g ^{12}C

Loschmidt-Zahl, Avogadro-Konstante . . . $L = 6{,}022 \cdot 10^{23}$/mol

Molare Gaskonstante $(L \cdot k)$ . . . . . . $R = 8{,}314$ J/K·mol

Molares Normvolumen . . . . $V_m = 2{,}241 \cdot 10^{-2}$ m³/mol

Faraday-Konstante . . . . $F = 9{,}649 \cdot 10^4$ C/mol

IV. Umrechnung von alten Einheiten auf neue Einheiten

Größe und ihr Formelzeichen	Alte Einheit	Umrechnung	Neue Einheit
Länge l . . .	Ångström	$1\ \text{Å} = 0,1\ \text{nm}$	Nanometer
Winkel α, φ . .	Grad	$1° = \dfrac{1}{57,3}\ \text{rad}$	Radiant
Kraft P, F . .	Kilopond Pond dyn Millipond	$1\ \text{kp}\ = 9,81\ \text{N}$ $1\ \text{p}\ = 9,81 \cdot 10^{-3}\ \text{N}$ $1\ \text{dyn} = \quad\ \ 10^{-5}\ \text{N}$ $1\ \text{mp} = 9,81 \cdot 10^{-6}\ \text{N}$	Newton
Druck p . . .	 Techn. Atmosphäre Atmosphäre $\dfrac{1}{760}$ atm	$1\ \text{N/m}^2 = 1\ \text{Pa}$ $10^5\ \text{Pa} = 1\ \text{bar}$ $10^2\ \text{Pa} = 1\ \text{mbar}$ $1\ \text{at} = 1\ \text{kp/cm}^2$ $1\ \text{kp/cm}^2 = 0,981 \cdot 10^5\ \text{Pa}$ $= 0,981\ \text{bar}$ $1\ \text{atm} = 1,013\ \text{bar}$ $1\ \text{Torr} = 1,33\ \text{mbar}$	Pascal Bar Millibar
Arbeit A, W, Energie E . . Wärme . . .	erg Kalorie	$1\ \text{erg} = 10^{-7}\ \text{J}$ $1\ \text{cal} = 4,18\ \text{J}$	Joule
Dynam. Viskosität . . Kinemat. Viskosität . .	Poise (dyns/cm²) Stokes	$1\ \text{P} = 0,1\ \text{Pa} \cdot \text{s}$ $1\ \text{St} = 10^{-4}\ \text{m}^2/\text{s}$	Pascalsekunde $\dfrac{\text{Quadratmeter}}{\text{Sekunde}}$
Magnet. Feldstärke . . Magnet. Flußdichte . .	Oersted Gauß	$1\ \text{Oe} = 79,577\ \text{A/m}$ $1\ \text{G} = 10^{-4}\ \text{T}$	$\dfrac{\text{Ampere}}{\text{Meter}}$ Tesla
Aktivität A .	Curie	$1\ \text{Ci} = 37\ \text{ns}^{-1}$	reziproke Nanosekunde
Energie- dosis D . . .	Rad	$1\ \text{rd} = 10^{-2}\ \text{J/kg}$	$\dfrac{\text{Joule}}{\text{Kilogramm}}$
Energiedosis- leistung $\dot{D}$ . .	Rad/Sekunde	$1\ \text{rd/s} = 10^{-2}\ \text{W/kg}$	$\dfrac{\text{Watt}}{\text{Kilogramm}}$
Ionendosis J .	Röntgen	$1\ \text{R} = 258\ \mu\text{C/kg}$	$\dfrac{\text{Coulomb}}{\text{Kilogramm}}$
Ionendosis- leistung $\dot{J}$.	Röntgen/Sek. Röntgen/Std.	$1\ \text{R/s} = 258\ \mu\text{A/kg}$ $1\ \text{R/h} = 71,6\ \text{nA/kg}$	$\dfrac{\text{Ampere}}{\text{Kilogramm}}$

V. Schaltzeichen

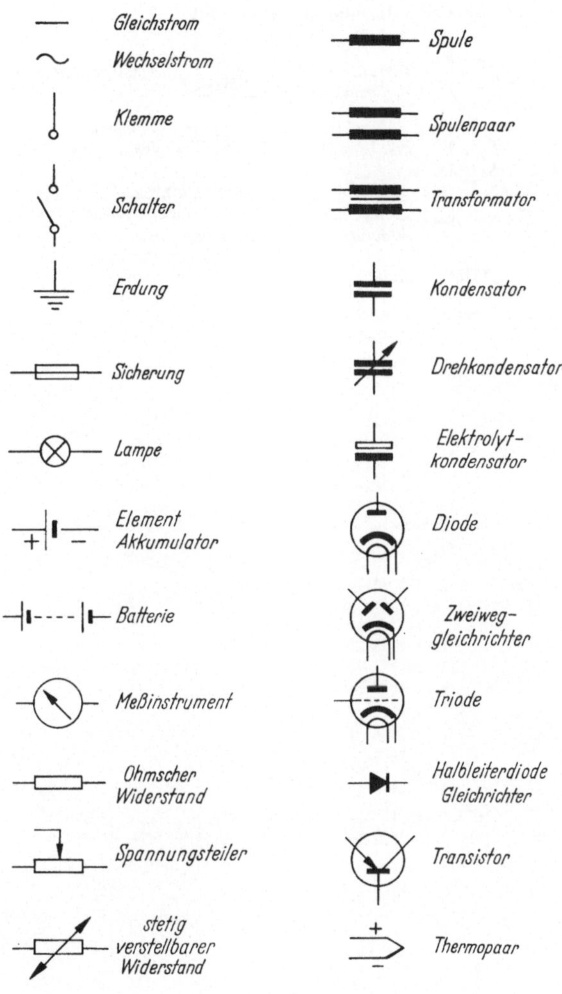

VI. Alte Schaltzeichen

In einigen schematischen Abbildungen dieses Buches, insbesondere in solchen, die der Anschaulichkeit wegen halbschematisch gezeichnet sind, werden folgende alte Schaltzeichen verwendet:

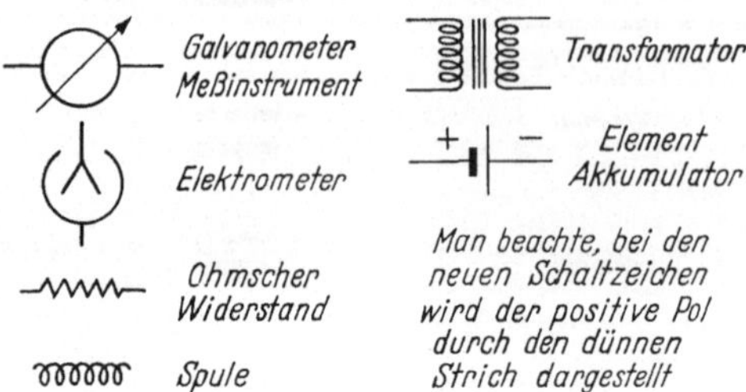

Sachverzeichnis